金磊　主编

建筑师的童年

中国建筑工业出版社

目 录

目录

目录

"泉城"度过的童年

马国馨

　　杂志社就"建筑师的童年"一题约稿，我感觉我的童年（指13岁以前）没什么大事可回忆，和我现在所从事的建筑师职业也没有太大的关系，一时难以下笔。人们常说年纪大了以后是对近的事情记不住，而远的事反而记得清楚。对已过古稀的我来说，近事常忘，远事就更模糊，尤其涉及五六十年前陈年往事。所以回忆自己的童年，只能是些零零碎碎的片段，没什么故事性。

　　我1942年出生于山东济南，13岁初中毕业之前，一直生活在这里。济南是个历史名城，文学名著《老残游记》里刘鹗曾对济南有过生动的描述。记忆中千佛山的"齐烟九点"，大明湖的"海右此亭古，济南名士多"，加上"家家流水，户户垂杨"，"四面荷花三面柳，一城山色半城湖"等名句，后来济南被人称为"泉城"。但那四大名泉如趵突泉、珍珠泉、黑虎泉、金线泉都在老城。老城西面的城区当时叫商埠，方格状的道路以经纬和数字命名，东西为经，南北为纬，

2岁时

6岁时　　　　　　　　母亲与孩子（后排左一为作者）

我家就在经七路小纬六路的公信里。这是位于路南一个长一百多米的巷子，巷子里还有短的支巷，前三分之二是青砖的坡顶四合院，后面是红砖坡顶的四合院，我家就在巷子端头路东的倒数第二个院子。院子里有北房四间，东西房各两间，南房是厨房，西南角是大门，东南角是旱厕。院内没有自来水，所以厨房里准备了三口直径约一米的大缸，有人专门拉了水车给各家送水。也有人家自己挑水，那要到巷子外面很远的地方去。巷子里有两口水井，其中一口就在我家门口不远，井很深，但水难喝。巷子里的下水是石板路下的阴沟，使用一段时间后阴沟就堵了，就要把石板掀开清理，那时整个巷子里都臭不可闻。家里的旱厕也要掏粪工定时来清理，夏天时常爬满了蛆，要经常撒些石灰。院子里原来有一棵槐树，一棵杨树，一棵石榴，一棵合欢，当时都很细，最后只剩下了东屋前的槐树，后来长得又粗又大。回想起来印象最深的还是济南冬天的冷。房子的墙厚大概也就是一砖，冬天只在屋子里生一个很小的煤炉，早上起来玻璃窗上都结满了冰花。我小时每年都要生冻疮，长在后脚脖子的老地方，冻疮溃烂以后脓水和袜子粘在一起，脱袜子时苦不堪言，只有到北京上了高中以后才好了。听弟妹们说，前些年房地产开发，这些几十年的老街巷，老房子都被拆得精光，只留下记忆中的乡愁了。

我们家是一个普通的知识分子家庭。听父亲说我爷爷是从江浙农村到郑州铁路电务段务工，后来参加过二七大罢工的老工人，我父亲他们兄妹五人，父亲是老三，大伯，二伯因爷爷的关系都在铁路上工作。大伯后来工资比较高，于是供弟妹们上学。我父亲是个医生，他毕业于上海震旦大学。毕业后先在当时的北平中央医院（现在的人民医院）工作，并在北平成了家，有了我的大哥。几年后经他的同事和老友，留学德国的眼科医生范相如介绍，一起到了济南的一所教会医院若瑟医院工作，长期任内外科主任，新中国成立后人民政府接管改称为市立第二医院。我们家的经济状况在新中国成立前后那一段还是可以的，那时医生是自由职业者，除在医院上班以外，业余还可以开业。我家的东屋就常是病人等候的地方，家里也有不少病人病愈后赠送的纪念品。记得有一个写着"医贯中西"的横幅，后来我才知道，我父亲根本不信中医，还不像我们，至今对中医有很高的信任度。医院改为市立以后，父亲的工资是120元左右，这在当时当地还算是较高的待遇，一直到他退休这个工资也没动过。后来随着子女的增多，我们兄妹共八人，除了我下面一个妹妹外，七个是男孩，都要吃饭穿衣上学，男孩又都是大肚汉，家务十分繁忙，母亲也不可能出去工作。加上父亲还要资助他妹妹，所以家庭经济上就很拮据紧张了。我母亲姐妹五人，她是老二，婚后一直在家相夫教子，努

初中毕业时

力支撑着这个家庭。她为人正直善良，有主见，在邻居当中有很高的威信，街道的居民曾推选她任法院的人民陪审员。母亲如何筹划这个家庭的收支我们孩子不得而知，只记得为贴补家用，我们还为马路对面的恒泰火柴厂手工糊过火柴盒，但因孩子太多，手忙脚乱，最后成品还没有废品多，但这种紧张的经济状况也促成了后来我比较节俭不乱花钱的习惯。家里的老一辈当中爷爷只到济南来过一次，倒是由于外公早逝，外婆一直和我们生活在一起。尤其是我，从出生，经小学、中学到大学一直和外婆生活在一起。她老人家最疼我，生活上的事几乎都由她包了，以致许多生活技能我到成家以后才陆续学会。

我是老二，比大哥小三岁。童年的学校教育按说是一桩大事，但从小学到初中所学的课程和知识如今印象都不深了。我上学比较早但说不清是哪一年。如果按我13岁初中毕业然后倒推六年，那我就是四岁上学，我也不太信我有那么大能耐，我估计也可能新中国成立前后转学时跳级，那也是五岁上小学了，不管怎样，初中毕业的时间是不会错的。我最初的小学是公信里西面不远的储才小学。除了记住曾学过"功课完毕太阳西，收拾书包回家去"的儿歌，还记住小学边上的住宅门口挂一个竖牌子，上面写着"江南新邨"四个字，之所以能记住是因为第四个字当时不认识。此前不久遇到我的大学老师，清华建筑学院的詹庆旋教授，他也是济南人，聊天时发现他也是在储才上的小学，这一来我们在师生关系之外，又成了小学校友。新中国成立以后我上的是位于经五路的黎明小学和中学，这是个私立的教会学校，人民政府接管以后改为济南六中，后来听说又搬到泰安去了。在私立学校里黎明小学口碑还是不错的，在这里学习时，我的成绩还算中上。那时班级每学期的成绩都要排名次，我的排名最好是第四，从未进过前三名，最差是十四五名。现在想起来，许多课程多靠死记硬背，并不理解。那时有英文课，上来就是课文，又不懂音标，所以课本上注满了用中文标注的读法，如："贼死一死额布克"（This is a book）之类。算数的四则题什么"鸡兔同笼"弄得我糊里糊涂，记得有一堂课老师让我到黑板上解一道题，我一点都不会，愣在上面，幸

初中毕业照（三排左一为作者）

好有个坐在第一排的女同学在我身后轻轻地提示，我才过了关。到后来学了代数，心想早要学会列方程式这多简单哪。黎明中学的文体活动也不错。学校的体育成绩在市里比赛经常名列前茅，这里有个全国体育界都有点名气的老师王静波，他培养了不少体育人才。像国家女篮第一代国手胡英信就是这个学校毕业的，后来在清华大学成了跳高健将的陈铭忠，也是这个学校的，他弟弟和我同年级，后来也上了清华还在校队打排球。我那时还小，只知道踢小皮球，每次都跑得满头大汗，还自以为踢得不错，有一次我们班和外校比赛，我们大败还不算，全场比赛我从头跑到尾就没沾到过一次球，净在场上胡窜了。当时学校的文娱活动也很活跃，脑子里记住了好多歌子和曲子，都有明显的时代烙印，直到现在还记忆犹新。乐曲最熟悉的是《骑兵进行曲》，因为那时只要开运动会，就没完没了的放这个军乐曲。歌子有老解放区来的《兄妹开荒》《夫妻识字》《你是灯塔，照耀着黎明前的海洋》《铁流两万五千里》，中苏友好以后的《全世界人民心一条》《莫斯科—北京》《斯大林颂》，抗美援朝以后的《志愿军战歌》《王大妈要和平》，和平解放西藏以后的《歌唱二郎山》《藏胞歌唱解放军》等等。一方面当时自己记性比较好，也喜欢唱歌，另外我们班主任张冀老师是教音乐课的。

最直接和亲近的老师还是家庭教育和父母亲的言传身教。父亲从事医生工作，我小的时候到医院去看过他动手术和给病人看病，他的认真负责，细心耐心和医术在病人中有口皆碑，也经常因有急诊病人，医院派人半夜来家敲门叫他，他就步行

作者（右二）与
初中同学倪国华
（右一）及董世
民（右三）

从经七路到经一路的医院。他的许多生活原则和理念无形中影响了我的童年，甚至一生。他千方百计为我们创造学习条件，解答我们的各种问题。长大后我曾问过他为什么要了那么多孩子，他说就是因为喜欢孩子。我还问他干嘛给我起了个那么女气的名字，他说其实就是宁馨儿的意思。父亲不抽烟，不喝酒，没有不良嗜好。他长期在教会医院工作，住地周围的邻居也几乎全都信教，但他不信，他说"医生是最唯物的"。他多次教育我们要珍惜时间，"寸金难买寸光阴"。有一段我特别迷恋打扑克牌，随身老带着牌，他老说的"勤有功，嬉无益"让我至今牢记。父亲喜欢读书. 他在我们很小的时候就教我们学会查字典，当时王云五发明的四角号码我一直不会，还是喜欢用部首来查，这对熟悉笔顺和笔画有很大帮助，所以父亲去世后，我就拿走了他常用的"辞源"三厚册作为纪念。当时他订了不少杂志，专业方面的《中华医学杂志》《中华内科杂志》等，我也经常翻看，长篇的看不懂，有许多简短的病例报告看着很有趣。加上父亲每天回家来都要讲讲他一天中遇到的各种病人，也让我增长了不少医学知识。他还订了一些其他杂志，如《新观察》，这在当时是很有特色的综合性杂志，其文章、摄影、装帧都很精致。还有《科学画报》，许多文章都很通俗有趣，在杂志的最后老有一些有意思的科学小问题。还给我们订过《少年报》《少年文艺》，都扩大了我童年时的视野。那时的新华书店经常有特价书处理，他也经常买些回来，可惜我们那时不知道爱惜，都没留存下来。但爱看书，而且兴趣广泛，什么书都看，这个习惯一直陪伴着我。有一次他买了一套法国《莫里哀戏剧集》有六七本，后来我想可能和他大学是学法文有关系。记得他还给我们朗读《吝啬鬼》（现在翻译为《悭吝人》）一剧里主人公阿巴贡的台词。有一套五六本《中国的世界第一》小册子，每两页介绍一项，还配有插图，让我增长了好多古代科技知识。中外寓言、童话也都看了不少，但有的当时并没看懂，如安徒生的《丑小鸭》《豌豆公主》等都是高中以后才弄明白到底是什么意思。后来苏联的小说《钢铁是怎样炼成的》《卓娅和舒拉的故事》《真正的人》《铁木尔及其伙伴》等也都看过，但是嫌里面的人名太长，不好记。探险、历史、中国古典小说等都有涉猎。但当时我最爱看的还是武侠小说。经四路的大观园商场里有租书店，如还珠楼主的《蜀山剑侠传》《青城十九侠》，平江不肖生的《江湖奇侠传》，白羽的《十二金钱镖》，郑证因的《鹰爪王》《武林侠踪》，朱贞木的《七杀碑》等，许多都是大部头的几十集，我就一次租五六本回家来看着过瘾。父亲是反对看武侠小说的，他说我的四叔原来也在上海上大学，后来就是看剑侠小说入了迷，辍学跑到四川峨眉山去寻仙求师，最后耽误了学业。另外他也嫌出租的书各种人都翻看，很不卫生。但我不管这些，还是把书藏在枕头底下在晚上偷偷地看。我虽然不想去峨眉山拜师学艺，但对书中写的"点穴法""铁布衫""铁砂掌""轻功"之类的还是挺感兴趣的。工作以后发现建筑界张钦楠先生，程泰宁院士年轻时也有对那些武侠小说的爱好，彼此还交流过。另外在学校门口也有小人书摊（也就是现在的连环画书）可以花几分钱坐在那里看，除了历史、武侠之外，还有电影故事画面的小人书，我都看得津津有味。那时的连环画家是赵宏本、严绍唐等人，对我来说这可能是美术课之外的另一种绘画启蒙。正因为此，工作以后我对贺友直、华三川等名家的连环画也是很喜欢的。父亲喜欢摄影，他的照相机按现在标准看是个十分简陋的方盒式相机，结构极简单。我曾看到过许多他年轻时旅游的照片，平时他也经常在家里给孩子拍些生活照，积存了好多本相册，可惜在"文革"中散失了不少。我一直很喜欢摄影，但直到改革开放，出国学习后，才有钱买了照相机，想起来除了自己建筑师职业的需要外，家庭影响也有很大关系。

童年的课余生活还是丰富多彩的。那时只要是孩子们玩的游戏我都玩过：如弹玻璃球，跳房子，抽陀螺（山东叫"抽懒老婆"），抖空竹，放风筝（而且风筝还是自己扎的），滚铁环，打扑克，下军棋。因为我们家孩子多，自家在一起玩就已经很热闹了。我们还在家里的大槐树上用粗铁丝做了篮圈，在家就可以玩球。另外那时我也胆小怕输，所以只要和别的孩子有输赢的游戏我就不敢参加。上初中以后也常去到大观园，人民商场去玩。大观园里除了商店摊贩外，还有佟顺禄的摔跤场，在那里摔跤兼卖大力丸，那儿的一位跤手谭树森后来还拿到过摔跤的全国冠军，我经常在那里"站脚助威"，看看热闹。大观园东北角有个小电影院，刚解放时还在那里看过无声电影《关东大侠》《大破毒药村》等，都是一部片子循环上映，你不出来可以看个没完。无声电影都是在演过一段情节后，又出来一幅字幕说明情节。印象最深的是每当影片中出现武打场面时，都千篇一律地配上广东音乐的"步步高"，以致后来我们孩子在一起舞枪弄棒时，嘴里还要像电影中那样哼着"步步高"的旋律才够意思。比较正规的电影后来就去大观园电影院了，除《白毛女》《钢铁战士》《赵一曼》《翠岗红旗》等国产黑白影片外，苏联的《美丽的华西丽莎》《幸福的生活》等译制片很多，彩色影片也是那时才看到。在正式影片之前还经常加映几段新闻纪录片，可以了解当时的国家大事。我们记忆中的影星那时就是白杨、田华、于蓝、张平、张伐等人，也没有什么"追星"的冲动。大观园中有个大众剧场，我和大哥还去这里看过京剧，坐在票价最便宜的最后几排。那时对武打的戏或猴戏还感兴趣，唱工戏因为听不懂就不爱看，后来看过一个连台本戏"龙潭鲍骆"还有点印象。记得小时候我动手的兴趣也很大，什么都想试试。和我大哥一起装过矿石收音机，看了人民商场的皮影戏以后，自己也用马粪纸做过，并在窗户上试演。我还爱胡乱画画，家里有一本丰子恺先生的画册，他的画作都是毛笔，非常简练，再加上有趣的标题，给我印象深刻。我还收集画片。那时南洋兄弟烟草公司的每盒香烟中，都附有一张水浒传的彩色人物画片，可要把梁山一百单八将全收齐了还是很不容易的呢，但我还是都收齐了，有时还比照着画片上的人物，自己模仿画一幅并涂上颜色，而且利用这个机会把所有梁山好汉的姓名和绰号都背得滚瓜烂熟。我还吹过竖笛和横笛，但父亲并不支持，他认为用嘴吹的乐器很不卫生，容易传染疾病。后来我还自学过二胡，但很不成调。现在回想童年的生活真可以说是无忧无虑，丰富多彩，留下记忆的全都是玩儿了。

但紧接着让家里和我发愁的事情就来了。初中考高中发榜时我落榜了。按我的学习成绩看好像还不至于此，什么原因我也不清楚，奇怪的是此前我大哥在考高中时也是落了榜，他只好第二年到北京我三姨家，三姨一直在北京女十三中（原慕贞女中）教物理，后来大哥考上了北京 26 中（原汇文中学）。这次我又遇到同样的情况，情绪低落，觉得特没脸见人，只好辍学在家。接着也到了北京三姨家，这时我的外婆已在这里了。1956 年我考上了北京 65 中（原育英中学高中部）。这样一来就离开了我度过十三年童年生活的故乡，开始了一直在北京学习和工作的新的生活。

在童年的时候绝没想到我后来会从事建筑师这个职业，那时也根本不会考虑这些问题。后来因为父亲的原因曾很想当医生，1959 年考大学时北京中国医科大学是第一年招生，学制还长达八年，但一想肯定竞争很激烈，又怕再次考不上，就打消了学医的念头。现在回想在童年生活时的种种和我后来建筑师的职业选择，除了兴趣比较广泛，知识面比较杂稍微沾点边外，对这个职业一点了解都没有。我考上建筑系以后，父母亲说，这个职业在上海就叫"打样的"。最近又回想，小的时候虽然不懂建筑，但对济南一些有特点的建筑物还是有印象的，如山东博物馆和老齐鲁大学的中式建筑，济南老胶济铁路火车站的德国式塔楼和站房，老进德会的尖顶双塔等。我又想起我初中同学倪国华的父亲倪欣木是省建工厅的总工程师，他曾设计了新中国成立后济南的山东剧院，在那时是个大工程，民族形式大屋顶的。我去过一次，只记得进入剧院大厅以后到池座要下台阶，到楼座要上台阶，当时觉得很新鲜。另一件事就是对建筑界的前辈梁思成先生也有一点初步印象。刚解放时有思想改造运动，父亲曾拿回两本汇集了许多有名望的知识分子改造学习体会的集子。记得其中有梁思成先生的一篇文章，讲自己的家庭和所受教育对自己的影响，以及自己对此的批判，给我留下了一些记忆，可能报考建筑系时也有那么一点关系，现在感到这是对了解梁先生的时代和思想历程的很重要的一篇文字，但不知什么原因，我注意到在近年出版梁先生的全集中却没有收入。还有我小学和初中的发小董世民后来搞了结构专业，工作上多有业务来往，也和他合作在济南建成了一些作品，但这已是后话了。

2014 年 2 月

马国馨

1942 年生，中国工程院院士，第二届"梁思成建筑奖"获得者，全国工程勘察设计大师，北京市建筑设计研究院有限公司顾问总建筑师。

童年拾忆

郑时龄

　　每个人的一生都是一部故事，童年的故事一般都是父母亲或亲属告诉孩子的，然后再添加自己的想象，使之形象化，仿佛就是亲身的经历，其实都是故事。故事的主角在童年的时候大体上总是懵懵懂懂，不谙世事，我不知道别人怎样，至少这是我的情况。我所记得的也是长大后妈妈告诉我的，例如小时候我们广东人总是把小孩用布包背在后背，有一次妈妈背我去买菜，小偷公然在我的眼皮底下把篮子里的菜偷走了，但我愚笨到不懂什么是小偷，还以为是捉迷藏呢，等走了一段路之后才问妈妈篮子里的菜到哪里去了。

　　我是 1941 年在成都公行道 2 号出生的，那是我的表哥和表嫂的家，虽说是表哥、表嫂，他们的年龄同我的父母辈，他们家的两个儿子和我同龄。我出生后在他们家住到四岁。抗战胜利后才从成都辗转经过贵州、广西到达广东的梅县，坐过火车、船、汽车和马车，然后到了汕头，再从汕头坐船经香港到上海。一路上发生过什么我也全然不知，似乎在印象里只有住在梅县时，院子里有一棵亭亭如盖的大树，现在回想应该是榕树。还知道在汕头的时候，我一个人在晒台上玩，把一根竹竿晃来晃去，

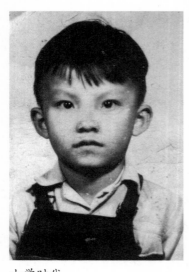
小学时代

对面邻居家的狗以为我要打它，就跳过来咬我，把我扑倒在地，我的右耳差点被咬掉，至今右耳后面头颈处还有一个疤，让我知道确有其事。这件有切肤之痛的事我也不记得了，也是妈妈告诉我的。

对每个孩子来说，最亲切的记忆可能就是爷爷、奶奶和外公、外婆了，许多童年故事的主角其实是爷爷、奶奶和外公、外婆，没有他们的童年似乎是不完整的，而我全然没有这样的生活经历。我父亲的一支都在印度尼西亚的万隆，所以我从来没有见过爷爷和奶奶，记得见过一张发黄的奶奶的照片，仅此而已。我母亲的一支都在台湾的新竹，外公和外婆对于我来说只是一个概念。稍有印象的是舅舅，我母亲是他带到上海的，但是舅舅和舅妈住在兰州，所以也没有多少故事可讲。还有就是我的表哥和表嫂，他们远在成都，很少见到他们，只是高中快毕业，选择大学专业的时候，我们的语文老师要我报考复旦大学的文学系，表哥专程赶到上海，说服我不要选择文学专业。1975 年夏天我到四川出差，去看望过他们。

小时候住在虹口区的山阴路，所以童年的故事也都发生在这里。我开始记事比较晚，大概要到小学快毕业时才隐隐约约记得一些事情。一开始我们家住在大陆新村 61 号的二楼，61号突出在外面，窗户正对着甜爱路，后来不知哪年辟通道路，就把这幢房子给拆了。我读书的小学是山阴路上的四川北路第一中心小学，今天是虹口区第三中心小学，校舍还在，旁边的吉祥路还是马路菜场。我在那里读过小学附属的幼儿园大班，然后进了小学。其实小学时的印象也不深刻，小学里学的什么也都全然不记得了。朦朦胧胧有印象的只是校舍是一幢很大的 3 层楼的红砖墙老房子，背面有一座室外楼梯，教室里从来就是昏暗昏暗的，现在才知道那所房子是建于 1923 年的日本女子学校。我在那所学校的幼儿园大班升到小学的春季班一年级，读了半年就跳了半级进秋季班读书。

小学时期的班主任濮健英老师留给我的印象是不近人情，愿她的在天之灵对我的回忆不会生气。她没有结过婚，也一定不喜欢孩子。有一次我上课和同学讲话，她就罚我站着上课。然后训我，问我你长大后这样怎么行，你想做什么。当时我刚看过一部讲卫国战争的飞行员的苏联小说《真正的人》，就回答说我要做一个"人"，她于是大发雷霆，向全班同学介绍我这个满足于做一个人的不求上进的学生。小学老师给我印象最深的是音乐老师陈海秋，我钟爱音乐应当部分归于他的启蒙。他组织了一个厨房音乐队，用厨房用品和乐器演奏莫扎特的小步舞曲。让我用一个胡椒瓶装满沙子打拍子伴奏，我们还到过北京东路外滩的广播电台去演出。

那时学校的教导主任特别凶，只记得他姓丁，名字不记得了。学生们都很怕他，他每天早晨都挂着一根手杖，站在操场中间监督学生进校，大家都尽量从旁边的楼里绕过去避免和他照面。那时的山阴路口有一家书店，前身是日本人开的内山书店，后来我家搬到四川北路上的永安里，弄堂对面溧阳大楼的底层有三家书店，分别是兄弟图书公司、进步书局和东方书局，我也可以到那里租书看。当时的广播电台也播放一些故事节目，记得听过《汤姆沙耶历险记》《苦儿流浪记》。还在小学的时候，我就把家里的《水浒传》《三国演义》《镜花缘》都找来囫囵吞枣般地看了一遍。

儿时我们家的生活是很艰难的，记得天冷了我还穿着短裤，手上老是生冻疮。父亲早逝，撑起这个家的是母亲，我的大姐也在18岁就参加工作养家，二姐被兰州的舅舅和舅妈领养，他们家没有孩子。我有一个远房堂兄在部队参军，母亲就被安排在一家军属装订工厂踩缝纫机，装订书籍和连环画。我课余时间就到母亲那里帮工，顺便看连环画，有时候自己也照着书上的人物在纸上画，这也培养了我的绘画兴趣。初中的时候读过一本苏联的纪实小说《初升的太阳》，讲一位少年画家，书中还有几幅这位小画家的水彩画，他的故事对我触动很深，使我热爱画画，日后我选择读建筑学和喜欢画画大概有某种联系。我画画没有老师指导，只是自己照着一些印刷品临摹，尤其是当时可以看到苏联的火星画报，经常刊登一些图画。

我慢慢开始懂事是在中学，还记得初中入学考试是在一所私立的新沪中学教室里，今天这所学校的场地早就变成了新开元大酒店。当时考的什么也已经不记得了，但是被复兴中学录取了。那时候复兴中学的围墙破破烂烂，好像随便什么人都可以翻墙进去，等我入学后围墙才修好，也有了门房间。学校的大楼也是过去日本人的学校，建于 1916 年，我儿时生活的虹口这一带有很多日本人遗留的痕迹，学校后面还有一座建于 1933 年的日本人上海神社。那时学校的一位木匠兼管门房间，他是一个从来就板着脸的让我们学生害怕的人，我们背地里叫他"副校长"。学校西面沿江湾路的围墙旁边是一排矮平房，我参加的船模兴趣小组就设在里面，隔壁就是木工间。我和同学一起找材料，做船舶的模型，还找了关于航海和气象知识的书自学。那位"副校长"还帮我们锯木料，渐渐赢得学生的好感。

作为初中生的我其实也是糊里糊涂的，很不成熟，大概也和今天的初中小屁孩差不多。有时候会和班里年龄大一些的同学一起去踢小皮球，被大同学看得起的话，就感到很自豪，让我上场踢球就很得意。同学们都很顽皮，记得有一次上课，不知哪个同学把门反锁，老师和同学都进不去，折腾了好一会。也有的时候教室里只有女生，男生都不肯进教室，大家就把力气最小的同学挤进教室取闹。学校前操场的东侧有一个小花园，我们在课间休息时还可以在花园和操场上玩，互相扔石子打仗，我的眼镜也曾经被石子打破。操场上的篮球有时候会飞过围墙抛到四川路上，大家就齐声喊路人扔进来。初二的时候，曾经担任过中国科学院院长的路甬祥曾经也在我们班上插班读过一个学期，后来就回宁波了，他的外号就叫"小宁波"。当时同学之间打打闹闹是家常便饭，还有人打过这位未来的国家领导

初中时代

人的脑袋呢。我读初中的时候，复兴中学还有劳动实践课，记得我们的教室就在一排矮平房里，这排教室后来改成实习工场，我还在实习工场的车床上车过一个螺丝帽。那时候有一位地理老师支玉琳曾经把家里的一辆旧汽车送给学校，让大家有感性认识，那时的汽车是十分稀少的。这个实习工场现在已经不见踪影，在我们高中毕业后翻造成一座教学楼。

回想起来，初中阶段对于我的成长是十分关键的，尤其是从初中二年级起我们有了一位把学生当自己子女看待的班主任胡冠琼老师，她一直做我们的班主任到送我们进入大学。她像慈母般对待我们这班学生，女同学还妒忌她对调皮的男同学给予更多的关注呢！她教我们数学，在她的影响下，许多同学的数学特别好。我们班有 10 个同学高中毕业后考进了大学数学系。同学们也一直惦念着她，2012 年我们还为她的 95 岁生日祝寿，来了将近 20 位学生。也是她把我培养成少先队干部，使我养成待人接物和处事的方式，也使我思考问题开始考虑各个方面的问题，以后融入社会也方便了许多，让我终生受益匪浅。在胡老师的培养下，在高中入学考试的两个星期前我被告知直升高中，不必参加考试。

复兴中学给我最大的感受是每个学生的全面发展都得到激励，每一位老师都是自己那个领域的专家，让我们充分领受科学和知识的力量。直到今天，很多老师的音容笑貌依然历历在目，仿佛刚刚发生在昨天。数学老师邵文宝声若洪钟的讲课把我们带入抽象而又生动的世界，使我喜欢上了数学；语文老师朱健夫和黄立天那种对中国古典文学的深厚感情打动了每个学生；历史老师宗震益讲解斯巴达克斯时的激情让我这一辈子与历史结上了缘；音乐老师彭知吾课堂上叫我在全班同学面前唱歌的情景都历历在目。

那时候，同学们都如饥似渴地吸收知识。那时候，正流传一句口号："知识就是力量"。是英国的一位文艺复兴学者培根说的，当时苏联一份普及科学技术的杂志《知识就是力量》翻译成中文出版，每出版一期我都会找来看，以后也喜欢上了《科学画报》，成为我接触科学技术知识的启蒙。我们那时的功课绝对没有今天这么重，我们会有时间参加兴趣小组，参加社会工作。但是这丝毫也不影响学习，我们培养了自学能力和独立思考能力，这使我们终身受用。中学老师教给我们的不仅是知识，更重要的是学习的方法，读书的哲理。

现在再回望童年的话，会发现有许多偶然的事情会影响一辈子，无论是偶然读过的一本书，偶然遇见的一位老师，偶然所生活的环境，偶然碰到的一件事情，都会对日后的生活和性格产生某种说不出的联系，许许多多的偶然串起来好像成为必然，这大概就是人们常说的机遇吧。比方就拿我的高度近视眼

1956年

来说吧，不知是由于我的看书习惯不好，还是小学教室的光线不好，我的眼睛在小学六年级的时候就查出是近视，不得不戴眼镜，当时一开始戴眼镜就是300度，到高中毕业时已经荣升至600度。在眼镜多次被打破的教训之下，不得不将顽皮好动的性格加以收敛，养成了我日后趋于文静的性格。初中一年级的时候我们读了半年俄语，值得庆幸的是下半学年就改为学英语，从此学英语一直没有断过。我有许多大学同学由于中学里学的是俄语，他们的英语程度就会比我差，英语的能力对我今后专业的发展有很大的帮助。其实我小时候很不喜欢读英语，在我很小的时候就被父亲逼着读英语，常常被骂得哭鼻子，也被用尺打过手心。

我的大姐在四川中路上的上海新华书店发行所工作，经常会借一些样书带回来给我看，所以我很早就把当时出版的小说差不多读遍了。我们班有一位同学的父亲管理学校的图书馆，所以我们看书就方便了许多。我们当时接受的是苏联的社会主义理想教育，也有中国的社会主义和共产主义教育，努力把自己培养成全面发展的人。看的书都是《保卫延安》、《铁道游击队》、《青春之歌》、《普通一兵》、《远离莫斯科的地方》这一类小说，还有就是俄罗斯文学，例如契诃夫、果戈里、托尔斯泰、普希金的作品。再就是许多描写探险家的书，例如南森、阿蒙森等。对西方文学的了解当年只限于马克·吐温的《哈克贝里芬历险记》、儒勒·凡尔纳的《海底两万里》、《格兰特船长的儿女》一类。记得 20 世纪 50 年代的《文艺报》有一期刊登了推荐的必读书目，我也有意识地去找这些书看，从此也培养了我喜欢读书的习惯，书籍也养成了我的性格和生活习惯。

这就是我的童年和少年时代的平铺直叙，绝无什么惊天地、泣鬼神的壮举，冥冥中也没有什么可以预示我的未来的故事，因此我的童年故事是很乏味的。

2014 年 1 月 23 日

郑时龄

1941 年生，中国科学院院士，同济大学学术委员会主任，上海市规划委员会城市发展战略委员会主任委员，上海市历史文化风貌区和优秀历史建筑保护专家委员会主任，意大利罗马大学名誉博士。

似真似幻说童年

程泰宁

　　我于 1935 年 12 月生于南京。其时祖父、父亲都在国民政府工作，为中下层公务员。外祖父家则是南京望族，母亲就生长在今天南京的文保单位"甘熙故居"之中。我出生后不久，抗日战争爆发，国民政府西迁，我家也随之辗转"逃难"到了四川，先后在巴县渔洞溪镇和重庆江北居住。随着抗日战争的胜利和父亲官职的升迁，我家先后在镇江、南京短暂居住后，于 1948 年在上海定居下来。并在我 13 岁初中将要毕业时，迎来了上海的解放，也从此基本上结束了我的童年时代。

　　童年的经历可谓丰富，但我对童年却只有碎片式的记忆，而且四五岁前的事情，都是后来祖母和父母亲告诉我的。据他们说，我从小就"不识眉眼"（南京俚语，意即不懂察言观色），而且任性，常常做出一些令人生厌，但人们又无可奈何的事情来。出生后不久住在南京，母亲常常回娘家玩牌，两个奶妈带着我和小我一岁的弟弟同去母亲家玩耍，而我每次一到那里就放声大哭，闹着要回家。以至弟弟的奶妈在母亲的牌局结束后，总能"抽头"得到些外快，而我的奶妈却没有，这使我的奶妈很不爽。另一件说得更多的事，是我家逃难到四川后住在渔洞溪的初期，经常遭遇日本鬼子的"空袭"，警报一旦拉响，所有附近的居民都会躲到一个公共防空洞之中。而我每次一进防空洞又总是放声大哭，哄吓不止，以至引起"公愤"。人们认为这哭声会给日本飞机上的鬼子听到，引来敌机的轰炸，于是强烈要求我离开。无奈，我的父亲（有

1959年于北京长城

时是母亲）不得不把我抱出防空洞，回到家里在大方桌（上面铺着棉被）下躲避。所幸虽经历多次空袭，敌机的炸弹并未落在我家的房屋上，否则我的父（母）亲和我就会因为我的"不识眉眼"和任性而"不幸遇难"。比起奶妈拿不到赏钱，这个后果显然就严重得多了。

　　稍长，开始记事。但似乎也没有什么值得夸耀的记忆。相反，如果把几件有突出印象的记忆汇总，恐怕会给人一种印象——顽劣。具体有哪些"劣迹"已记忆不清。而两次被当众罚跪却至今印象深刻。在我们那个时代，因为小孩做错事或不

1962年在北京玉渊潭写生

听话而"被"罚跪是常有的事,但当众罚跪就比较罕见了。七八岁时,由于我不服管教,常常引大人生气。一次母亲实在气急了,就让我跪在有好几家居住的大院子里,并且请人写了"忤逆不孝"四个字贴在我的床头上。性格一向温和的母亲为什么这次下了"狠手",长大后才慢慢明白:"逃难"到四川不久,祖父和外祖父相继去世,全家十几口人全赖父亲很少的"薪水"支撑,而父亲远在百里以外的重庆上班,一两个月才回家一次,这一大家子实际上是靠母亲操持。此时的母亲已不是抗战前在南京经常回娘家打牌的那个"四小姐"了。经济上的窘迫、家事的繁杂、客居异地他乡的种种不便,使母亲身心俱疲,年纪还轻的她就曾因劳累而吐血。在这种情况下,面对我这个常常闹事而又总不听话的孩子,迫使她痛下一次"狠手",这心情是完全可以理解的。那时的我虽没有长大后这样的认识,但也隐隐地觉得自己的不对,因此默默地接受了母亲的责罚并心怀愧疚。应该说这次"当众罚跪"也给了我幼小的心灵以很大震动,并留下了终生不忘的记忆。但另一次罚跪就完全不同了，那是在镇江京江中学读初一的时候，因为在课堂上顶撞老师而被"当众罚跪"。我们学校是原来清朝时期的道台衙门，我就"被"跪在审判犯人的大堂前面的台阶上。这样，全校所有班级的同学经过这里都能看到直挺挺跪在那里的我。当众罚跪，尤其是在全校同学面前罚跪应该是一件十分丢人的事情，但奇怪的是对于这次罚跪，无论在当时还是后来的回忆，我却丝毫没有羞愧和害怕的感觉。大概是觉得自己并没有做错什么，因此对老师如此羞辱我所激发出来的强烈的抵触情绪，已经盖过了一切其他感觉了。

我自己顽劣淘气倒也罢了，有时还"组织"弟妹和邻居的小孩一起闹事。小时候，不知道"蒋委员长"是何方神圣，但听到大人谈话，心想这一定是一个像玉皇大帝或是刘备、曹操

大学生活、课间休息（左一为作者）

那样能管很多人的大人物，于是我就自封为"蒋委员长"，在一起玩耍的小伙伴们也这样叫我。一天，我看到一处高坡上很整齐地堆放着一垛木枋，我很想用这些木枋为"蒋委员长"搭建一个聚义厅。木枋有点重，一个小孩拿不动，木垛又比较高，小孩也够不着。因为木垛"码"在一个斜坡上，于是我指挥小伙伴们合力使劲从上往下推，结果木垛失稳，一整垛木枋完全垮塌，一部分木枋掉在了一侧有一层楼高差的人行道路上，发出了巨大的响声。大家都吓呆了，我喊了声快跑，小伙伴们一会就一溜烟地跑得无影无踪了。我这个"蒋委员长"也心怀鬼胎地回到家里。心想这个祸闯的有点大，我不知道那垛木材的主人会不会找到家里来算账，更担心木材垮落在下面的道路上是否砸伤了人……直到几天过去后，也没有什么反应，这才把悬着的一颗心放了下来。

像我这样的小孩，上学读书成绩不好似乎也是很自然的。

乒乓球能手

从小学到初中，除了语文、历史，其他课程都属下游。这里有自己"不用功"的原因，也与不断的转换学校有关。这期间，随着家的搬迁，在五个地方换了六个学校，最短的（如南京市一中、上海京沪中学）只待了不到一个学期。学习缺乏系统性，成绩自然就不好。意外的"收获"是不断的换校，不断的跳班，13 岁时初中毕业（20 岁大学毕业），算是同龄人中比较早的。但这并不如后来不少朋友的猜想：早慧。恰恰相反，"差生"的阴影始终笼罩着我的童年时代。以至于后来家搬到上海，弟弟妹妹们都考上了很好的学校，唯有我却考试落榜，最后只能进了淮海路上有名的"野鸡学校"肇光中学。用现在的话讲，我绝对是输在起跑线上了。

当然，任何一个小孩，即使很"顽劣"，但肯定也有他的亮点。譬如我带着弟妹和小伙伴们一起玩耍，也并不完全是闯祸。有时，我会领头带着弟妹们演戏、赛作文（发奖票）、讲故事等等。特别是我给弟妹们讲故事，还很能"抓"住人。尽管长大后弟妹们经常奚落我小时候给他们讲的故事"格调太低"，但他们也不得不承认那故事还挺有点想象力，以致很多年过去，大家年纪都大了，但他们都还能说出故事中的某些"精彩片段"，而这些，我自己却早已忘记了。

能够给弟妹们编故事，可能和我课外时间特别喜欢看"闲书"有关。十岁以前，由于身处偏僻小镇，书源有限，抓到什么看什么，看的书很杂。今天所说的"四大名著"、《聊斋》、《阅微草堂笔记》、《二十年目睹之怪现状》、《官场现形记》以及比较严肃的读物，如《古文观止》、《曾文正公家书》等都在不经意中读过(可能是年龄太小，看有的书只能是"囫囵吞枣"、"不求甚解")。看《红楼梦》除了记得贾宝玉、林黛玉等几个名字，全书情节几乎毫无印象。最喜欢看的是《三国演义》，但关注的也不是天下兴亡的大事，而是反复钻研三国诸将彼此需要"大战"多少回合才能分出胜负，然后对他们武艺的高低进行排名，并力证我所喜欢的赵云应该武艺是最好的大将。接触较多也最容易看懂的则是那些绘像通俗小说，像《薛仁贵征东》《薛丁山征西》《狄青平南》《罗通扫北》等等。所看的这些书，有些是家里存放的，有些则是在同学、邻居小朋友之间相互传看。但我看的书还有一个很有趣的来源，那就是三四年级教我们语文的罗老师，一位长得挺好看的女老师。因为有的同学在上课时偷看"闲书"，常常被她收缴。课后，喜欢我的罗老师就会把这些书（包括在高班收缴的书）悄悄地给了我。什么书都有，其中有一本书的名字我至今记得：《粉妆楼》。罗老师对我的"特殊照顾"，让我记忆至今。

十岁以后到了重庆、镇江、上海，看书的选择余地就比较大了。那时迷上了新派武侠小说。还珠楼主、郑证因、白羽，以至王度庐（《卧虎藏龙》的作者）、朱贞木的小说我几乎全部看过。江南鹤、李慕白、杨展的惊人武功和侠义人生给我打开了一个充满理想的世界，也由此萌发了自己写小说的愿望。十一二岁时，我写过一本小说叫《蜀道奇侠》（明显是受到还珠楼主《蜀山剑侠传》的影响）稍后写的一本叫《京华侠踪》。虽然都没写完，但也写满了好些笔记本。这些笔记本在二十几年中一直留在上海家里，而"文革"后回家，就再也找不到这些笔记本了。

东南大学毕业照

　　除了上学、看书、玩耍，每一个孩子都会有一个完全属于自己的心灵世界。童年，是一个充满幻想的年代。最初人生中接触到的新鲜的万事万物，总会引起我的好奇，并激发我无限的遐想：山城的"万家灯火"、伸手不见五指的大雾、雨后苍翠的后山，以至在山谷中轰然鸣应的雷声，都会让我心动；我会长时间坐在走廊上，俯瞰着从我家前面逶迤流过的大河，看着一艘艘大小不同的船只从这里驶过，我总在想象：它们到底会流（驶）向哪里？我还特别喜欢坐在我家厨房的矮凳上，痴痴地望着那片积满灰尘、再加上漏雨而显得斑斑驳驳的墙面，从中寻找那每次都有变化的、千奇百怪的图形（这使我后来读中国画论关于用笔如"屋漏痕"的描述，以及现代艺术对模糊性的强调变得很容易理解）；夜晚上床睡觉了，我会习惯性地用手把被子的前部稍稍撑开，形成了一个很有围合感的"洞穴"，昏暗的油灯灯光渗进"洞穴"，在洞顶幻化成五彩斑斓的光晕，奇幻而瑰丽。无数个夜晚，童年的我，就在这美妙温馨而又静谧的"空间"中朦朦胧胧地进入梦乡。

似真似幻的童年早已悄然远去了，曾经有过的"鸿爪"般的记忆也多被岁月的"雪泥"所覆盖。但是，有一些记忆总是会扎根在每一个人的心里。它可能会影响我们的一生，那影响若隐若现，却又能让你清晰地意识到……

程泰宁

1935年生，中国工程院院士，中联·筑镜建筑设计研究所主持人、东南大学教授、东南大学建筑理论与设计中心主任。

启蒙 怀念 感恩

随着岁月流逝，白驹过隙，转瞬已到"从心所欲，不逾矩"之年。欣慰的是童年的记忆仍在，一些童真的片段会伴随我一辈子，也潜移默化地影响我一生。回顾往事，最想表达的感悟就是：启蒙、随缘、感恩。

我是一名"匠人"，喝珠江水与长江水长大，祖籍苏州，生在广州，长在上海，落户北京，这注定了我的南腔北调。"建筑"与我结下了不解之缘。在中国，"建筑师"不是个传统称呼。从我的实践看，因循古制，自称"匠人"为妥。自古以来，中国有很辉煌的建筑成就，都是在皇权统治下，由"工匠"、"匠人"完成。建筑艺术往往反映了统治者（权＋钱）的意志。中国没有"建筑师"的称呼，在中国人事制度技术职称一览中，只有"工程师"，没有"建筑师"。清华建筑系是"拙匠之门"，梁思成先生的论文集取名为"拙匠随笔"。老师是匠人，我当然也是名副其实的匠人。

我姓费，名麟。姓名称呼虽然只是符号，但每个字母所代表的含义，多少反映了我的个人特性：

create

35

F——Family，家庭观念较重

E——Engineering，从事建筑工程设计

I——Institute，一辈子没离开过学院和设计院

L——Love，热爱生活，关爱建筑

I——Integrity，正直，爱说实话

N——Nature，一切顺其自然

温故知新 家史教育

回首童年往事，就像看 PPT 一样，仅是不连续的片段。每个片段都能在脑海中浮现，背后会有些模模糊糊的小故事。小时候妈妈给我讲故事，其中有关她祖辈的故事给我留下了很深的印象。她的祖父张老先生和外祖父黄老先生是四川荣县同乡，以农耕为生。两人自幼同窗，情同手足。成家后结伴赶赴乡试时，两家夫人都已怀有身孕。临行前约定，日后两个小孩若是同性，则结拜金兰，若是异性，则结为夫妻。于是两人结伴而行，形影不离，相互切磋，准备应试时，天有不测风云，张老先生中途不幸患病，无法赶考，于是将自己精心准备的应考笔记交给好友，祝愿他能心想事成。张老先生无功而返，不久病重辞世。黄老先生果然不负众望，如期中举。从此，张家家境日衰，黄家日渐兴旺。黄老太太认为两家已不门当户对，想辞婚约。黄老先生不以为然，绝不失信于亡友，遂将张老先生的儿子接到自办的私塾里与自己的女儿同窗共读，以此两小无猜，青梅竹马。成年后，按父辈诺言，两人喜结良缘，他俩就是我的外公和外婆。外婆的思想开放，在荣县当了第一任女子中学校长，外公也投身于教育事业，共同

办校 30 多年。后来四川省教育厅给他俩送了一块"诲人不倦"的额匾，以资表彰。这段故事在当地一直传为佳话，也给我上了一堂生动的家史教育，印象极深。外婆黄润芬遗诗一首：

> 劳心碌碌竟何为？得失纷纷了无期。
> 我不算人嘲我拙，我欲算人笑人痴。
>
> 庭花密密疏疏影，溪流长长短短枝。
> 世事欲齐齐不得，天机妙在不齐时。

后来妈妈又和了一首：

> 一生辛苦竟何为？恬淡生涯是所期。
> 教学成才终不拙，诲人不倦岂云痴？
>
> 晚风拂拂花筛影，瓜蒂绵绵子满枝。
> 世事沧桑人渐老，思亲最是独吟时。

言教身教 教子十戒

我出生在广州，幼童生活完全没有印象，只能从妈妈的口述中知道我两岁时候的一件童趣。一天妈妈下班回家，不见我的踪影，正在厨房工作的保姆也不知道我在干什么。只是听见盥洗室中有水流声，于是赶紧推开盥洗室门，发现我正在盥洗盆玩水。走近一看，大吃一惊，我正将一台照相机放在水中玩耍。

在广州建筑师刘既漂宅前　　　和爸爸在轮船上

笑拿苹果

妈妈赶紧将相机抢救出水面，问我为什么这样顽皮。我还振振有词地说，看见相机有灰尘，给它洗个澡。妈妈这时又有气又好笑，没有打我屁股，耐心地跟我解释，爱清洁是对的，但是照相机不能进水，给它洗澡会把相机搞坏的。这件口述趣事给我很深的印象。在我记忆中爸妈很少对我打骂，即使打，也是高高举起、轻轻放下。2003年妈妈去世后，我带着悲痛的心情整理遗物，惊喜地发现，在一本发黄的笔记本中，妈妈书写了一段教育警语和教子十诫：

"德育智育体育，德育最重要，务须注意。中文东文西文，中文为根本，故应先通。"

此对联为四十年前嘉兴学校礼堂的对联，校长吴璇轩所联，特摘录于此，以给麟儿警语。

教子十诫：

一、教育子女第一要计划，第二要实行，第三要恒心。

二、教子女最要使其明是非。

三、子女要问，乃是教育之最好机会，切勿放过，切勿讨厌。

四、教子女不在一时迫紧，须随时指导，随时叮咛。

五、子女有过，大声斥骂无益，重梃痛责无益，须细细开导方收效。

六、对子女空口训斥一日，不如以身作则三刻。

七、幼时不教子女整理书籍玩具，长大难望他整顿家庭国家。

八、任子女称心三年，害子女苦恼一世。

九、子女幼时教导贪婪一分，长大时受他苦楚万分。

十、做客去子女有礼貌，能应对，尽是父母之教育成绩。

这些家庭教育的准则，继承了传统道德规范，赋予了时代精神，没有空话，简单易行。妈妈生前并没给我看过这笔记，行胜于言，这就是她高明之处。

国防工程 启蒙教育

爸爸费康和妈妈张玉泉 1934 年毕业于（南京）国立中央大学建筑系，毕业后应中大老师刘既漂的邀请去广州，到刘既漂建筑师事务所任职。该事务所有很多两广军阀陈济棠的国防

1938年和影星赵英才在香港

工程和民用建筑要设计。妈妈有一次给陈济棠设计私人别墅，他要求有一个面积不大、但是宽敞明亮的客厅。于是妈妈在客厅的一个墙面上设计了整整一片镜子，增加了客厅的空间感，收到较好的效果，得到赞赏。这时爸爸一边设计一边注意总结、收集、整理、编写了有关国防工程的素材，为以后设计准备好参考资料。1937 年应大舅张竞成的唐山交通大学同学郭天回教授的聘请，爸爸赴梧州广西大学开讲"国防工程"课程。这时妈妈已有身孕，到学校定居后也不必每天上下班奔波了。那时日本人已打到南方，经常出动飞机轰炸梧州。在我小小的心灵中已习惯躲防空洞的滋味，懂得日本人在欺负中国人。和小朋友在花园里玩沙土，用小铲子在冬青树篱的土壁上挖了许多半圆拱的山洞，很得意，认为这是防空洞。记忆中，有一次我正在床边玩，忽然拉起了紧急防空警报，怀有身孕的妈妈拉了我就往楼下跑，另一手拿了早已准备好的防空逃难用的提包。在广西大学的宿舍边，有一个大防空洞，我们母子俩急促地往洞里跑，邻居们也来帮妈妈拿包。洞里灯光很暗，大家拖儿带女挤在一起。这已成为习惯，大家也不慌张。不一会儿，爸爸气喘喘地跑进来找我们。他正在广西大学上课，一听到警报声，赶紧下课，让同学疏散到学校的防空洞里。见到我们坐在邻居边上平安无事，他才松了一口气。每天早上起不来，妈妈就叫醒我，还唱着"起来！不愿做奴隶的人们！"这支歌打那时就这样给记住了。唱起这歌，我就知道是打日本鬼子的歌——"我们万众一心，冒着敌人的炮火，前进，前进，前进进！"

沪江沦陷 租界孤岛

1938 年暑期祖父病逝，爸妈带着我和不到半岁的妹妹赴沪奔丧。抗战时期陆路不通，只能走海路到上海，暂时和祖母、伯父、叔父等住在一起。不久当我们走海路返回时，由于日本人已打到两广，虎门封锁，不得不在香港滞留。此时大伯父费穆、二大伯父费彝民和儒商金信民等正在香港筹备成立民华电影公司，准备编导、开拍电影《孔夫子》。我们一家四口只能在香港等待水路开放，这一等就是半年。这一阶段我能记住的事就是在海滨沙滩上拾贝壳时被海星咬着手指，哇哇大哭的情景。另外能记住的人就是带我出去玩的一些电影明星，例如黎灼灼、张翼（《孔夫子》中饰子路）、赵英才（《孔夫子》中饰颜回）、裴冲（《孔夫子》中饰子贡）等。由于广西沦陷、桂林失守，原定计划完全打乱，只能再次返回沪江。国破家亡，我们在桂林的家彻底丢了。万幸的是，妈妈早有远见。她有个习惯，凡是离家远行外出，随身总把重要的证件、讲稿、手稿、

1940在孔夫子电影摄影棚

笔记和家庭照片一起带上。她认为这些物品都是无价之宝，不能丢。上海由于有各国的租界地，日本人一时还不能完全占领，是名副其实的"孤岛"。定居上海后，必须从长计议。这时大伯父已经着手开拍电影《孔夫子》，爸爸应聘为电影的考古顾问，妈妈协助收集、提供并设计有关春秋时代的建筑、文饰、服装以及道具资料。还负责《孔夫子电影专刊》的美术编辑工作，画了许多电影场景片段草图。当时我看到爸爸渲染专刊的彩色封面，用海绵在半干的蓝色天空中巧妙地吸去水分，形成朵朵白云，生动而自然。他那精湛的绘图技巧给我留下极深的印象。有多次爸妈带我去摄影棚观摩费穆的导演场景。后来电影上映后我看了好几遍，虽然那时我还小，但许多情节都还能看懂。我佩服孔子，为治乱世，周游列国，被困陈蔡，锲而不舍。我讨厌没有人性的乱臣贼子杨货，我欣赏视死如归、杀身成仁的子路，我理解孔子在杏坛讲"中庸之道"时用水桶做道具，寓意"虚则欹，中则正，满则覆"。

大地回春 蒲园欢宴

为了自立谋生，爸妈拿了 1934 年中央大学毕业文凭和 1937 年的建筑师开业证书到上海市工部局登记注册，准备承接设计任务。当时妈妈很欣赏美国女作家赛珍珠写的一本书《大地》，书中生动描写了中国三代农民的坎坷经历。作家本人于 1938 年获诺贝尔文学奖。爸妈在上海成立了大地建筑师事务所，就是受到《大地》一书的影响，寓意"大地回春，气象万千"。1941 年初参加上海蒲石路 570 弄 "蒲园" 12 栋花园小洋房的设计竞赛，一举中标。这是事务所成立后的一项艰巨任务。为了设计赶工，我们从祖母家搬出来，先在霞飞路来德坊租了一间房。白天让保姆带我们兄妹俩去附近公园玩耍，将床立起来腾出空间放上 2 个绘图桌搞设计，晚上恢复成寝室。白天是设计室晚上变成卧室，这就是名副其实的 SOHO。由于设计任务繁忙，设计用房不够用，于是租到霞飞路上海新村隔壁的南徐公寓 202 号两室一厅的套房。这让我有机会每天都能看到设计室内忙碌的情景，叔叔们用维纳斯牌铅笔在硫酸纸上绘图，用粗细深浅有别的线条绘出漂亮的平、立、剖面建筑图，

熟练地徒手写出许多中英双语说明，有时还在立面图上配上生动的树木、人物和汽车。有一次我大胆地请叔叔示范画一辆小汽车的左右前后立面和俯视图。为了要绘制蒲园 12 栋花园洋房的鸟瞰图，记得爸爸专门订制了一把 2 米多长的木尺，以便求透视灭点。我还看到爸妈画了

头戴机帽手拿刀枪想当兵

许多透视草图，请模型公司制作了不同外形的小洋房模型，铺上假草皮、假树、假人和小汽车，拍出的照片可以乱真。经过一年多的努力，蒲园顺利建成，很快便销售一空。爸妈的老师、中央大学建筑系的刘既漂买了一栋，并于1942年10月初举行一次家宴，庆祝乔迁之喜，并祝贺设计成功。那天请了大地建筑师事务所的主要同仁和投资方、营造商等嘉宾。我们全家四人都去了。客厅里的大吊灯很醒目，就像一本精装的灰褐色硬皮大书朝天打开，将反射光均匀投到天花板上，有别开生面的感觉。太老师拉着我的手说，这是妈妈设计的灯具，并希望我将来也成为一个建筑师。那天的家庭便宴全部是刘家自己烹饪的粤菜，饭后拍了一张全体照，我们一家四人也留了影。

魂断浦江 节哀抚孤

天有不测风云，人有旦夕祸福。哪里知道那天的家宴是"最后的午餐"，那天的留影竟是最后一次的"全家福"照片。太平洋战争爆发后，日本进驻上海租借地，每晚实行灯火管制。要求每家用黑窗帘挡窗，一旦发现露光，即将上门找麻烦，轻者罚款，重者拉进日本宪兵队。入夜，马路上行人的上衣胸口处需要别一个带有荧光粉的徽章，在黑暗中，那个发绿的荧光章就像鬼火一样到处游荡。1942年入冬，上海出现各种流行病，先是我妹妹得了感冒，发高烧。圣诞节前夕，爸爸得了白喉，住进上海宏恩医院。主治大夫王蔼松考虑爸爸心脏不好，不能打特效药"血清"。这时白喉封喉，呼吸困难，大夫竟然切开喉管插入呼吸管道，帮助呼吸。由于白喉忌讳开刀见血，造成病菌感染以致血中毒。手术后爸爸昏迷不醒，仅三天就离开我们了。丧期未过，妈妈在悲痛中因感染也得了白喉，经过治疗，才逐渐恢复。病好后她很坚强，下决心"为辅双雏且暂留"，含辛茹苦，一人挑起慈母严父的担子，独自继续维持大地建筑师事务所的工作。

1942年秋在刘既漂家最后的合影

天亮前后 醒狮精神

妈妈在设计工作之余，有条不紊地处理繁锁家务，对我和妹妹的学龄前教育从来也不放松。从小妈妈经常给我们讲历史故事，教唐诗，让我学写毛笔字，教我们学会整理自己的衣物，帮忙做简单的家务。有时带我看一些有趣的儿童片，美丽善良的白雪公主、调皮的米老鼠、机灵的唐老鸭、说谎的木偶鼻子会长长等给我很深的印象。我在上海位育小学读一年级，记得第一堂公民课就是教基本礼貌：上学看见老师要叫"老师早！"；遇见升国旗、听到唱国歌，要立正；回家见到父母要打招呼；路上不能随地吐痰等。国文课都是讲童话和故事，要学写毛笔字。小时我体弱多病，三年级时让我休学一年，在家里请家庭老师补习功课。这时有比较多的空闲时间，除了学画、练字外，妈妈给我讲解《唐诗三百首》、《古文观止》中的一些名篇。一次堂姐费明仪来看我，给我一本绣像《三国演义》，让我解闷，但是生字很多。妈妈鼓励我坚持看一遍，认为多看几次就懂了。从此提起我看小说的兴趣，接着我看了《鲁宾逊漂流记》、《苦儿努力记》、《爱的教育》、《中华成语故事》等，让我大开眼界。孙中山革命、王安石变法、岳母刺字、诸葛亮妙算、关羽忠义、林肯诚实、爱迪生智慧等，让我既增长了知识，又懂得了真善美的道理。

1945 年 8 月 15 日深夜，我们还未入睡，听到急促的敲门声，妈妈又以为是日本宪兵来了。开门后却是楼上的邻居黄小姐，她兴冲冲地来报喜：日本正式投降了！不久，里弄传呼电话又带来了二伯父费彝民关于日本战败投降的消息。顿时，妈妈很兴奋，打开黑布窗帘，打开电灯，让压抑已久的光照，射向四周死气沉沉的长夜。第二天，街道上挤满欢庆胜利的人群。没几天，霞飞路上就搭起了胜利牌楼，正中挂着岳飞书写的"还我河山"大幅横匾，牌楼上挂中、美、英、苏、法五面国旗。在南京路上的国际饭店顶上，"礼义廉耻"四个大字，又用霓虹灯装点一新。大世界转角处，出现了身穿军装、手戴白手套，扶着指挥刀的"蒋委员长"的立像。整个上海沉浸在一片喜庆欢腾的景象之中。学校里教了一首《胜利之歌》："胜利的旗帜飘扬，胜利的歌声飞扬，每一个爱自由的同胞，让我们抬起头来歌唱……"

那时我正在上海南光中学（暨南大学附中）上五年级。每周一早晨进校后第一堂课就是升旗典礼，升旗完毕校长诵念总理遗嘱。从前这学期开始我有资格参加了童子军。还订制了制服，配备了橄榄帽、领巾、皮带和小刺刀，要学习打旗语，要实行"日行一善"的誓言。后来妈妈认为应让我上一所更好的中学。经过考试，我同时被上海南洋模范中学和格致中学录取。由于后者有国民党的背景，最后选择了前者。这个学校离家较近，步行也只需20分钟。南模中学的前身属于南洋公学，传统悠久。校训是"勤俭敬信"四字。校风是四实："学业扎实，生活朴实，工作踏实，身体结实"。校歌歌词激励人心："旧南洋新南洋，说新旧感沧桑，旧历史念七年，新记录日方长。有许多家庭信仰，得一般社会帮忙。全校精神，个个向上，何等蓬勃气象。老根基昔年师范，新规模近代南洋，锦绣醒狮古校旗，永久招展有荣光。"校徽是站在地球上的一只醒狮，象征着民族觉醒。由于交通大学的前身也是南洋公学，两校有很深的联系，南模中学的不少数理化老师是来自交大。我最喜欢几何课，张戬宜老师告诉我们平面几何中无法用作图法三等分角，这是有名的三大难题之一，引起我们同学很多思考和兴趣；赵宪初老师上课用的三角教科书就是他自己编著的，每一堂课开始先带领同学用读古文的音调背诵三角函数公式，帮助记忆；我对死记硬背的化学不感兴趣，有一次在课堂上提问：为什么原子、分子结构要用这种图式表达？化学老师徐宗骏认真地解释，这的确是一种假设，已被证明是可行的。如果你能创造一种更好的表达方法，也是可以的。我的疑团顿时被打消。语文老师洪为法是三十年代的知名学者。有一次我的中文用了过多的而字，他在黑板上写了一首打油诗："当而不而，不当而而而，而今而后，已而已而。"我很高兴地接受了这一不点名的批评；陈冰慧老师用英语讲授英语语法，教材就是他编著的《陈氏英语语法》，训练我们听读能力，教学效果较好。这些老师水平高，讲课风趣，深入浅出，启发式的教育方式大大提高同学的记忆力和学习兴趣。

南模初中男生都在郊区七宝镇的新校舍住校，这是我第一次离家生活独立自理。新校舍条件比较艰苦，没有自来水，每天工友要从小河里挑水放入大缸，投入明矾净水，供隔天使用。没有电灯，晚自习教室用气灯，集体宿舍用煤油灯，老师夜晚改卷只能靠蜡烛照明。每天下午4：00以后课外活动是同学们最高兴的时候。有的在教室埋头做功课；有的到球场玩球；有的参加童子军军乐队练习打洋鼓、吹喇叭；有的练习拳术；有的练习唱歌。我打小学时就对篮球发生了兴趣，积极组织球队，找机会参加各种比赛。妈妈是中央大学女篮校队的前锋，也许受到了她的影响和鼓励。篮球运动除了可以锻炼体力、培养灵活性、训练注意力之外，很重要的是培养团队精神。一个球队的实力表现在个人的水平、素质和队友之间的合作、协调精神和能力。这种锻炼对我以后从事建筑师职业工作特别有用。

总而言之，童年生活时的家庭教育、学校教育、社会教育给我很多的启蒙教育，给我的成长打下了基础。对于我的父母、我的老师、我的同学、我的环境，我会怀念，无论是正经验还是负经验，都是财富，我会表示感恩。

费麟

1935年生，曾任清华大学讲师和土建综合设计院建筑组长，机械部设计院总建筑师、副院长，现任中国中元国际工程公司顾问总建筑师，全国注册建筑师管理委员会专家组副组长。

感恩童年

刘景樑

　　好久都没触及童年这个词了，更没认真思考过童年对我整个职业生涯的影响。前不久收到金主编的邀约，要以"建筑师的童年"为题谈些什么，这才有机会静下心在记忆中找寻童年，追溯五十年建筑师生涯的那个源头。

　　一座城就像是一个人植根的土壤，你在哪里生活就会在哪里生根，家乡承载了我过往所有的人生轨迹。

　　我的祖籍是福建闽侯，但我在天津出生长大，不仅在天津读完小学、中学、大学，连工作也从未离开过这片土地，已经深深地扎根于此。我视天津为第二故乡，这里美丽，并且独特。

　　我的童年是在五大道上的老宅度过的，这里是天津小洋楼住宅的聚集区，房屋虽然不像四合院般宽敞，但周边的环境非常整齐。我家住在大理道上一个联排式大进深的3层小楼里，虽然只占面宽不大的开间，但空间很丰富。现在回想起来那个楼的设计做得非常巧，底层是满铺的半地下室，然后是一、二、三层，长短跑楼梯作为交通枢纽把3层住房串联起来，并以错层连接着附

大理道旧居近照

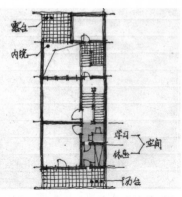

三层顶层平面（系作者手绘草图）

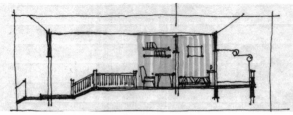

学习、休息空间（系作者手绘草图）

属用房，包括：卫生间、贮藏间、厨房，而跌落式布局的天井又让大进深的每一个房间均可采光通风。我中学时就是在第三层楼梯尽端的平台上读书学习的，旁边贴邻的一个不足4平方米的过堂间就是我当时的卧室。我读大学时曾画过一套完整的"可爱家庭"手绘草图，可惜后来几经搬家辗转，不知遗落何处了。

童年时关于家的记忆，其中很大部分都是以周边的活动空间为背景的。与其说是活动空间，其实也就是不过三四米宽的胡同和自家庭院，那可是我童年时最喜爱的露天乐园。在那个人口密度小，连自行车都属于奢侈品的年代，马路上偶尔能见到少量的自行车和运输马车，像这种比较静谧的街道往往都是被孩子们占据着。每每总是聚集了一群小伙伴，相互追逐打闹，

童年与父亲合影　　　　　　儿时

还总是乐此不疲。我小时候最喜欢各种体育活动，比如在胡同中间利用围墙上端的米字形花饰拉起一根线就可以打排球，把绳降低一点就可以打羽毛球。每当我们想踢球时就干脆把衣服脱下来摆成两个球门便在大街上踢足球。

　　记忆特别深刻的是，我们还模仿运动会中的"异程接力"进行胡同之间的跑步比赛，这种运动是将短跑与中长跑结合起来，但现在的运动会已经没有这个比赛项目了。我们当时就是以道路交叉口为计算单位，估算个大概的里程，沿马路围着街坊跑几圈，我的耐力好，每次都被安排跑路程最长的一棒。儿时对于体育运动，或者说体育游戏的热衷使得我的校园生活一直丰富多彩，中学时曾作为少年队入选了校足球队和排球队，在校内运动会17岁以下少年乙组的比赛中，获得田径类三级跳第三、铅球第二的成绩……这些蹦蹦跳跳的时光一直铭刻在我的脑海里。

我6岁时开始到耀华小学读书，那时候耀华小学还属于私立小学，学费很贵，因为叔辈亲戚的关系可以免半学费才连续读了四年，最后两年转到对员工子弟免费的南开大学员工子弟小学（现南大附小）。那时候耀华学校的正门前有一条河叫墙子河，我最喜欢上下学时沿着河岸边玩边走，印象最深的就属河边那些倒挂的垂柳了，枝干被柳枝赘弯了腰，柳梢轻抚着河面，那微风，那翠绿，都被定格在童年的夏天记忆中。所以每次提到天津的植物品种我首先想到的就是柳树，虽然现在已不多见了，但童年的景象现在想想还如同身临其境一般。

那个至今令我心存感激的人，那番让我至今难忘的谈话，仿佛注定与我交汇在那一年，指引我走上了建筑设计的道路。

我初中就读于天津师范学院附属中学（现实验中学），高一时学校在我们那届"空前绝后"地开设了制图课，由此我第一次认识到制图与建筑的关系，这也是我在建筑启蒙道路上的第一课。《制图学》这本书我至今仍然记忆犹新，淡蓝色的书脊，封皮上红色仿宋字体"制图学"三个大字，简单而整洁。教我们这门课程的老师是严嘉琛先生，他是我们的代数老师，兼教制图。

《制图学》

严老师个子不高，清秀的面庞，一向身着朴实利落的服装，讲一口上海普通话，讲课认真严谨，黑板上他那规整漂亮的仿宋字，那徒手绘制的各种图形，都给我留下了极深刻的印象。严嘉琛先生对我后来进入建筑系学习起到了至关重要的启蒙作用。

记得那时制图课主要学习三个方面内容：一是基本图例的学习；二是图形的转换关系，也就是平面、轴测、投影等的绘图方法；还有一项重要内容就是学写仿宋字。严老师把制图课讲得既要领明确又生动有趣，他讲的书写仿宋字要领现在回忆起来依旧清晰：即仿宋字尺寸的宽高比可记为黄金分割或简化为 2:3 的比例；笔画上起笔落笔都是三角形；根据文字的不同结构有些字不能充满格，要往里收一收等等。那时候我很迷恋制图课，课后找各种废旧报纸当做字帖练习写字，对制图作业完成得一丝不苟。制图作业有时是画平面或剖面图，有时也画一些小的机械零件，对作业严老师都会认真严格地批改——那时还叫"判作业"，指出每一位同学每一页作业存在的问题，再一一耐心地解答。

那时我的制图成绩一直都是五分，严老师很早就注意到我对制图课的兴趣和特长，很注重对我的培养指导，这种认同感给了我很大自信。但是老师也曾经批评过我，有一次我为了和同学多踢一会儿球，代画了这位球友的制图作业，尽管我俩同年级不同班次，但仍旧被严老师识破，那是我印象中的第一次"挨批"，严老师没有过多的言语谴责，只用他那严厉的目光看着我，便使我羞愧得无地自容。老师所给我的关心和鼓励，一直影响了我很长时间。

高一下学期一次课下，严老师把我叫到他办公室，前面说了什么我记不清了，只记得老师问："你大学想考什么系？"当时我对大学院系没什么概念，更谈不上日后的发展，因为叔叔是天大机械制造系的教授，便随口说要考机械制造。"你为什么不考建筑系呢？"严老师说，我又问读建筑系以后是要做什么的，"学建筑就是搞设计，盖房子，比如咱们制图课画的图就跟建筑设计有关。你制图不错，也有兴趣，以后考大学学建筑很有基础。"就是当时严老师的这一番话，给我的头脑中注入了建筑系的概念，从此我知道了原来考建筑系能够跟我所喜爱的绘图、写字等相关联。

严老师只教了我们一年就回上海了，但确实对我以后的高考志愿选择产生了很大影响。人生中有许多事情是要看缘分的，恰巧我们这届开设了制图课，恰巧我在制图课遇见了严嘉琛老师，恰巧老师发现了我的特长对我多加指点。相信如果当时没有遇到严老师，没有他对我在制图、仿宋字方面的指导，没有他在建筑学上给我的启迪，我大概不会与建筑结缘，更不会一走就走了五十年。

我很怀念严老师，想来他现在应该已是耄耋老人，这些年当中我曾多次托人寻找都未能如愿，如有可能很想能当面感谢他对我的启蒙之恩。

自认为还算顺利的人生，几十年后被一份尘封的档案揭开了一角戏剧性的面纱，原来好机会与坏运气只是一纸之隔。

四兄妹合影

　　高三填报大学志愿时，我的目标已经相当明确。我第一志愿报了清华大学建筑系，其次是天津大学建筑系，再次就是天津大学机械制造系，再往下的志愿就随便填了几个。之后我如愿地考入了天大建筑系，又按部就班地参加工作，本来还暗自庆幸自己的一路坦途，但后来发生的一件事，让我着实为自己全然不知的人生捏了一把汗。

　　前些年，单位统一清理过期文字档案，我看到自己档案中一份"1958年高等学校联合招生申请报告书"的材料，其中高中毕业时学生辅导员在对考生的"升学意见"一栏中写了这样一段评语："对右派言论认识模糊，认为轮流执政可以试一试，经过学习对以上思想能批判……可录入一般专业"，并将我填报的第一志愿抹掉了。当时我看到这段评语时的心情真是五味杂陈，又

高中时代

联想起这样一段往事：

1958 年在反右斗争严重扩大化的背景下，全国普遍进行了一次整党、整团、整社运动。那时我才 17 岁，对于政治几乎什么也不懂，参加校内整团运动时，学校团委一定要大家谈对右派的看法，要谈心交心，比如你以前有什么模糊的认识，现在认识到错误了，再作一下自我批判。"轮流执政"是当时"右派"比较著名的言论，我就借此谈认识，说曾经看过轮流执政的说法，现在认识到这个说法是错误的云云……没想到这样一个小插曲，最后不仅纳入了档案，还造成了"被抹去第一志愿"的后果。万幸的是还写了"可录入一般专业"，如若再抹去了天大建筑系，我可能就与建筑学无缘，去学了机械制造，又或者不知到什么地方去学什么了。

2013 年，我参加母校实验中学九十周年校庆时，一位从上海来的老同学给我捎来一张《新民晚报》的旧报纸，为我揭开了一个时代的秘密。原来在那个特殊的年代，受到过这种"待遇"的人远不止我一个。"文化大革命"前 1958 ~ 1965 年的八年中，高校招生有"不宜录取"和"降格录取"的政策。当时校方在极为保密的情况下对学生一一作了政审，政审的依据并非个人表现或学习成绩，而是家庭出身和社会关系。这一烙有那个特殊年代印记的极"左"政策，在当时影响、摧残了一大批有志的高中毕业生。只是没想到我自己当时也受到了这个政策的影响，好在上天垂怜，否则我与建筑，甚至与大学都会失之交臂。

尽管欣喜着自己不幸中的万幸，但仍感唏嘘的是，只是一句话，很多人的命运就因此而改变，前途就此葬送，尽管那时的辅导员也只是在特定环境下的一种客观行为，但前提是再客观落到个人身上也是主观，不仅殃及自己的前途，子女在很长的时间里都深受影响。"不宜录取"政策摧残人才于未成之际，受害者受的都是"内伤"。从这一层面上还是要谢天谢地谢谢老师"笔下留情"，才给我留住了考入天津大学学建筑的机会，使我能在之后的祖国建设中贡献自己的力量。

童年总是纯净和美好的，无论快乐地嬉戏也好，青春的奋斗也罢，亦或曾经的泪水与汗水，回想起来都是一个个无比珍贵的片段。得益于童年时对体育游戏的热衷，锻炼了我做建筑师的强健体魄；得益于中学时的制图课，为我开启了建筑领域的那扇门；得益于这位只与我成长轨迹重合了一年的恩师，将我引上建筑设计的道路……对于这些童年的往事，年龄越长越想小心翼翼地封存在记忆中，年龄越长也越品味人生的感恩之情。感谢此次出版的机会，让我在写作中又重温了那个纯真与激情的童年时代。

刘景樑
1941 年生，天津市建筑设计院名誉院长，全国工程勘察设计大师。

植入幼小心灵的种子

顾奇伟

　　到了近奔八十的年龄，吾早已享受"顾老"之尊称，有时听到此称呼，也会暗暗觉得好笑，想当初，我老夫年少时，也是调皮捣蛋常常闯祸的料，诸位何需客气。

　　我1935年出生，家在无锡郊外水乡，父亲在上海谋事挣钱养家，母亲在家乡养蚕等补贴家用，农务、家务中抚养哥姐和我三人。我在家最小，受到特殊关爱，小时候天不怕、地不怕，就是怕鬼、恨鬼。

　　一是怕大人讲的故事中的鬼，每到夜晚，黑灯瞎火，特别是刮风下雨，阴风惨惨，呼……呼……风从门缝里吹进来，这

童年肖像一　　童年肖像二　　近照

时候，就离不开大人，更不敢出大门和关灯睡觉，非常老实，好在从来没见到鬼，即使在噩梦中碰到鬼，急得提不起脚逃不掉，也总是在被鬼抓住之前，人就醒了。所以，怕鬼又特别想听鬼故事。对另外一种鬼就另作别论了，那就是杀人放火、坏事做绝的人间恶鬼——东洋鬼。从吾能记事开始，就懂得此类鬼之可恶可惧和可怕。那是因为母亲常常含泪说起1937年她领着我们逃难的经历：

那晨光，东洋人打上海、打南京，杀人数不清，穷凶极恶，坏事做绝。你们爹在上海，好在住租界，一直还没出大问题。后来东洋兵打无锡，和上海的音信都不通了。你不到2岁，啥也不懂，你阿姐10多岁，阿哥8岁，我们怎么办，真是急煞人。于是同村里一些熟人商量，约好一起逃去上海寻你们爹，到处都在打仗，火车汽车早就不通，只能走路。大路、近路太危险，根本不敢走，唯有抄小路到江阴一带，过长江绕道苏北才能避开东洋人走到上海。寒冬腊月啊！又下着大雪，沿路又滑又潮，我又是小脚，领着你阿姐、阿哥，背着你，一路打听问路躲开东洋兵，吃尽苦头又不敢停下来。好在有村里人一起照应，没出啥大事体。最急人的是半路上我们一批人走散了，找不到你阿姐，又不敢唤叫到处寻，只能含着眼泪继续往前走。快到江阴渡口了，总算找到了和村里人一起的你姐，天保佑啊！悬着心才落了下来。在渡口，大家都急着找船过江，逃难的人多得不得了，只能耐着性子等，碰到东洋人飞机来轰炸，大家就又逃又躲，眼看着炸弹落下来，船被炸，人被炸，真是叫天不应，叫地不应，惨呀！东洋人炸的都是老百姓，实在坏透了！等到飞机飞走，活着的人才慢慢集拢起来，等到天黑，摆渡的木船才冒着危险来接我伲。因为大家都急着过江，码头上又挤得不得了，好容易我们都上了船，突然我被挤得脚下一滑就掉落长江。我又不会游水，喝了几口水，昏沉沉地叫不出声，幸亏一个好心人弯腰伸手拉了一把，才算没有被冲走，大家把我救上船，又惊又冷，身上又湿，但总算捡了一命。过了江，走苏北一路还算没有碰到东洋兵，走到上海租界，碰到急煞了的你们爹，好像已经隔世了……这是我们一家的苦，苦头吃尽。后来，乡下传来消息我们家被抢光偷光，再想想那些家破人亡的人家，真是一言难尽，东洋鬼真是坏透到顶！你那时太小，不懂事，长大了千万不要忘掉你娘和那么多中国人的苦呀。

我在家的温暖和怕鬼恨鬼中长大，东洋鬼慢慢替代吊死鬼、屈死鬼、僵死鬼成为噩梦中最坏的厉鬼。住在上海，虽繁华，却总感到肃杀，不好玩，前面马路，边上一条小弄堂，天天在窄小的家里，大人又忙，也没有小伙伴一起玩，只能常常在窗口看电车、汽车、黄包车和匆匆来往的行人。有时父母带着出行，往往看到关卡、岗哨旁的日本兵头戴挂在两边忽闪布片的帽子，揣着上了刺刀的长枪，有时还牵着伸长舌头的狼狗，人和狗一样凶神恶煞，可憎可恶。所以我也不大喜欢出去玩。有一次在窗口看到一批英国人、红头阿三（租界内印度锡克族出身的警察）、巡捕等沉默地排队经过大马路。大人们说，日本人下作地偷偷炸珍珠港，现在中国同美国、英国和苏联联合打日本赤佬，所以英国人撤离租界回国了，以后租界就更加不太平啰……让我感到上海将更加恐怖了。

我六七岁那年。母亲要回无锡乡下重拾家业，并带我回家乡上学。第一次乘火车回无锡，蛮新奇的。到了火车北站，挤得不得了，又很龌龊。瘦弱的母亲扛着大包袱，牵着我的手过查票口，那些穿黑衣服的兵推推搡搡，一个站在高处、手拿棍棒的兵突然凶狠地一脚把我母亲踢倒在地，我边扶边哭和妈一起挤过了木栅，才上了火车。

可是，在车厢里面挤得转不了身，味道又难闻，走走停停到了无锡，乘船回家，一路摇晃着，两岸柳堤好看极了，摇船的爷叔一路上绕开日本鬼守着的码头，专走小河浜，说些家常趣事，非常亲热。到了家乡，柳林、桑园、数不清的小桥，清得看得到鱼的河水，还有很多邻居小伙伴教我玩，特别是那些阿叔、阿婶、阿婆有讲不完的故事——好有好报，恶有恶报，不是不报，晨光勿到。上小学也非常好玩，学校在村头小桥旁，朱校长留着胡须，手托烟筒，平常笑眯眯的，上语文课教我们千字文，朱子家训，要我们背书，谁背不出来，他就很凶，拿戒尺打手心。我挨过一次打手心，非常痛，就牢记在心，再也没重犯，得到朱校长喜欢。村里人对校长都很敬重，逢年过节家长都送些点心，表示敬意。最喜欢的是教我们算术和写大楷、小楷的老师。谁没做好作业、写好字，他从不打不骂，只是用红墨水毛笔在你眼睛周边画上一副眼镜，规定回家以后才能洗掉。这一着比打手心更来事，同学们怕一旦被画上一副红眼镜，一路回家被村里人看见，实在抬不起头来，所以为了荣誉，作业都很认真。至今我喜欢读书，还能用毛笔写字，实在是得益于老师恩威并施，亦嬉亦谑的教导，师恩当然一直铭记在心。

在家乡两年，远离东洋鬼，广阔天地，邻里亲热，春华秋实，小伴成群，真是"春天不是读书天，夏日炎炎正好眠，秋有蚊虫冬有雪，丢丢书包好过年"的孩提生活。当然，也听到不少关于日本鬼的事情，大人们说"新四军在茅山打死了很多日本鬼，太厉害了"，"附近日本兵驻地，老兵都不见，现在都是些十五六岁的小年轻"，"造孽啊！那么小就离开爹娘出来当兵，看来日本兵打仗，死得差不多了"等等。这时，我开始知道，有些日本鬼是被逼变成鬼的。

为了就读正规一些的小学，我再次回到了上海。表面上还是老样子的上海似乎有了变化，大人们说话的口气不一样了，以前对东洋人更多的是恨，此时更多的是在算日本人得报应的日子。我也是慢慢成为少年，已经会听大人们的一些弦外之音。上海也似乎更加动了起来。一次，我看到马路上的枪战和躺在地下的尸体。后来，大人们悄悄地传说那是锄奸队打死的一个汉奸；也曾看到斜对面的茶楼里突然大打出手，连里面的凳子都从窗子飞出来落到马路上。还有人从二楼跳下来跑掉，一会儿，东洋人的警车呼哨而来。大人们讲，这不像帮派的打斗，帮派打斗一般是汪精卫的兵和警察出面管，这次，东洋兵出来那么多，肯定是出了大事了。反正这类事愈来愈多，特别牵动人心的是1944年开始，市民纷纷传说，美国飞机常来上海侦察。我还看到美机飞过上空，看到日机和美机在市区上空空战。我和大人们站在马路上看，每看到美机追赶日机，大家就毫无顾忌地叫好。"好！打得好！"待当飞机远去，人们就依恋不舍地散了。这一阵就经常可以听到议论："东洋人气数已尽，恶有恶报，报应的时候快到了"，"小日本快完蛋了，这晨光特别要小心，防着他们狗急跳墙"，"小日本的航空母舰被美国人统统打光了"。这一阵，大人们都蛮兴奋，说起话来，声音都大了一些。

我10岁时（1945年）乘学校放暑假，回了无锡陪母亲。一天，突然听见远处敲急锣的声音。接着近处村里也响了起来，铛、铛、铛……急得不得了。人们都从屋里出来，以为是哪里有火灾，很紧张。农村习惯，一处失火就敲急锣报警，锣声催动各村锣声，很快延及四乡。锣声就是命令，所有的青壮年就朝火光和浓烟蜂拥而去义务救火。救火如救命，急锣是不能随便敲的。我家就有一面大锣，我就跟着我们村的锣声拿了锣就从屋里敲到屋外。后来，才听到有人唤叫："东洋鬼子投降了！""我们胜利了！"……这时，喜从天降，全村人兴高采烈地聚集在一起，随着铛……铛……缓慢报平安的锣声，绽开了多少年没有的笑容，互相告慰，"苦日脚总算熬出头了"，"天保佑呀！"。几天里，鞭炮声、锣鼓声响彻沉静了多年的田野村落，家家户户探亲访友，比过年还热闹。我们这些小朋友当然更是满村跳闹着玩，大人们也由着我们不管了……

抗战胜利以后，在欢快的日子里，我似乎突然长大，告别了常常鬼魅缠身的童年，不怕鬼了，也不再做碰到恶鬼的噩梦了。可是，从小到大，总是忘不掉当初母亲诉说带我们逃难时痛苦的音容，并进而联想起1949年母亲诉说另一次"逃难"经历时的笑容。那是1949年初，南京已经解放，上海也将解放的日子里，正在上海的母亲看到国民党的溃军、伤兵横行霸道，一片混乱的局面，担心无锡的家会像东洋兵打无锡时那样被抢光偷光，所以，不听父亲和我们的劝告，执意约了几个老乡走回无锡守家护家。母亲走了以后，我们天天提心吊胆等着音信，后来听到无锡熟人带来的口信，才知道平安到了家，我们才放心，但不知道任何详情。直到上海解放后不久，母亲回到上海才讲起这次一路走回无锡又惊又喜的经历：

我们一帮人出了上海，绕开公路朝无锡走，一路看不到人，也没碰到兵，沿路村子里家家都走光了，一片荒凉，开始有点恐慌的心情也慢慢平静下来，走到半路，糟糕了！带的干粮吃光，根本买不到可以吃的东西，转到村子里碰不到人，只能弄开门进去想放几张钞票找米，可是家家米窠里都没米，敲敲侧帮才落下几粒米，根本没法填饱肚子。没吃的，饿着也得走，一路走着，我又累又饿就昏倒在田埂上。大家也饿得走不动，别说抬我走了，个个急得要命。隔一阵，听到有人说，有兵来了，更吓人呀！隐约听到当兵的客客气气地问："这个老太太怎么了？"大家说，是饿昏了。那些兵就解下干粮给我们，要我们快离开这里，并告诉我们往前走就是已经解放的地带，就安全了。后来，我靠吃干粮醒了，继续走，走到家，家里没被抢，没被偷，高兴煞了。那些兵呀！后来，才知道他们叫解放军。解放军呵！菩萨兵呀！

母亲的经历和笑容一直感染了我们。多少年来，我总是想，母亲不识字，矮小且又是放了足的小脚，胆小怕事，偶尔还念念经、拜拜菩萨！从来不会说豪言壮语和新名词，也不训示说教和打骂我们。她总是以所做的事，给我从幼年开始植下敢作敢当、勤快、善良、敢爱敢恨、实来实去的心灵种子，供我在成长中慢慢发芽。她很平常，又是多么了不起！

童年总是稚嫩的，社会、家庭和父母的爱恨和甜酸苦辣都是成长的营养。建筑师、城市规划师，固然是职业之称谓，但又在从业中，靠着注入心灵种子的营养，参与着真善美对假丑恶、科学对愚蠢、文明对野蛮之博弈。人生几何，反躬自扪，在怀念和珍惜童年所得营养之时，还是自感亏欠太多。老骥伏枥，志在眼前，还是抓紧时间努力补上吧！

顾奇伟

1935年生，高级城规师，一级注册建筑师，云南省工程设计大师。曾任云南省设计院副院长、云南省规划院院长等职。

我的多梦岁月

张锦秋

　　五十年前的春天，我进了上海市二女中，当时校名为务本女中，现在是上海市第二中学。1949 年到 1954 年在温馨的母校渡过了我少年的多梦岁月。

　　一想到母校，我脑海里首先浮现出众多可敬的老师形象。端庄得略显严肃的左校长，身着旗袍时那么文静典雅；教导处郭主任，西服革履，深度近视，柔和的南音讲话，全然长者风范。在他退休之后，一位从北方来的石岚老师接替了教导主任。她总是一身灰布列宁装，束一根腰带，和蔼可亲，使我头一次在现实生活中领略到了革命老区新型知识分子的风采。我们常在礼堂听她的报告，国内外形势啦、思想教育啦，那纯正的普通话娓娓动听，说理深入浅出，我们都全神贯注。语文老师姓徐，用上海普通话为我们诵读和讲解古文、唐诗、宋词是那样地传神。我从徐先生那里不仅学到了语文知识，还培养起对文学浓厚的兴趣。教高等几何的女老师总是把复杂的问题讲得浅显易懂，我们根本不用死记硬背，凭理解就可以顺利通过考试。生物老师好像是复旦大学毕业的，他把枯燥的生物课讲得充满生气，通过解剖青蛙等形象的教学，好几位同学迷上了生物课。

后来她们报考了生物和医学专业是得益于这位老师的教诲。历史老师上课好像是在讲故事，深刻的寓意和历史唯物主义就渗透其中。教体育的陈老师短小精干，他不仅给我们传授体育知识，还真使得我们大家都热爱体育活动。放学后同学们时常活跃于风雨操场中的乒乓球桌旁或由原为黄沙铺成后改为混凝土浇成的篮球场上，直到天快黑才收场回家。美术老师听说我们几

1956年暑假重游中学时代每天路过的普希金像

个人要报考建筑专业，主动业余为我们教授素描写生。在这么多可亲可敬的老师教导下，我们愉快地走过了中学六年的历程。老师们的仪表风采也深深地融入我们心中。

　　20 世纪 50 年代上半叶是我们共和国蒸蒸日上的时期。我们这些孩子与共和国一起成长。抗美援朝时，我们组织起来加工针织手套、卖棒冰，挣钱支援前线，捐献购买飞机大炮。我

2006年再访普希金　　2006年回母校

们报名"参军参干"，每天升旗早操活动之前自动提早来学校进行操练。那时我暗自盼望能成为一名海军战士。有一次本校的游行队伍要有化装的和平女神和战争贩子麦克阿瑟。女孩子都愿意扮漂亮的和平女神，我自告奋勇当战争贩子。戴上了纸糊的高筒帽，抹上了白鼻子，还穿了一双高腰雨鞋权充马靴在街上蹒跚，却也十分得意。

　　我们有一支很神气的腰鼓队，我是其中的一员，在一位姓张的同学带领下练出了高水平，经常被市上、区上邀请去参加各种活动。我曾为我们被邀请到当时上海最高级的兰心剧院进行演出而自豪。我们班的施雪柔同学像她的名字那样可爱，大家亲热地呼她"小皮球"。她多才多艺，能歌善舞，还会演话剧。在她带动下，我们班经常课余自编自演一些舞蹈、朗诵、短剧，常有机会在礼堂的舞台上向全校演出。我们自我感觉良好。每当新年之夜，更是我们纵情欢乐、表演、聚餐的不眠之夜。那时的我是那样热衷于文艺表演，甚至曾经想报名参加正式的文工团。

20世纪50年代二女中的学生会很活跃。由各班推荐委员候选人，候选人在全校大会上要发表"竞选演说"，然后无记名投票。有一届竟把我选成了委员，其实我什么也不会干。我被分工配合一位有经验的老委员办福利。她像老大姐一样每隔一两个星期带我到市学联的一个批发部去"办货"，订购一些练习本、作文本、

二楼是当年最爱的图书馆

铅笔、橡皮，以至点心、春卷。我们学生会的小卖部当时叫合作社，就设在礼堂隔壁的一个小房间里。每天上午课间休息时，我们就通过礼堂墙上开的一个小窗口向同学们出售，生意居然还不错。

　　那个年代我们中学生有相当的自由度发展自己的课余爱好。记得韩慧君、李露和我几个爱好外语的人，每天清晨五点左右在自己家坚持听俄语广播学校的课，通过几次正式考试我们获得了毕业文凭，具备了当时在上海担任俄语教师的资格。到了清华大学后经过考试，我的俄语被准予免修。到了高一以后我的兴趣由动而静，从跳跳蹦蹦转到了文艺阅读。第二女中的教室楼东端有个凸出半圆形的厅，图书馆就设在这里。书柜里摆

满了古今中外的文学名著，从高玉宝到高尔基，从托尔斯泰到巴尔扎克。我几乎两天读完一本。放学后除了完成作业就是看小说，真是如醉如痴。有一天图书馆老师对我说："张锦秋，这里的书你差不多都看完了。你到市图书馆借书看吧。"于是我真的到市图书馆去办了借书证，看那里的书，参加那里的读者活动。记得有一次我和同学去听了苏联《暴风雨》的作者爱丁堡来沪与读者见面所作报告。那两年我几乎认定自己是要学文学、当作家了。

2012年校庆时和小记者交谈

市二女中的六年中学生活真是繁花似锦、多姿多彩。我们像一群欢快的小鸟自由飞翔。课内课外、校内校外都有我们快乐的身

2012年校庆时听同学介绍展览

2012年校庆时教室楼和大操场焕然一新

影、爽朗的笑声，还有日新月异的幻想和不断更新的志愿。我们是自己的主人。1954年夏，北上列车一声轰鸣，从此告别了我的多梦岁月。从上海市二女中到了北京清华园，我选择了终身事业的方向，当一名人民的建筑师。从繁华的上海，到壮丽的北京，再到了辽阔的西部，我始终怀念在上海市二女中的那段美好时光，是她，给我教养，给我理想，给我力量。

张锦秋

1936年生，中国工程院院士，全国工程勘察设计大师。

2012年校庆活动后再访普希金像

往事依依话童年

李拱辰

童年往事在一生的记忆中往往留下不可磨灭的印象，因而也是难以忘却的。它常随思绪的起伏或触景生情而浮现在脑海里。步入老年，更随着怀旧的心情而时隐时现，只是多了一些当下视角的思索与怀念。

儿时记趣

我的童年生活在北京。我家住的四合院就是我认识这个世界的起点。旧日的北京是清静的，没有现代城市的喧嚣。蓝蓝的天碧空如洗，晨间的空气温润清新，天空中时而有鸽群伴着呜呜的鸽哨声盘旋而过，胡同里偶尔传来随时令变化的清脆悦耳的叫卖声，温馨宁静。院子中央是一般四合院的"标准配置"，中间是偌大的一只鱼缸，几尾金鱼悠闲地游来游去，周边是盆栽的石榴花，红艳艳地挂满枝头。砖墁甬路以外的闲散土地上种着牵牛花和散发着清香的茉莉花。四周青瓦覆盖的屋檐下，可以见到斑驳的砖墙和褪色的朱漆廊柱与门窗。那时，大人时常哄骗着告诫我们"街上有拍花子的……"，以防我们擅自走失，除非大人带领外出，平时也是"大门不出二门不迈"。因此，院子里就成了唯一可以自由嬉戏的空间。住同院的孩子自然成为游戏的伙伴。

在油菜花海里

儿时的游戏"捉迷藏"已是司空见惯，而"跳房子"似乎是女孩们玩的，男孩们是不屑一顾的。玩得比较起劲的当属"磕泥饽饽"了，为了和煤，那时院子里常备有黏性极好的黄土，这成了我们的"至宝"，和成泥团用模子磕出来阴干或晾干，就如同成就了一件"艺术品"而得意扬扬，一玩竟是大半天，直至满身泥土，大人在一旁说："没干没净像个野孩子"才不得不偃旗息鼓。"弹球"是男孩子们最热衷的游戏，小小的玻璃球饱含了孩子们的乐趣与激情，拥有多少是小伙伴们相互攀比炫耀的资本，蹲在地上玩起来都很起劲，有时会为一记漂亮而准确的一击而尖叫或呐喊，当然，这种游戏最终是要论输赢的，赢家兜里多了几只色彩斑斓的玻璃球更是喜出望外了。

随着年龄的增长，父母默许到院子以外的地方去活动，并逐步拓展到更大的范围，见识也随之增多。生活真的丰富多彩，对孩子产生吸引力的就更多更多。那时胡同里有时会来一个"耍木偶人的"，挑着担子，一头是小舞台，一头是一箩道具，扁担把舞台撑起，靠墙一放，下边挂上布幔，前台后台即刻搭好，锣声响起，招来大人、小孩围观，演出就开始了。一段小戏演来有说有唱，有的动作还有声响效果，小小的舞台看来神神秘秘的。我对剧情漠不关心，常常挤在墙边通过布幔缝隙看这个人在里边是如何忙活，如何操作的，以解除我心中的疑虑，同时也成了我和小伙伴们津津乐道的谈资。从那时起直到上小学的一些年，放学路上常被路边小贩所吸引。旧日北京的一些小贩多是拜过师学过徒的，大多怀有技艺，常常令我驻足观赏，至少个把钟头。最令我敬佩的是"捏江米人的"，小小的木箱里彩色面团排列整齐，一位老者坐在后面用手捏来，瞬间就捏出一个胖娃娃，手拿皮球或糖葫芦乖巧且憨态可掬。最耐看的是他捏的戏出，颜色丰富，动态逼真，细腻传神。尤其是"天女散花"更是飘飘欲仙，漂亮生动。我常看得出神，心想：他是不是心中就有一幅画稿呢？这么娴熟要多长时间练就呢？多年以后，一次偶然间在画报上看到介绍北京民间面塑艺人"面人汤"的画页，仿佛就是这位老者，才令我恍然大悟。我欣赏的另一种小贩是"画糖的"，锅里的糖汁熬得金黄泛红，在一块光洁的石板上，用勺子舀起糖汁做画，蝴蝶、金鱼、各种动物跃然"纸"上，用糖汁粘上竹签即可拿在手上欣赏把玩，然后还可以吃掉。孩子们经常围在摊边，央求做架飞机看看，只见画了几个大大小小的糖片，组装起来竟是一个立体的小飞机，竹签插着一个螺旋桨竟然可以转动。那时间对孩子们来说当是最大的艺术享受了。还有一种小贩是"捏豌豆糕的"，熟的豌豆面洁白细腻，包上白糖或豆沙馅，捏成苹果、梨、桃、小兔等造型，略施色彩形象生动，也是一种可玩可吃的诱人的小食品。另有一种小贩是"吹糖人的"，也靠手艺吃饭，但我小时认为吹出的东西怪异，色泽单一，看过几次就觉得索然无味了。他们将熬成的糖浆粘在细管的一端，乘热吹得鼓鼓的，顺势捏出耳、鼻、腿等，做成小动物的造型。大人说："对嘴吹不卫生"，更不允许我光顾。和前几种小贩相比，技艺也显得逊色多了。旧时的北京，生活是多彩的，值得回味的。俗话说：高人在民间，民间艺人用技艺养家糊口，装点生活，回想起来不经意间确成就了我孩童时期最早接受的美育教育和最早得到的艺术熏陶了。

小学生活

小学是一生中开始系统地认识世界的时期，也是对各种事物兴趣萌生的时期，对知识乃至观察到的一切充满陌生和好奇，那时的片断记忆可能在脑海中萦怀久远，以至终生难忘。

我就读的小学是北京新鲜胡同小学。说起他的历史，也还有过一段皇家的"血统"，这是一所成立于清末的八旗官学。民国以后直到今天，在北京都算是一所颇有影响的学校。而且是北京早期成立的学校之一。说起它的校舍，也是令人称道的，高大的屋宇，笔直的屋脊，朱漆的梁柱，青灰的筒瓦，前后院落之间通透的堂屋，以及绿树衬映下的院落，无处不在显现着它所蕴含的端庄与气势的宏伟。这些年每当回忆起那幽雅的学习环境，我都为它的前世充满疑虑，到底是座什么建筑呢？近年网上查询方知，原是明代魏忠贤的生祠。难怪它有如此的气势与格局。

进入小学一切都是陌生的，况且还有那么多的规矩，那时年幼怯弱，因而顿觉紧张。开始的日子里都需要母亲送我入学，甚至站在教室外"陪读"，课堂上，我不时透过窗户向外张望，看到树下母亲守望的背影，心里才踏实下来。此情此景终生难忘。

说起在这所学校里的学习生活，初小的几年自是懵懵懂懂地学习，印象似乎也不深，及至年岁稍长，有些片段则是留下了深刻的印象，有些甚至影响到了我的兴趣爱好，为我暗中打下了基础。其中的点点滴滴犹记在心，实难忘怀。记得大约是小学五年级，有位班主任学期之始安排每天早晨课前的预习课，要求按照教室座位排序，每天有一位同学轮值。轮值的同学要在前一天准备好两个成语，会写、弄懂，次日晨写在黑板上，还要把大意给全班同学讲一讲。全班同学则每人准备一个本子，记录下来。每天两个成语，日积月累，积少成多，一个学期下来每个同学都学到了不少成语。虽是课外的补充学习，却使同学增长了不少有用的知识，而且是润物无声地学习于不知不觉之中，老师用心之良苦可见一斑。

小学里写写画画是我除语文、算术等正课以外最为看重的课程了。旧时的学校流行一种风气，十分重视字写得好坏。那时每所学校的校长办公室都有一位字写得非常好的老师，专司学校布告的书写。布告寸楷书写，横平竖直，撇捺匀称，中规中矩。每当校方有布告张贴，除了布告内容外，布告的书法也够同学们议论一阵子。我则常常驻足良久欣赏赞叹，同时作为写字课必读的课外参考。说起那时的写字课，大体有大楷、小楷、行书等课程。每当上写字课自是老师讲讲要领，课堂上作些练习，还要留些家庭作业的。家庭作业是十分认真的，总会找来颜、柳、欧、赵的字帖效法一番，当然，画虎类犬的事常有发生。那时感到，楷书一笔一画尚能应付，行书既讲章法又讲笔顺、笔锋，需要更多地发挥，写起来颇感吃力。

小学时设有劳作课，也称为手工课。是图画课以外培养学生艺术修养和动手动脑能力的课程，内容大体是搞一些小的制作。记得有一课是用草板纸制作一个小房子的模型，第一节课画好、挖好门窗、折好、粘好，第二节课涂色、刷好桐油。制作和涂色可以按照个人的理解尽情发挥，每位同学也都极尽所能，这种模型的制作，使得同学们学会了多少制作工艺，又融入了多少同学的想象力啊！也成了我此生中的第一次建筑模型的实践。还有一课是泥塑——玉米，前一周课上塑一个雏形，待下一周上课稍干一些时，用雕刀雕出玉米籽粒及玉米皮上的叶脉等。也是一种造型艺术的启蒙性训练。到了冬季，是一个学期将近结束的时候，元旦、春节即将来临，灯笼制作成为应时的课题，提供给同学的创作余地更为宽泛，灯笼的造型自由设计，自行选择。记得我制作了一个六边形的宫灯而受到了老师的表扬。总之，那时的学校十分注重美育基础的培养，至今想来，得益多多，受益匪浅。最难忘的劳作课当属印章刻制的课程，它激发了我的兴趣和爱好，真的影响了我一生。老师先让大家准备章料，买来一块"手工泥"，那是一种颗粒精细黏性上佳的黏土泥团，捏成方不足寸，长约二寸余的泥条，阴干底面磨平，章料就做好了。课上老师又讲了一些印章知识、字体、刻法等，还列举了一些印章常用词语。我选了"纸短情长"一词，这是旧时写信常常钤印在信笺上的闲章，找来篆书字帖照猫画虎，几天下来终于刻好了，心里别提多高兴了。有了这次经历确欲罢不能了，章料哪里找？我突发奇想找来家里存放的中药丸蜡皮，熔化后做成半透明的章料，制做简便，易刻易改，课余花了很多时间用在刻章上。作为建筑师以后还把印章这一元素多次运用在环境设计和建筑设计上，取得了不错的效果。

建筑启蒙

生活在北京的日子里，见证了四合院里人们为生计的忙碌，也领略了四合院里人们享受生活的悠闲。胡同里满目青砖青瓦，古风古韵。时不时地传来特色鲜明的各类小贩的铜盏、唤头等响器的敲击声，以及声韵悠长，清脆悦耳的叫卖声。上学的路上，胡同不断变化着宽窄，曲折深邃，绿树成荫。绛红色间或明黄色装点的土地庙或关帝庙点缀其间。在灰色的街市环境中，增添了一抹亮丽的色彩。这就是我幼小时对建筑、对城市认识的起点。

那时家住在东四南小街附近，往东走，不远处就是北京的东城墙，浑厚高大，令人望而生畏。往北不远处就是巍峨的朝阳门了，城楼高耸宏伟，煞是壮观。按照老北京的民间俗语："城门楼子九丈九"的说法，城门加门楼的总高，应该有三十多米高吧！回忆当年印象，似乎高大无比。当年身躯幼小，更是以仰望天空的视角，以及心灵深处油然而生的崇敬心情去观望它。每当接近它时总是怀着不解的心绪去留恋地多看它几眼，仿佛这城楼具有一种强大的吸引力。回想起来这就是经典建筑的精神感召力所赋予我的最初的精神影响。近年来偶读瑞典美术史家奥斯伍尔德·喜仁龙先生所著《北京的城墙和城门》一书，先生在序中开宗明义地写着："我所以撰写这本书，是鉴于北京城门的美，鉴于北京城门在点缀中国首都某些胜景方面所起的特殊作用，鉴于它们对周围古老的建筑、青翠的树木、颓败的城濠等景物的美妙衬托以及它们在建筑上所具有的装饰价值"。难怪多少人在北京的城门和城楼前为之倾倒，为之动心。

回首往事，幼年时期的一些经历也是令人难以忘怀的。小学时曾有几个年头，坚持了从东城到西城的徒步之旅，这在当时是接近横跨北京内城的最长距离。父亲每隔一两个月就要去阜成门内的亲戚家串门探望，并要我陪同前去，早饭后出发，一路走去，约两个多时辰可以到达。晚饭后再一路走回家去。其累可知。幼时只知其累，而没有理解父亲的苦心，他是为了锻炼我的体力、耐力、意志而制造

近照

79

的机缘。这一路风光倒也惬意，有红墙、黄瓦、碧树、蓝天，有街市、庙会、山水、公园。一路行来有赏不尽的美景，看不完的风光。那时从朝内大街西行沿途要经过东四牌楼、隆福寺、沙滩红楼、故宫、景山、大高玄殿、北海、中南海、西四牌楼、广济寺、历代帝王庙、妙应寺白塔等特色鲜明的城市景点，令人赏心悦目，目不暇接，看不够，玩不够，每一处风景都蕴含着无限的吸引力。投身建筑之门后才回味出，这原是一条集中了中国古建筑精华的一段展示长廊，难怪她有如此的魅力，她的点点滴滴都沁人心脾，她的文化古韵深入人心，成为我重要的文化积累，至今享之不尽，用之不尽。

李拱辰

1936 年生，河北建筑设计研究院有限责任公司资深总建筑师，主要设计作品有唐山抗震纪念碑、河北艺术中心、泥河湾博物馆、上海黄浦新苑小区等。

四合院情结

単霁翔

　　经常有人问我：单霁翔你是哪里人？每当此时我都要啰唆一番：我的籍贯是江苏江宁，出生在辽宁沈阳，成长在北京，您说我是哪里的人呢？籍贯地、出生地、成长地，过去对于大多数中国人来说，都会十分明确地指向故乡，但是进入城市化加速进程以后，人们的空间归属发生了很大变化，特别是城市中的人们来自四面八方。于是，过去一句就可以回答的简单问题，变得复杂起来。以我为例，江苏江宁是父亲的出生地，就成为我的籍贯地，但是由于我一天都没有机会在那里生活，显然我成为不了真正的江宁人；我出生在沈阳，但是出生仅3个月以后，随着父亲的工作调动，我被母亲抱着来到了北京，显然我也成为不了真正的沈阳人；来到北京，一住就是60年，自认为是真正的北京

爸爸、妈妈，1954年

一岁生日，1955年

和妈妈、姐姐、哥哥在天安门前合影，1955年

全家，1956年

人，但是从小到老，每当填写各类表格时，无论是籍贯一栏，还是出生地一栏，都不能填写"北京"。

"红领巾"时代，1964年

初识故宫，1965年

"红卫兵"时代，1966年

在记忆中，我们一家前后居住过 4 处北京四合院。第一处是原崇文区的东四块玉，第二处是西城区的大门巷，第三处是东城区的美术馆后街，第四处是西城区的云梯胡同。因此，我应该有资格被称为"北京人"，而且是曾经居住在四合院里的"老北京"。毫无疑问，我是在四合院里学会了说第一句话，我也是在四合院里学会了走第一步路。我想这可能就是为什么我讲话时经常会带一些北京"土语"，这也可能就是我为什么穿了30 多年北京"懒汉"布鞋的原因。

在第一处四合院里居住了 6 年。1954 年全家初到北京时，住在南城东四块玉的四合院民居里，属于一座大杂院。在童年

走向广阔天地，1969年　　　　　　　　工人时期，1976年

的记忆中，只留下一些有趣的生活片断。例如跟着大人们举着竹竿，上面绑着彩布条，满院跑着大声喊着轰赶麻雀。当时把麻雀列为"四害"，据说全城都在同一时间轰赶它们，麻雀飞累了就会掉下来，在我的印象里确实看到了麻雀们在惊惶地飞，但是没有看到过它们掉下来的"战果"。如今随着北京雾霾天气的增多，麻雀不用轰赶就已经少了很多。

　　在第二处四合院里居住的时间最短。1969年我随父母去湖北沙洋财政部"五七干校"劳动，作为在城市里长大的少年，第一次体会到劳动的艰辛。1970年底，我独自先期回京参加初中毕业分配，成为一名学徒工人，寄居在姐姐家。大门巷胡同就在西长安街的北侧，是一处新翻建的独门独院，与姐姐一家、姐夫的父母和弟弟妹妹们，一家十几口住在一起，从早到晚，热热闹闹，其乐融融，在这里我感受到四合院氛围中最宝贵的家庭亲情。

　　在第三处四合院里居住的时间最长。1972年母亲也从"五七

在美术馆后街四合院中，1978年　　　　大学时代，1979年

干校"回京，单位分配了位于美术馆后街的住房。这是一组典型的传统四合院，分为前院、中院和后院。在这里居住期间，经历了一些令人难忘的事情，例如1976年7月28日凌晨，唐山发生了7.8级地震，北京地区有强烈的震感。我家居住的房屋后墙被震垮，垮塌下来的砖瓦居然封堵了邻院的巷道。为防余震全院在院前的城市道路上居住了一段时间，因此我也学会了搭建防震棚。在我们居住的四合院里，人民艺术剧院拍摄了8集电视连续剧《吉祥胡同甲5号》，据说这是第一部反映北京四合院生活题材的电视连续剧，由此可见这组四合院的典型性，也使我们得以重新审视自己居住的四合院文化空间。我和母亲住在前院的两间西房，加在一起只有20平方米左右。但是居住面积的狭窄，并没有影响我骑着自行车接回了新娘，我们在此院内邀请亲友举办了婚礼。两个星期以后我去日本留学，4年之后再次回到这里，一切如旧，那时北京城区的变化就是如此缓慢。但是，儿子出生以后，生活空间骤然变小，房间里被

全家福，1986年

大人和孩子的东西挤得满满。室内空间虽然狭窄，但是庭院则
比较宽阔。前院一共住了7户人家，邻里们关系十分融洽，人
与人之间、家庭与家庭之间和睦相处，从未发生过口角。一棵
大槐树的浓密绿荫，遮盖着半个院落。夏天的晚上，大槐树下
面，各家老人孩子都拿了竹躺椅、小板凳，围坐在院子中间，
从世界大事，到生活变化，再到柴米油盐，有着说不完的话题，
这也是北京四合院的交往特点。后来家家户户有了彩电，特别
是《渴望》播出期间，大家在院落里聊天的机会大为减少。但是，
院落仍然是邻里之间的共享空间，敬老爱幼、邻里关爱、包容
礼让等传统美德，始终洋溢在这座四合院的每一个角落。

在第四处四合院居住的时间不长。这是一座小型四合院，
北临辟才胡同，闹中取静。院中有两棵果树，一棵是柿子树，

另一棵是枣树，使小院的环境充满生机。我们的孩子刚刚一岁多，开始学习说话、学习走路，四合院的环境无疑非常适宜和安全。这一时期工作很忙，白天上班就请

北京规划委员会工作期间，2002年

"阿姨"来看护幼子，非常尽心，十分放心。

长期以来，在不同地点、不同规模、不同邻里的四合院居住以后，再回过头来思考四合院生活的体验，最深刻的不仅仅是物质的存在，而是文化方面的感受。四合院的情结，是系在对父母、亲人、朋友的思念，是对那个成长空间的眷念，忘不了四合院里街坊们海阔天空地神聊，忘不了四合院里小伙伴们的嬉戏打闹，忘不了四合院里醉人的鸟语花香，忘不了胡同里走街串巷小贩们的叫卖声。这份情怀，只有久居胡同四合院才能获得。这些年，北京的胡同四合院有了很大的变化，记忆中的许多地方都成为永不回来的风景。

实际上，在北京地区，四合院已经有800多年的历史，不断适应当地气候环境、风土人情，加以完善。四合院集中体现出中华民族对待人居环境的态度，强调的是"天人合一"，即居民对环境的影响与二者的和谐关系，力求营造出安适的生存氛围。考虑到子子孙孙的繁衍发展，经过几百年的洗练淘选，

逐渐形成定式，久而久之，就形成了独特的四合院文化，成为中国对世界文化所作的独特贡献。四合院的每个细微之处，都有其丰富的文化内涵。四合院里的居民、四合院里的房屋、四合院的内外环境，是取之不尽的历史文化宝库，可以供子孙后代们体验、享受和传承。

四合院还是北京历史城区里最基础的城市空间细胞，它由上述居民、房屋、环境三个要素共同组成。几十年来，四合院的这三个要素均发生了很大变化：一是四合院里的居民越来越多，居住条件更加拥挤；二是由于年久失修，房屋越来越破旧；三是不断私搭乱建的棚屋，随处停放的车辆，使环境变得杂乱无章。所有这些变化，只有生活在四合院里的居民们感受最深。但是，不容忽视的事实是，随着北京胡同四合院身影的逐渐远去，人们越发感受到四合院传统文化的无比珍贵。如何才能把四合院的传统价值挖掘得更加深入，如何才能使四合院与时代同步发展，如何使胡同四合院保留得更多一些，居住在四合院里的民众无疑最有发言权。

目前，北京历史城区的胡同四合院正在一天天地减少，而幸存下来的一些四合院也受到高楼大厦与建筑工地的包围和威胁。据报道，1949 年北京旧城共有胡同 3050 条，共有传统四合院 1300 万平方米。20 世纪 90 年代以来，在历史城区内大规模房地产开发和"危旧房改造"逐步升级的同时，胡同四合院被大量拆除，数量急邃减少，胡同和四合院保留下来的不足半数。现存的四合院由于普遍得不到应有的修缮，年久失修造

福州三坊七巷保护工程开工，2006年

成大面积的房屋质量"人为衰败"，由于居住人口密度高，人均居住面积低，居民生活条件不断恶化，使居住在四合院内的居民缺少应有的尊严。

离开居住在四合院的生活已有多年，但是每当看到或听到又有一条胡同、又有一座四合院已经消失，总有一种悲情涌上心头，由此感受到在我的记忆深处，早已烙印上永远的四合院情结，甚至成为内心中对于城市记忆最柔软的地方。四合院建筑的消失只是一个方面，同样可惜的还有传统民俗文化和地域生活方式的消逝。多年来不断的拆除，使胡同四合院受到严

毕业时刻，2008年

四川桃坪羌寨抢救保护工程，2008年

梁思成林徽因故居现场，2009年

考察前门西河沿街，2009年

考察海南东方黎族村寨，2010年

重的损害。为什么不断反思，又不断反复呢？我想首先是认识问题，是价值观念问题。长期以来，一些城市建设的决策者根深蒂固地认为，超高层建筑物、大体量建筑群才是现代化的标志，其价值高于低矮陈旧的传统四合院建筑群，因此拆旧建新才是城市建设的目标和不懈追求的政绩。

长期以来，我一直反对"旧城改造"和"危旧房改造"的提法，因为这两个词不科学，缺少文化，尽管他们至今仍然在广泛地使用。"旧城改造"的问题在于，把有着千百年文化积淀的历史城区，仅仅定位为改造的对象，而没有强调需要保护和传承历史文化的一面。"危旧房改造"的问题在于"危"、

"旧"不分，如果房屋危险需要抢救的话，那么房屋仅仅因为年代悠久就要被改造吗？长期以来，就是在"旧城改造"和"危旧房改造"的口号下，推土机将一片片历史街区推得荡然无存，大量建筑质量很好的四合院民居被无情地拆毁，非常可惜。实际上，人们已经逐渐认识到四合院民居的独特文化价值。如果说十几年前搬迁居住在四合院内的一户居民需要 20 余万元的话，如今要搬迁北京历史文化街区内的一户居民，可能就需要上千万元。

从童年到青年，前后四个时期在四合院里的居住经历，使我和北京胡同四合院有着特殊的感情，也一直影响着我的专业走向。在日本留学期间，我选择了传统历史街区保护的研究内容，通过大量考察日本各地传统民居和历史街区，撰写了毕业论文《关于历史街区保护和利用的研究》（歴史的街並みの保存と再生に関する研究）。回国以后，在北京市规划局工作期间，主持了北京市历史文化街区的调查，研究确定胡同四合院为保护对象，提出并经批准设立了北京市历史文化保护区制度。在北京市文物局工作期间，通过大量调查研究，我们将一大批四合院列入文物保护单位之列。其中，令人难忘的是，1997 年我拜访老舍先生的夫人胡絜青女士，谈起老舍故居的保护问题，胡絜青女士同意率全体家属将老舍故居和相关文物捐献给国家。1999 年 2 月，正值老舍先生百年诞辰之际，经过精心修缮的老舍故居正式对社会开放。

记得少年时代，小伙伴们一起登上景山，四下望去，成片

无锡中国历史文化名街清明桥街区揭牌，2010年

考察西藏那曲民居，2011年

考察江苏江宁湖熟老街，2011年

成片四合院富于质感的灰色坡屋顶，庭院内的高大树木的绿色树冠，形成一望无际灰色和绿色的海洋，烘托着故宫红墙黄瓦的古建筑群，协调和联系着传统中轴线两侧建筑，极为壮观，这是历经数百年的发展，成为最具北京文化特色的城市景观，也是我心中真正意义的古都北京。在今天这个草飞莺长的美好季节，我又站在自家阳台上放眼望去，在

白云蓝天下，在高层建筑群的缝隙中，隐约可以看到太庙、国子监的金色屋顶，再远仿佛可以看到天坛祈年殿的轮廓线。想到可能在不久的将来，钢筋水泥筑就的城市景象又将彻底挡住前方视线，心里就又掠过莫名的担忧和惆怅。

毕竟，每个人都有童年，从血脉到心灵。对于四合院的感情不仅是一种寂寞的乡愁，而是驻留在心灵深处的思念。因为，那里收藏着我的童年梦想。当年豪情万丈的少年梦，如今已经化作一步一个脚印的努力。四合院是故宫古建筑群的历史原型，她们都是中华文化的载体，记载着一代又一代人们的记忆、经历和情感。有幸我在人生最后一个工作岗位，来到故宫博物院，这里可是世界上最大的四合院建筑群，每天行走在故宫博物院内，都会感到责任的重大、使命的神圣。再过7年，故宫将迎来600岁的生日，将壮美的紫禁城完整地交给下一个600年，是我和同事们的光荣使命。

我今年60岁，也在北京居住了60年。今后如果有人再问我：你是哪里人？我不会再啰唆一番，而是清晰而准确地回答：我是北京人，在四合院里长大。

单霁翔
故宫博物院院长，中国文物学会会长，原国家文物局局长。

不安定的童年生活留下的记忆和滋养

布正伟

一

新中国诞生时，我刚满 10 岁，所以，童年给我留下的最深印象是，大部分时间是在新中国成立前颠沛流离的战乱生活中度过的：6 岁以前遇到的是日本疯狂的侵略，接着，又赶上了蒋介石发动的全面内战。在前前后后的逃难生活中，那些兵荒马乱，让人担惊受怕，甚至血腥恐怖的景象至今未忘。

我记得，为了躲日本鬼子，母亲带着四岁多的我和妹妹弟弟，从长沙逃往贵州去找带薪求学的父亲，由老乡推着独轮车、挑着担子走小路，沿途还怕遭土匪抢劫。在一个村庄，看到日军飞机轰炸后，一位幸存的老人一边哭喊着，一边在搜寻亲人被炸飞的尸肉。老人用针线把找到的尸肉穿在一起，身旁还放着一个收尸的陶罐……这一幕惨不忍睹的景象已过去七十多年了，而国内外所有描绘战争的大片，都还不曾有过这样叫人撕心裂肺的镜头啊！

逃难到了贵州，在安顺与父亲团聚后，战火仍在逼近，人心惶惶不可终日，大冬天里，竟然出现了全城老百姓往城外大逃亡的事儿。在城门口，我被裹挟在慌乱的人流中，差一点和家里人跑散了！全家人逃到城外远郊，躲进了已荒废的寺庙里，尝尽了饥寒交迫的苦头。在安顺避难的那些日子里，不仅担心日本鬼子进城，还怕遇到国民党军队的伤兵，他们在大街上横行霸道，打砸抢成了家常便饭，吓得老百姓都躲在家里，不敢上街。

抗战胜利后，父亲从带薪求学的军医大学毕业了，被分配到上海国防医学院任教。母亲带着我和妹妹弟弟又从老家湖北安陆，取道武汉，乘船来到上海。全家人虽然又团聚了，但没有住房，于是就在空着的一间有上下双层床的学员宿舍里安了家，还在学员宿舍后面的空地上种上了蔬菜。这是我第一次来到大城市，但除了在码头上岸时看到黄浦江边的高楼大厦而外，其他日子都是在郊外江湾区度过的。那时，我刚上初小，每天上学要走不少的土路。我最害怕下雨，大人都不管我，让我打伞自己走，满脚是泥不说，还特别容易滑倒。跟着大人去学院露天游泳池学游泳，去江湾机场看飞机，这些让我快乐的事都终生难忘。不过，安宁的日子没过多久，内战中大势已去的蒋介石要退守台湾。我父亲看清了国民党想诱惑医学人才去台湾的意图，便和他的好友同事（我叫他鲁伯伯）商量，作出了决不离开大陆的决定。就这样，我们两家人买了民生公司最便宜的船票，逆长江而上，在重庆北碚住了一段时间后，又乘船往上游走，落脚到了四川江津对岸的德感坝小镇。

二

　　这个小镇成了我童年生活中最值得回忆的地方。一是因为德感坝很有生活情趣，镇上见不到乞丐，矮瓦房和石头铺的小路，也让人感到格外亲切和温馨，即使下雨了，也不是满街泥泞。每逢赶集，煞是热闹，特别新鲜的是，买东西可以不用钱，用竹筒子量"米"当钱使就行了。还有一个让我眷恋的原因就是，我们租用的住房环境很特别，住房面积不大，是一户有钱人家大宅院前脸儿的一角：外小间临街，父亲用来开简易门诊，里间便是居室。这两间小屋都没有开窗，只是外间多了一对"腰门"，高度挡不住成人的视线，通风采光都好，适合做店铺，当门诊看病也很方便。大宅院的主人挺开明，我可以在大宅院的大门口、过厅（也谈不上是"厅"，只是进门后房主用围席屯放粮食的地方）、天井、堂屋，还有后面的作坊、厨房、后院随便出出进进。那时，我上小学三四年级，最喜欢在青瓦坡顶遮盖的"天井"周围玩耍了。

　　这里，我还得补插一段回忆。从幼年记事的时候起，我的生活环境就没有离开过院子和天井。还是两三岁住在长沙时，盛夏的一个傍晚，我踮着脚趴在院子里的水缸边上，用手去够缸里面泡着的菜瓜，结果一头掉进了水缸里。在我的记忆中，那是一个沿房子进深方向延伸的长条形窄院：一边是一排房子，房子对面是窄院的高墙，给人异样的感觉。六七岁时，母亲曾领着我们在老家安陆和外婆住在一起，堂屋前面有天井和店铺相连，后面则是由侧墙围起来的大院，院子一角是旱厕。靠外侧墙处有一棵桑树，我喜欢爬上树吃桑葚，吃得满嘴乌紫才下来。到了深秋，西面高高的院墙上，总是挂着外婆亲手做的香肠腊肉，我学着大人的样子，也拿着长竿子去轰赶前来啄肉吃的麻雀、乌鸦。在这个土院子里，我还常常在地上画一个飞机形状并带分格的图案，用小布包依次投进那些格子里，然后用单腿在格子里跳来跳去，看谁先完成投进所有格子的程序——这叫"跳房子"。那时候觉得，老家前面的天井没有后院好玩……

高小时肖像

可到了德感坝小镇就变了，我的生活离不开天井了！这大概是因为我长大了一点，对跳房子、弹玻璃球、抽陀螺、滚铁环、斗蛐蛐没啥兴趣了，而是想在天井的周围玩出一些新花样吧。和大院比较起来，天井在采光、通风好的同时，

初中时肖像

还能有多一点的阴凉处，能避开夏日的暴晒，而遇到刮风下雨时，在天井周边连通的地方活动，也不会受到太多的影响。因而，紧邻天井的"堂屋"，成了祭祖拜寿、设宴待客、搓麻打牌、家人聚会等各种活动的好地方。而同样，我也沾了不少光，天井周边成了我上高小时最喜欢的玩耍场所。

起先，是小镇上每天忽远忽近的鸽哨声，激起了我养鸽子的热情和兴趣。我在天井一侧的墙上，挂起了竹子编的鸽笼，让买来的一对鸽子逐渐熟悉和认识自家的环境。每当我看到家

鸽在天井屋檐边飞上飞下，又自己回到笼子里，还"咕咕咕"地叫个不停时，我心里总是美滋滋的。哪知道，过了几个月，飞出去的漂亮鸽子就再也没有回来。听人说，一般家里养的鸽子，很容易追随鸽哨声，被引诱到养鸽能手家里了。我不甘心，又接着喂养。还有一个乐趣，那就是"踩高跷"。比我高出一头多的高跷棍，是我自己找棍子和绳子亲手做的。天井前屯粮的大过厅，很适合我练习：踩累了的时候，用不着双脚下地——连身子带双手扶的长棍往墙上一靠，就可以休息了。自然，我这只是初级玩法，还不敢把高跷的长棍截短，直接绑在腿上到处游走。我和伙伴们还学着像大街上的人那样，拿砍刀劈甘蔗：这不光能激起我们的好胜心，还能一边玩，一边嚼截下来的那一段甘蔗芯。更叫人开心的，要算是过年过节时做龙灯了。我

在江津德感坝小镇的快乐时光

用大白萝卜雕成小龙头，画上大眼睛、加上大耳朵、插上长龙须，搞得五颜六色、神气活现的，然后固定在舞龙的长棍上。伙伴们则用稻草和麻绳做每一节龙身和龙尾，并拿剪开的布条把龙头、龙身、龙尾连接起来。虽然只有四个人玩，但练

习时不好上街，只得在天井过厅里舞来舞去。我觉得，掌龙头和摆龙尾最有要头，可以别出心裁地去随意表演。我们的"小土龙"混在大人的舞龙队伍后面，到老乡家门口去讨吉利，运气好的话，也能得到主人的鞭炮声和小红包，这时候，我们几个心理真是美死了！

我把江津德感坝小镇看成是我童年生活的福地，它不仅给我上小学三四年级时的童年生活带来了快乐，还因为1949年全家在这里迎来了解放。在小学欢庆演出的舞台上，我曾扮演过朱大嫂送鸡蛋慰问解放军的小节目。我戴着头巾，边扭边唱："母鸡下鸡蛋哪，咕哒咕哒叫呀，朱大嫂送鸡蛋，进了土窑窑，依呀嘿……"四十多年后，我在中房集团建筑设计事务所工作时，已经五十出头了，当年的小学校长竟然找到了我，他说："我在德感坝小学当校长时，记得有一个姓布的学生，是不是你呀？……我那时和我爱人是地下党呀，每天晚上在学校睡觉时，都把手枪放在枕头底下……"老校长的话让我惊讶不已，也敬佩之至，这就更增添了我对德感坝小镇生活的怀念之情。

要说我们全家和德感坝小镇最亲密的缘分，要算是我父亲和他的好友鲁伯伯在这里参军了，成了中国人民解放军医疗队伍中的专业骨干，并随部队在川西完成了剿匪任务。全家随部队转移到了长江与沱江的交汇处——泸州，住在对岸称作"小市"，紧靠沱江边上的宅院前屋。有点带黄泥汤的沱江岸边，总有大大小小的木船停泊着，我就是光着身子扒在木船尾舵上，一点点地学会游泳的。当我上到小学将近毕业时，部队北上待命，准备开赴朝鲜参战。北上时母亲也参军当上了文化教员，从此，我们过上了部队的供给制生活。1951年我12岁便离开了父母，独自一人在河北昌黎汇文中学住读。睡的是木板通铺，晚上挤在一起，不是一股臭袜子味儿，就是同学自带的咸菜味儿……1952年，刚上完初中一年级，父母被调到大连海军医院任职，我又一个人带着行李，从河北昌黎坐火车来到了东北的大连，这是第一次独自出走近千里的远路。在大连念书是学俄语，从发音到语法都让我很不适应。但我特别喜欢看苏联士兵队伍每天往返营地，走在大街上用俄语高唱"莫斯科——北京"的样子。斯大林病危和逝世时的那些悲伤景象，还深深地印在我脑海里。1953年，我父亲受命参加海军总医院的组建工作，全家又来到了北京，我转到北京24中继续读初中。就在我即将结束少先队生活的这一年，我参加了国庆节观礼活动，看到了天安门城楼上向我们挥手的毛主席。第二年夏天，又有一件大喜事：我如愿地考入了久负盛名的北京四中。1957年，我正是带着北京四中德智体全面教育的收获，走进天津大学建筑系的。

三

回想起来，我的童年生活，差不多每隔一年多到两年左右就要换一个地方。我随着父母到处奔波，儿时所经历的那些不同的生活环境和场景，都珍藏在我的记忆中。这不仅记载了我的生活足迹，而且，还滋养了我对体验生活的一种敏感性——这对我后来成为职业建筑师来说，可谓是一种宝贵而难得的潜质。就拿天井来说，正因为我曾经有过童年时的生活体验，所以，我在建筑构思时，不仅会在气候设计中想到它，而且还会在室内环境设计中，将天井与"光亮空间"的特殊审美效果融合在一起，如：重庆白市驿机场航站楼、武汉金都·汉宫一号公馆、北京人定湖《小甲虫》别墅方案等设计，就是这样去做的。其中，一号公馆采用的是青竹绿化的袖珍型小天井，为了客厅能在冬季保暖，该天井上部特意采用了活动的平启天窗。回想起来，就像是童年种下的小树苗，在我的职业生涯步入中年之后，小树苗长大了——我把一般意义上的生活体验，同建筑创作中的体验生活、体验城市联系起来了，从而提出了"建筑创作从寻找城市开始"的观点——这就是说，要让建筑作品在城市所处的自然环境和人文环境中，能"自在地出场"。

不安定的童年生活最触动我心灵的，是"领受生存的百般艰辛，珍惜付出的每一点代价"。直到我十岁之前，父亲为养家糊口到处奔波，母亲持家不能工作，像这样节衣缩食地度日，让我深知艰辛何在、勤俭何为。在不断变换着的生存环境中，一直和我亲密往来的小伙伴们，大都是平民百姓的清贫子弟。我亲眼看到，他们中有人因没有钱治肺病而活活地被拖死，还有人中途退学去做童工。我虽是比较幸运的，但也曾饱尝过清苦的滋味儿：挑过水，劈过柴，养过蚕，做过弹弓打麻雀腌肉解馋，还曾想过放假时在门口茶棚边摆烟摊挣零花钱。可以说，像这样一种自力更生、自得其乐的生存状态，让我在潜移默化中暗暗地植入了以勤为本、以俭为荣、以真为尚的基因。但万万没有想到，这种基因在后来天长日久的职业生涯中，又"演绎"成了我的建筑审美观中不可分割的那一部分。

改革开放后，我和许多人一样，日子过得富裕了，畅快了，但崇尚"真实"的心态还是那个样子：生活上不迷信"名牌"，事业上也不迷信"名家"。衣帽鞋袜套在自己身上得体、自在就好；被说得头头是道的建筑作品撂在那里，确实富有理性而又养心养眼，那才是美得够份儿的"真美"！时代变了，但建筑的核心价值没有变，建筑创作的真谛没有变。我在2013年第1期《建筑学报》上发表的拙文《建筑方针表述框架的涵义与价值》，说的就是这个总也挥之不去的想法。这不仅仅是出于逻辑式的理性思量，也是我长久以来"敬慕真实建筑"的情感表露。

这篇回忆童年的文章，本不在我的工作计划之内，但再三约稿的盛情难却，而另一方面，这本书定名为《建筑师的童年》，也让我立马想到，自己那一段不安定童年生活给我的"滋养"，又确实与我后来的建筑师职业生涯有一些关联。于是，我便利用春节前后这一段时间，在笔记本电脑上敲打起这篇文字来。回忆中有咀嚼，咀嚼中又有联想和感悟，能凝聚到一点并结合现实的，那就是"关注生存，善待资源"——这是当代和未来建筑创作践行"艺高胆大"，而又誓不背弃建筑伦理的最终平衡的支点所在。它似"无形"，确又"有形"，但不论怎样，这个"最终平衡的支点"绝不是虚空妄言而拿来糊弄人的……

2014年2月12日时逢七十四添半核定，完稿。

布正伟

1939年生，中房设计院资深总建筑师。

和父亲在一起的如烟往事

李秉奇

　　岁月是一道淙淙流淌的溪流，无数美好的光阴故事宛如浮香于清澈流水中的花蕊，散发着久违的芬芳。在不经意间被唤醒记忆的时候，总会惊讶于其中堆积而成的丝缕，竟会汇集变幻为时光雕刻的璀璨之花。

　　我不喜欢怀旧，但在即将耳顺之年，面对孩提时代的好友、媒体人刘钰章完成的、以当年小伙伴生活为题材的回忆小说《石屋里的孩子们》，我还是禁不住被拉回了自己枣子岚垭的童年时光中。稚龄记忆之门悄然启开，在那些关于幼年时代的点滴细碎片段中，童年时代的往事一一呈现，不管岁月如何流逝，当年的记忆里始终保存着一个人的影子——那就是父亲。我的童年生活，父亲影响至深。每一段如烟往事，都有关于父亲的记忆。

　　两岁前我随父母居住在重庆归元寺祖父购置的独立的小四合院中，两岁后搬迁到了枣子岚垭的石头房子里。枣子岚垭，读过茅盾先生《风景谈》的读者不会陌生这个地名，而石头房子，也就是刘钰章书名中提到的石屋。这种类型的石屋和上海的石库门不是一种类型，而是抗战时期苏联塔斯社的旧址，是

2岁

典型的俄罗斯风格建筑，因整幢建筑使用石材修筑而得名，在老重庆城市建筑中并不多见，是新中国成立后接收的国民政府财产之一，这些条件比较好的"洋房子"被分配给了当时的高级知识分子家庭居住。沾父亲的光，我们一家与当时留学法国、比利时的罗竞中，留学美国的朱可善二位先生家共享了这栋小楼，二位先生在建筑行业都是当时国内首屈一指的专家，他们后来因为工作调动相继搬离石屋，市委的两位局长再搬迁至此。父亲由于家庭出身原因，属于可使用的"监控对象"，尽管他非常希望重回高校，但几次调动均未果，也影响了他的一生。我们一家在石屋中居住了很长时间，所以我的童年生活几乎全在枣子岚垭的石头房子里度过，这里，是我童年生活的见证。可惜这一带众多原本属于抗战时期达官贵人居所和外事机构办公地、具有重要历史文化意义的建筑最终却毁于旧城改造之手，新中国第一代人的记忆也随之消失埋没于此了。

我是20世纪50年代中期出生的人，和同时代的所有中国人一样经历了饥荒和"文革"年代，对大多数人而言，那是个心理上伤痕累累的时代。但对我而言，却没有太多与大时代的痛苦和挣扎直面接触的经历，也就没有过早经历人世的辛酸。

个中缘由，一是因为年纪小，二来最重要的是因为父亲的庇护。父亲作为身怀专长的高级知识分子，始终保持着低调内敛，远离利益纷争，居然在那个混乱的年代奇迹般得以保全了自己和全家人。须知，父母均出身富家，还有国民政府高级军官家庭背景，在那个事事微妙、人人自危的

3岁

年代，不能不说与父亲做人的善良厚道和个性中的隐忍负重有关。

　　父亲 1939 年毕业于北洋大学，此后一直跟随北洋大学工学院院长李书田教授，担任了很长时间的高校教师，由于抗战原因，四处奔波。1948 年，已成为大学教授的父亲与毕业于辅仁大学的母亲结婚，新中国成立后，因重庆城市建设百废待兴，父亲被西南局相关部门借调到城市建设领域开展专业技术培训，最后应政府要求安排至重庆工作。包括父亲在内的一批技术型高级知识分子属于稀缺人才，是重庆市政府的特殊关照对象，在物质方面都被予以了厚待。

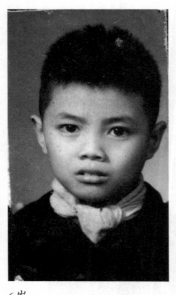

6岁

　　童年时代正是长身体的时候，恰逢20世纪60年代初的大饥荒时期，不少同龄人都经历了饥肠辘辘的考验，我却长成了少见的小胖子，不能不说父亲对我关爱甚多，从来不曾让我饿着。至今记得幼时我总在周末跟随父亲从枣子岚垭去到统战部餐厅改善伙食，因为这样的高等级餐会特别允许"统战对象"们带上一个孩子，于是我就成了大家最羡慕的那一个。最难得的是，父亲居然还会带上我不时去到国民政府时期就洋派十足的解放碑心心餐厅吃西餐，别致的餐厅环境、精致的奶油蛋糕、大份招牌冰淇淋酒杯状的华丽外观和清新的口感，至今还保留在舌尖上的味蕾记忆中，齿颊留香。多年之后读到某知名主持人童年时代随舅舅在上海的西餐厅中吃西餐被时人诟病"奢华"的时候，其阅历深远的舅舅却认为这是培养孩子的眼光与气度，我深感心有戚戚。不知道父亲当年是否有过如此的想法，抑或他只是想尽自己的力量在物资匮乏的年代尽可能地给予自己的孩子补充更多的营养，让他不至于挨饥受饿，但却实实在在给了孩子体验美好事物的机会，让他终身对世上美好的东西心怀善意，并懂得如何去感受、欣赏甚至创造。

与父亲的合影

　　能够在饥荒年代让孩子吃饱，尽到父亲职责已经很难得，平常生活点滴中，父亲的关爱更是细致入微。幼时父母总让我穿戴干净整齐，书香门第大小姐出身的母亲十分讲究，所以我这个穿着双面夹克，戴紫红贝雷帽的小小胖子在人群中总难免显眼。也就是我那顶招眼的贝雷帽，制造了一起被抢事件。新潮的帽子引起了一个大孩子的眼红嫉妒，居然蛮横的从我头上一把摘走，束手无策的我只有悻悻然回到枣子岚垭家中，求助于父亲，至今记得父亲牵着我出门，在人和街街上找到还大摇大摆在街上看墙报的肇事者，从他头上摘下属于我的帽子还回给我，为我重新戴上的情形，那一刻，父亲从容与慈爱的眼光，让我充分感受感到了父爱呵护的强大。

13岁

16岁

16岁

我小学毕业正值"文化大革命"开始，足足耍了三年，才在1969年复课闹革命后按划片进入到42中就读，两年就毕业，接着又耍了一年，父亲八方托关系才把我送到10中读了一年半高中，高中毕业又继续在家耍了三年才顶替母亲进入重医儿科医院当了两年工人，断断续续读书的学校教育效果可想而知。父亲在这种情形下始终坚持要我继续学习，并且认为这是一条必然之路。面对整个社会的混乱，知识被践踏得一文不值，学校也是一片兵荒马乱之时，父亲没让我们陷入社会的泥沼之中，关起门来，所有动荡不安都被拒绝在了枣子岚垭的石头房子外面，我和兄长被文革中断的学习机会被父亲悄然接过并自己为我们做好了安排。

由于我们一家是北方人，在重庆没有亲戚，所以不管是平时还是逢年过节，都没有太

18岁中学时代（左四）

多人来客往，父亲一边不动声色地为我们订阅当时能够搜罗到的《科学大众》，一边把那些不被人打扰的时间利用起来带着我和哥哥学习。这种学习并不是正襟危坐式的，冬天是围炉夜话，夏天是扇着蒲扇聊天，在日日父子围坐的时间中，父亲为我们天文地理、社会百态，自然人文、古今中外、上下五千年，无所不包地讲解，还巧妙地将数学、化学、物理，各种知识融合其中，俨然一个兼容并蓄的大课堂。父亲学识广博，记忆力惊人，108 个元素周期表交给我们，任意抽问原子量，个个记得准确无误，类似的事情经常让我们两兄弟感到震撼。就是在这个父子共坐的"三人课堂"中，我和哥哥缺失的学校教育得到了最广博有效的弥补。

　　恢复高考之后，父亲更加严格的督促学习，亲自为我们补习功课，传授自己的学习方法，至今我都保留着父亲为我们做示范的大学时代的全英文笔记。得益于父亲的辅导，我1978年顺利考入重庆建筑工程学院，崭新的人生道路铺开了新里程。在两个儿子毕生的学习教育上，父亲算是恪尽人父之责，让孩子们受益终身。何为父爱如山？此为明证。

童年时代，父亲除了在我学习上要求严格，但对于小孩子如何使用金钱、如何交友却放得非常宽。

因为父母收入相对社会水平而言相当高，家里孩子也不多，所以家里并不缺钱花。父亲对于钱财的使用看起来似乎太过随意：家里有个大抽屉，不上锁，里面放着父亲的皮包，皮包里一般都整齐的放着钞票，家里人需要的话都可以随意取用，连孩子也不例外。但是父亲有要求，必须要告诉他自己取了钱，拿去怎么花了。不抠门，不能把钱看得太重，要取之有道、诚实使用是父亲的钱

大学时代（左一为李秉奇，中为唐璞教授）

35岁

财原则，这对当年小小的我而言，印象相当深刻。

　　从人和街小学毕业时我才 12 岁，上中学后随着年龄稍长，朋友接触的范围更广了，枣子岚垭的石头房子就成了周围孩子们聚会的天堂，因为我家中比一般家庭空间宽敞，父母又和善，孩子们就都喜欢到我家中玩耍。在那段人们一半忙工作、一半忙革命造反的时间中，半大不小的孩子们是相当无聊的一群人，我除了在父亲得空时候接受家庭教育之外，很多时间也就和周围年龄相仿的孩子们混在一起，学打桥牌、打羽毛球，同时也学了自此受用终身的小提琴，甚至后来在 42 中长盛不衰的白毛女演出中做了很多关于音乐的梦（因为当时社会为我们这些有文艺特长的半大孩子提供了很多机会进入专业团体，甚至还可以令人眼红地被招入部队当文艺兵，可惜我最后都因为政审不合格而被涮了下

近照

来）。尽管后来没有再继续往音乐艺术这条路上再走，但小提琴演奏带给我的音乐熏陶潜移默化地植入到我的工作生活中，至今我都认为自己的设计工作莫名的与音乐相关。

基于对周边孩子们家庭教养的信赖，父亲对我与同龄人的接触放得很宽，甚至对我后来跟着朋友很早学会抽烟他都没有制止，因为他的观点是大原则没有偏离，一点小恶习，可以容忍，甚至开玩笑说自己平生就抽烟一大恶习，结果都被儿子们继承了。

我愉快的童年时代却是父亲最郁郁寡欢的青壮年时代，或许正是因为感到家庭出身和社会大环境的不相容，父亲担心（事实上也看到了）对于儿女未来的社会经历会受到很大影响，所以他用加倍的慈爱来弥补未来可能会带给我们的缺憾，同时努力地教导我们学习向上，鼓励我们用接受良好的教育、获得知识来改变自己的命运。事实证明，父亲的选择和教育是正确的，也正是他从童年时代给予我们物质与精神的双重惠泽，为我与兄长的人生事业发展奠定了最好的基础。

　　时光匆匆，童年时代枣子岚垭石头房子里那些与父亲相伴的如烟往事太多，回望那些穿过岁月的记忆光影，斑斓跃动着的旧时阳光似乎一如当年。父爱如山，夜深人静，回想年少时光，念及父亲，既感叹他逝去过早，不能更多看到儿子的成长，更感谢他带给我一生中无数安宁美好的回忆。自成年以来步入社会，我也经历了不少的历练，唯一感到安慰的是自己还算没有辜负父亲的期望，成为一名于社会有用的建筑师，算是完成对他老人家当年冬天守着火炉、夏天沐着月光对儿子谆谆教诲的承诺吧。

　　李秉奇

　　1954 年生，重庆市设计院院长、总建筑师，代表作有重庆市人民政府办公楼等。

童年的记忆

崔 愷

　　我们处在一个社会骤变的时代。相信几十年前谁也想不到，我们的国家会取得今天这么大的发展，我们的城乡会发生这么大的变化，我们的生活水平会有这么大的提高。反过来，今天的年轻人也对过去的年代缺乏了解，和他们说起往事，他们甚至有些半信半疑、难以想象，这让我意识到延续历史记忆的必要。另外到了"奔六"的年纪，随着记忆力的减退，我好像更愿意回想往事了。空闲时把脑海里存放的珍贵记忆梳理一下，就像擦拭把玩收藏的文物，有一种精神上的享受。虽然很难说我今天成为一个建筑师与我儿童时代的经历有多少必然或偶然的联系，但的确在今天的工作中每每碰到旧城改造或新城设计的项目时，我都不由得想起儿时生活的情景，引发一丝怀旧的情怀。试图把这种独特的个人经验作为创造当下人文环境的参考，也有一定的价值吧。因此，年初时《中国建筑文化遗产》杂志社主编金磊先生约我写点童年的回忆，我想这也是有点儿意义的事儿，于是随笔写下了这些片段的文字。

我的大院

我 1957 年出生在北京东城区景山东街 55 号人民教育出版社的机关大院里。清末民初时这里曾经是京师大学堂，再早好像是一个王府大院，新中国成立前还做过老北京大学理学院校舍，现今大院东墙外的一条小胡同就叫大学夹道。

童年在小花园留影

记忆中的大院是个美丽而有趣的地方。说它美丽是因为它与景山公园很近，有故宫、筒子河，穿过景山还连着北海，那是我小时候最常去玩的好地方。大院里面也挺美。走进宽大的红色门楼，是一道写着总路线"大跃进"标语的影壁墙，墙后两边是郁郁葱葱的松树林，树林东边是个篮球场，西边是大食堂。

上小学时在美术馆前留影

绕过树林，穿过出版部的大门廊，左手边就是漂亮的荷花池。荷花池不是一个简单的水池，它处在一片圆形的下沉草坡的中心，池中有一个白色的石碑，荷叶下还养着金鱼和小青蛙，池边的草地上有小卵石铺成的放射状小径，西式的风格与东边高教社的两层灰砖西洋楼很配套。洋楼和荷花池中间是主路，路边有报刊栏，还有一个大钟架，每天上下班或工间操时都有人拉绳子敲钟，悠扬的钟声便传遍大院的每个角落，甚至在景山上都能听到。大钟后面是另一座高大的办公楼，是人教社的办公楼。我妈妈是小学语文编辑室的编辑，她的办公室在二层朝阳的一间大屋子里，那也是我小时候放学后常去的地方。花园的北面正对着大礼堂，那是个有大台阶的中式大殿，侧面有舞台可以演出。大礼堂后面是一个安静典雅的四合院，周边是出版社领导们办公的平房，院子里两簇茂盛的刺玫总是开着漂亮的小黄花，散发着甜甜的香气。再后面是个扁长形的院子，院里有两棵巨大的老槐树，树后是座有红色木制外廊的精美小楼，人们称它为公主楼，可能原来是王府里住女眷的地方。机关大

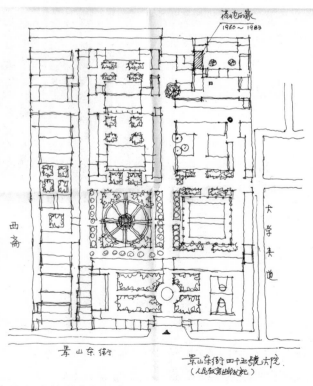

记忆中的人民教育出版社大院

20世纪60年代全家三代人于颐和园合影

院的职工宿舍分置在北面和西面几个大小不同的院子里，我的家住在东边的一个四合院里，叫二宿舍，前后两进院住了十几户人家，大家共用厕所，共享小院，关系还比较融洽。

　　说这个大院有趣，一方面是因为那么多大小不同、形态各异的院子成为我们小孩儿游戏玩捉迷藏的好地方，另一方面也因为宿舍和办公楼在一个大院，各种配套服务设施像食堂、浴室、理发室、医务室十分齐全，还有专门为大院孩子成立的少年之家，下学后可以在这里参加课外活动，晚上还可以占座看电视，要知道那是六十年代，北京刚刚有电视节目的时候，能看电视还是很牛的一件事呢！所以这里就像个独立的小社会，与外面的胡同生活不在一个水平上，让大院的人有一种优越感。大院里的邻里关系也十分紧密，尤其是一个宿舍小院里各家的小孩儿和各家的大人都比较熟悉，所以串东家逛西家，孩子们成群结队地玩成了一种有趣的生活状态，和今天社区的邻里关系很不一样。另外院子里不少人家在门前种菜，还养了不少鸡，还有养鸭、鱼、兔的，有一阵还兴养蚕，机关在大院西北角还有个养猪场，真有些田园生活的感觉。那时候我们这些小孩虽然没有今天这么优越的生活条件，但下学做完作业后能玩的东西可真不少，回想起来还真是幸福的时光啊！

　　我们大院外面的环境也很好，大门外是一条小街，向西不到 200 米就是景山公园，那儿就好像是我们的后花园，几乎每个周末我都会跑进公园，或绕圈跑步锻炼，或爬上山顶眺望京城，或钻到树林中背书，山上山下到处都留下了我的足迹。出门向东则有各种店铺，卖副食的，卖鱼、肉和菜的，卖煤的，卖米面的，还有药店、回民饭馆、小酒铺、修车铺、修鞋铺和浴池，后来还开了个卖布和文具的小百货店，真是方便。出了小街向南穿过马路，再钻过几道弯的胡同就是那时大名鼎鼎的景山学校，我从小学到高中都是在这里读的书，度过了充满阳光而又颇为动荡的学生时代，许多事情至今难忘。假日里我会跟着父母或小朋友们沿着沙滩大街向东走，走一站地远就是中国美术馆，再往前就是隆福寺商业街，在那儿有大商场、小吃店，还有三家电影院、一个木偶剧院，人艺的首都剧场也在附近。再远的王府井、北京站、动物园，只要乘上从门口经过的 3 路电车就能直达，也很方便。所有这些构成了我记忆中的城市空间，我也曾经在不同的文章中提起，回味童年的时光。

而今，出版社大院早已被改造得面目全非，除了几栋老楼老房子留了下来，其他地方都变了，几座办公楼、宿舍楼插建在一片平房当中，破坏了原来的院落格局和风貌。门前的小街倒还在，还是那么热闹拥挤，增加了不少小店铺。景山和故宫当然不会变，只是从山顶上看到的风景变了，曾经无比宽阔的北京城已被密密麻麻的高层建筑包围起来，隆福寺几经改造却日渐萧条，人气不再，正等待着下一次的改造复兴。

我的学校

我从小学到高中都是在景山学校念的。那时候景山学校属于中宣部，学校的老师很多都是师范学校毕业的，水平很高，学制和教学方法好像也和其他学校不一样，甚至少先队的红领巾也因为印上了一排金黄色的花体拼音字而格外突出。学校位于故宫东面北池子大街旁边的骑河楼胡同里，与妇产医院和65中为邻。

说起来，我小时候是个比较胆小的乖孩子，个子也矮小，在班里排位总是排在前面，处在老师眼皮下面又怕老师提问，所以上课时总是低着头认真听讲看书，心里总有点儿压力，但也因为这样学习成绩一直不错，后来还当过课代表和小班长，老师们也比较喜欢我。下学后，我多数时间会去妈妈的办公室找个桌子安安静静地写作业或者画画。办公室里有不少儿童读物，《伊索寓言》之类的书我也喜欢看，有时还抱上一摞借回家看。虽然也常和其他小朋友玩，但从不领头，不乱闹，不冒险，也很少和别人打架，反倒是更愿意和院里长我几岁的大孩子们交往，所以似乎成熟得早一些。我在家里排行老二，上面有姐姐，下面有一个妹妹，可能因为是男孩，所以在家比较受照顾，从小很少干家务活，除了读书、写作业就是画画。后来到初中时还参加了美术小组，在素描、写生、水彩和工笔画方面有了一些基础，记得有一小幅石膏铅笔素描还曾经入选全国青少年美展呢！另外我还为班里出板报，每天下课后都会留下来和几个同学一起用粉笔在教室后面的黑板上画报头、抄稿子，研究平面构图和色彩搭配，这些也是我后来愿意选择建筑专业的原因之一。

我的童年赶上了"文化大革命"，那是个动荡的年代，但对我们这些小学生来讲似乎也是很好玩、很丰富的一段经历。1966 年，我上到二年级下学期时学校就停课了，而且一停就是两年。没有课的日子里，大院的孩子们到处瞎玩、看热闹，也时常跟着大人参加各种批斗会、大辩论，还帮着大哥哥姐姐们发红卫兵战报、散传单。那时全国红卫兵大串联，大院里到处住满了来自各地的红卫兵，白吃白喝，还到处看大字报，等着毛主席接见。我也曾闹着要和他们到外地大串联，终因年龄小、家长不放心，没有被批准。

后来复课闹革命，我们又回到了满目疮痍的校园。因为政治活动多，所以文化课常常受影响，晚上还要参加游行，庆祝新的最高指示发表。那时中苏关系紧张，珍宝岛冲突后全国备战备荒，校园的操场上挖起了防空洞，老师学生齐上阵，日夜奋战，我们还去砖厂烧砖，劳动强度很大。那时出版社大院也到处深挖洞，先是把漂亮的荷花池填了，后来各个小院也砍树开槽，折腾了一年多。当然这些地方也没派上什么用场，只是偶尔有胆大的孩子们进去捉迷藏，如今大多都已废弃。

那段时间很难忘的是初一时的野营拉练。同学们小小年纪打起背包，排成长长的队伍，从学校出发，一直走到平谷的刘店公社再走回来，历时十几天，每天负重走七十里地，有时还要爬山、急行军，至今回想起来还能想起那种很累的感觉。晚上入住老乡家，常常不等饭做好就坐在炕头睡着了，半夜还要紧急集合夜行军。记得有一次夜行军去焦庄户，走着走着睡着了，竟然也没掉队，挺不可思议的。不过小时候有这样的磨炼还是有好处的，无论在体力还是在毅力上都有所提高。

1972年我们初三毕业时，学校传达上级指示说国家要选拔一部分优秀学生上高中，为将来上大学做准备，所以那次毕业通考大家很重视，有点儿小高考的氛围，因为全年级12个班最终能上高中的只有两个班，大约是六个同学中只有一个有上高中的机会。高中第一年的学习十分紧张，学校选派了最强阵容的老师担纲授课，他们也特别用心。除了上课，课后还组织了各科辅导小组研究偏题怪题，选自各班的优秀同学水平都很高，学习氛围特别浓，竞争意识强，但又很团结，师生关系也十分融洽，那是令人难忘而进步最快的一段中学时光。

但好景不长，第二年政治风向又转了，教学要一切为了上

1976年在天安门广场悼念毛主席逝世

山下乡，不再提上大学了，而是准备去广阔天地大有作为！于是我们高二的课堂就搬到了位于魏公村的中国农科院里，每天上午学数理化，下午边劳动边学习农业技术知识，甚至在院里还有一小片我们自己的试验田，每天要浇水施肥，虽然挺累的，倒也挺有意思。前些天又路过农科院，周边早已是拥挤的城市空间，但终究还留下了一小片试验田。一垄垄的田地上插着一张张白色的卡片，让我回想起那些在水稻田里劳作的日子。

如今景山学校早已在灯市口建了新校园，我原来熟悉的教学楼已经被拆掉，变成了一排住宅，操场也还给了65中。可能由于留下童年记忆的校园不在了，所以后来我很少回学校参加校庆活动。但是我们一些同学一直和老师们保持着联系，前些天有同学从海外回来，我们还请小学时的班主任金老师一起吃饭，回想起五十年前的孩童时光，感慨不已。

我的村子

1975年初春，我和同学们响应党的号召，十分兴奋地乘大轿车离开学校奔赴平谷华山公社插队落户。大家被分在几个不同的村里，我们有十几个同学被分到一个只有三十多户人家的小山村——麻子峪。这个小村坐落在华山镇东面八里地远的一个山坳里，村前的台地上和村后的山坡上是层层叠叠的梯田，杨树林中掩映着用砖石墙和青瓦顶搭起来的农宅，队部前的一口井就是全村人的饮水之源，水井旁是晾晒粮食的场院，场院

和插队同学回村探望老乡

边有牲口圈和粮库，还有全村唯一的公共旱厕所。我们知青刚开始分散住在老乡家，麦收后才在队部后面盖了一溜红砖房，做为知青宿舍。在这个只有二三十个壮劳力的小村子，我们这些知青就成了一股生力军，和老乡们一起劳动。春天挑水抗旱种庄稼；夏天收麦子，看青；秋天收玉米、谷子和棉花，还要漫山遍野地摘柿子、梨、核桃和栗子；冬天还要抓紧修水渠，垒梯田，修剪果树。虽然劳动量很大，但我们都很能吃苦，埋头苦干，得到了大队书记、队长和老乡们的认可。我一直是村里的头等劳力、民兵排长，还是公社的优秀知青，我们村也被评为全国农业学大寨的先进单位！1976年初周总理去世，不让我们回城悼念，后来我和同学就利用春节假期去天安门广场看，回来就发烧不退，转成了急性甲型肝炎。实际上我们公社当时正在流行甲肝，之前已带菌，凡是感冒的同学都发作了，人数不少。这样一来连住院带休养，差不多有一年的时间，而这一年又是最动荡的时期，七月唐山大地震，九月毛主席去世，十月粉碎了"四人帮"，"文化大革命"终于要结束了！转过年春天就听说要恢复高考，同学们回城找课本和复习资料，回来后边干活边复习，常常挑灯夜战，大家都非常兴奋和努力。年中时有部分同学被招工回城，而我们几个备考的同学也进入了最后的冲刺阶段，因为我们知道"十年文革"一定积压下来大批优秀学生，高考竞争将空前激烈，松懈不得！1977年底我们在华山公社中学参加了"文革"后第一届高考。有趣的是头一天报名参加考试的人特别多，而上午第一门考完后人就少了一多半，听说许多农村青年也来试试运气，一看比较难，也没认真复习，所以临阵打了退堂鼓。春节前我们打点行李回城，告别了奋战三年的小山村以及那段血气方刚的青春年华，心中不免有些留恋。后来上学和工作之后我们几位一起插队的同学还一直和老乡们保持联系，过几年回去看一次，提供些力所能及的帮助。巧的是前几年在华山镇北面的西峪水库有个会议酒店的项目，每次跑现场都会路过镇上那条街，镇政府大院、供销社的百货店、华山中学、卫生院都还在原来的地方，虽然肯定改造装修过，但还是差不多的模样，还能唤起我在这里留下的一点儿"乡愁"。

去年年底，中央召开了城镇化工作会议，第一次明确要求在城镇化建设中要望得见山、看得到水、记得住乡愁……这是我们期盼已久的正确决策！对我们每个建筑师来说，在设计中关注山水环境、关注人文情怀、关注文化传承的同时也应该珍惜自己的记忆和乡愁，因为只有具备了这种人文情怀，才能够自觉地履行未来城镇化建设的历史责任。

崔愷

1957 年生，中国工程院院士，全国工程勘察设计大师，中国建筑设计研究院副院长、总建筑师。

童年六事

孟建民

　　杨廷宝先生重病住院期间，我被安排值班陪护。杨老一度恢复良好，在他精神好的时候给我讲了许多其童年的经历与趣事，说到高兴时还会带出河南乡音。人就是这样，中老年时段的经历容易淡忘，今天结识的人，过几日可能就叫不出姓甚名谁了，这种尴尬人常有之。而人对童年时期的记忆，却时常历历在目。

　　为什么会有如此区别？我琢磨其原因也许有三：其一，儿童大脑如一页白纸，刻画的第一、二笔印迹最深而成人不然。仿如经济学中的"递减效应"，成人经历多了，后边发生的事易淡忘也是自然规律。其二，少儿经事多在情感纯粹而无大的利害关系中成长，成人则浸于"天下熙熙，皆为利来，天下攘攘，皆为利往"的环境中打交道。对记忆而言，情者益深，利者益薄。其三，人们经历过任何苦事、难事、丑事，时间拉长了，在人们的记忆中可能就会变为趣事、乐事和往事，成为人们回味的生活佐料。由此可见，人们乐忆童年就不难理解了。

　　我的童年成长总体上讲健康而平和，没有经历当代儿童少

童年肖像　　　　　　　　　　　与小伙伴们的合影

年应试教育的心身压力和迫害。刚记事时，约四岁，就知道父母对我有"喜欢画画"的评价。父母都是从事财务工作的，我本人好画的天赋与他们似乎没有一点关系。曾有人问我父母，你俩口又没此爱好，为什么这孩子喜欢绘画？父亲解释道，他爷爷曾有舞文弄墨之好，合理解释仅此而已。

幼时刺激并强化我这种爱好的一件事是：父亲有次出差回来，给我带来一盘水彩颜料和水彩笔。我高兴非常，清晰地记得那颜料是十二色的硬彩饼，配水后用笔反复在上面搅和才能磨出一点颜色。那时不舍得用，当宝贝一样存了很长时间，今天想来，如果用了对我的影响可能会更好一些。

第二件事是因没考上幼儿园挨打而留下心理阴影。1962 年我 4 岁，母亲带我去幼儿园面试，老师拿出一堆五颜六色的积木，挑出一个红色的圆饼问我是什么颜色，我拿起这块积木就把它滚了出去，一边随口回答是："轱辘"。可能问的几个问题都答非所问，母亲在边上耐心地提示启发我，我木无反应，结果可想而知，肯定没通过。母亲拉着我走出幼儿园大门，刚才在老师边上的赔笑立刻变成了厉声呵斥！同时我屁股上还挨了几巴掌。那种瞬间笑怒的变化对一个小屁孩儿来说刺激实在太大。因此到现在那场景在眼前还时有浮现。这就是我儿时对"形""色"认知混淆带给我的终身记忆。

第三件事是幼儿园老师教绘画的场景。也许是反复画过许多次类似的画面，所以现在还依稀记得画的内容：一排房子后竖起一根根烟囱，每根烟囱都冒出滚滚浓烟。那就是成人对"工业化"的美好憧憬与向往，并教育儿童用儿童之手描绘"大工业"的未来。现在想来，在我们幼小心灵中根植的是一种多么错误的观念！环境保护可谓一钱不值，今天中国的环境恶化与当年的学校教育不无关系。想到儿时大人经常摸着我们的脑袋说，共产主义在你的这一代可能会实现时，那种莫名的兴奋至今还能感受到！

第四件事在1966年"文革"之始，我上小学二年级的一天，我们的班主任，一位李姓的年轻男老师走上讲台，肩带红袖章，神情激昂地向全班宣布："在伟大领袖毛主席指示下，作为学生的你们今后永远再也不用考试了！"听到此决定，全班同学像点燃炮仗般地爆发出一片片欢呼声！那种如释重负、彻底解放的感觉后来再也没有体验过。接着"文革"的动乱，将我们这批半大不懂事的学龄儿童像放鸭子一样赶出学校，玩耍、撒野、游荡成了我们这批学童的特殊经历。这期间闲来无事，我们琢磨过各种玩法，弹玻璃球、拍方宝、积洋画、存烟纸、射弹弓、打石仗、练武术，什么都干过，其中最让我感兴趣的是捏泥人这种玩法，这也给了我发现自己有"塑形"爱好的机会。我捏的手枪、

练习书法

坦克、大马等玩偶在玩伴们的"作品"中非常突出，当然撑不了几天这些"作品"就干裂、变形直到恋恋不舍地丢掉。

第五件事是"复课闹革命"后，玩野的心很难马上收回，上课开小差是经常的事。由于我喜欢绘画，所以没事就在课本上乱涂乱画，把课本描画得不成样子，有时自己都觉得不太像话。后来有件事的发生让我惊出一身冷汗：那就是有位同学折方宝，不小心将有毛主席像的书页叠了进去，不知被谁发现举报（那时大人小孩的"革命觉悟"都非常"高"），这位同学因此被打成"小现行反革命分子"，被大会小会批来批去。这件事对我教训不小，于是我赶紧将过去画得不成样的课本都收藏了起来，把在用的课本上描画的东西能擦的就擦，不能擦就撕去！弄的课本破烂不堪，但要发现我是"反革命罪证"却是很难的事了。后来相当长的时间里，每当想起此事，还心有余悸。

美术训练

第六件事是，在小学时期常画革命题材的画，特别是临摹毛主席像和红色样板戏英雄人物。由于我画得比较像（必须画像，否则很可能有被打成"小反革命分子"的危险），经常有人索取，这也满足了我幼小心灵的成就感。正由于这种经历，也让我从小在造型、素描、质感及色彩方面有了一定的锻炼机会。

上述记忆儿时的个人经历应该与我本人选择建筑学专业并从事建筑师职业都有或多或少的关联。选择走建筑师这条路，对我来讲并没什么必然性，但小时候对美术的爱好肯定对我未来成为建筑师有不少帮助与促进。我要感谢一路成长过来给我提供条件、机会与帮助的所有人：我的父母、老师、同学以及儿时的玩伴与朋友。

2014 年 3 月 1 日于深圳

孟建民

1958 年生，全国工程勘察设计大师，深圳市建筑设计研究总院有限公司总建筑师。

冷雨与春风交织的童年

周 恺

2013年的蛇年对我来说不寻常。先是在北京301医院做开颅手术，切除掉右耳神经鞘瘤。11月3日我的父亲突然在纽约病逝，我赶去美国送他。细想他这一生，我实在难以接受这个事实。临近春节，我的师父、大悲禅院94岁的隆昌大师圆寂了，大年三十我们给他送行。2013年，我过了一道生死劫，失去了自己的右耳听力和两位父辈。我想这大概是老天爷在提

和父亲过的最后一个春节

父亲去世前几个月和孩子们在一起

父亲的书法 一

2013年初手术前被剃了光头

醒我，该停下来慢慢想想了。

我是一个具有双重性的人，我的人生总在两种状态之间摇摆。小时候，我是好孩子，又是调皮捣蛋的孩子；我合群，又不合群，孩子们在一起时我是孩子头儿，但我又最愿意一个人待着自己画画儿。上大学读研究生留校，我在学校的体制内应该说很顺利，出国进修回来我又想到体制外去闯荡。1995 年与朋友共同创办了华汇设计公司，运营不久我便把大量的管理工作交给他人，人、钱、合约一应事务不再过问，我只负责组织设计并兼职教学，几乎成了公司体制内的编外人。现在我似乎想明白了，可能是受祖辈、父辈的遗传，我是一个特别散淡的人，我总是希望把自己放在一个没有压力、随心所欲的环境里，我需要这种状态。

父亲的书法 二

金磊总编辑邀请我写《建筑师的童年》，一下子勾起了我的很多回忆。我的童年经历可以说是非常幸运，也可以说是非常多舛。命运每次将我抛至谷底，往往又否极泰来，给我一线生机。在我的生命被死亡笼罩时，总会出现贵人，将我带出生死的泥潭。半百之际回忆童年，可以说是挫折夹杂着欢乐、冷雨交织着春风，五味俱全。

我的家庭

1962 年我出生于天津一个非常传统的家庭，祖父算是天津比较有名气的中医。祖父家在天津的老城里，前后院住着祖父、父亲和伯伯 3 个家庭 12 口人。祖父家保留着许多老规矩，每年春节我们要把祖宗的牌位摆上，除夕晚上要上香，早上起来要辞岁、磕头。祖父新中国成立前有自己的医馆和药铺，新中国成立

仅存的几张姥爷的肖像
之一

后公私合营，他被派到医院里，但做了几个月就回家了，因为他散淡惯了，对医院不适应。回家闲居，业余义务帮街坊四邻看病，每年年三十儿之前总有不少病人来表示感谢，大家还会送来些点心，我记得那时家里的大条案上摆满了糕点，一直堆到天花板。

父亲家是地道的北方人，母亲家是地道的南方人。姥爷姥姥是江苏无锡人，姥爷家在天津的英租界。姥爷去世得早，我没有见过姥爷，对他的了解只限于一些片段，现在仅有几张他的肖像，大部分照片在"文革"中烧掉了。据母亲说，姥爷钟意建筑，她小时候家里有很多非常精美的建筑画册。

2岁在北京

父亲并没有随祖父学医，他先学无线电，再学财经，后来到纺织系统工作。在我眼中，父亲是耿直而才华横溢的，琴棋书画样样在行。他会很多种乐器，尤其酷爱书法、国画，棋也下得好。母亲爱画也爱书。小时候家里没有电视，母亲就常给我们"说书"，把《红楼梦》一段一段地讲、一段一段地背，到现在里面的好多诗我还记得，那种氛围特别好。

和祖父一样，父亲也散淡，老老实实地干了一辈子。父母一直教育我们要诚实安分。在那些年，父母因出身不好工作都不算顺利，但我们作为子女从来没有感觉到他们的不如意。父母从来没有在我们面前吵过架，家里面的氛围永远是和谐的，这是我觉得从小到大这个家最好的东西。我和姐姐妹妹的感情也很好，我一直尽量与父母住在一起。现在到了知天命的年纪，孩子出国念书了，父亲也去世了，家里只剩下我和母亲，便把姐姐姐夫请来同住，又过起了大家庭的生活。

磕磕碰碰的幼年

我没有上过幼儿园，严格意义上讲只上过一个星期的长托，因受不了幼儿园的管束，一周后回来就再也没去过。据我母亲说，我从很小就喜欢画画儿。那时候在祖父家里住着，地方大，我就用粉笔在地上画，从前屋画到后屋。老人们看着十分好玩儿，也不阻止。最开始我用左手画，到了能上桌吃饭的年龄，被老人给扳了过来，说左手写字吃饭不成体统，但是现在如果让我投手榴弹，那还是用左手。

据说小时候的我非常好动，快三岁时便因调皮扑到开水锅里去了。上半身被严重烫伤，抱起来时皮都掉了。医院大夫把我包扎得严严实实，不让乱动。几天后，妈妈了解到这样治疗以后我很难不落下很多伤疤，手指也可能会长到一起，要等烫伤好后再修复。家人十分着急，爷爷也看不下去了，他便对我父母说，既然西医也没有太好的方法，你们要是相信我，就交给我治吧。爷爷亲自配药，家人帮助他把纱布打开，把泡剪破消毒，再把调好的药敷上。几次下来，我奇迹般地被治好了，居然没有落下一点疤痕，只在腋下因太疼没能敷上药的地方留下两个伤疤，算是老天爷给我留下的记号。母亲说，至今也不知道爷爷的药具体的配方，只记得里面有冰片。

小时候，印象里的爷爷总是坐在摇椅上，手里转着两个核桃，爱喝酒。他教我们从小习写大字，数九之日，老人会在九宫格里写上九个空心字：亭、前、垂、柳、珍、重、待、春、风，每个字都是9划。每一天，哪个小孩子大字写得好，就可以上去描一划，算是对他的奖励，我们都争着去写那一笔。描完"亭"字是一九，接下来是二九、三九、四九……一直到九九，描完所有九个字，春天就到了。

荒诞有趣的小学

到了上学的年龄，我随父母从爷爷的大院里搬出来，住到了天津的尖山金星里。我是1969年上的小学，1975年毕业，上了6年。虽然是"文革"期间，但政治和小孩儿们的生活没有太多关系。文革最激烈的 1966、1967 年，当时我还不太记事儿。

那时毛主席指示一发表我们就不用上课了，大家敲锣打鼓地上街游行，甚至晚上听到消息也会组织游行。大家的生活条件都差不多，甚至门都不用上锁，学生以学习小组的方式轮流在各家写作业。小孩儿穿的衣服大多都是旧的，一年买两回衣服已经算不错了。裤子短了就接一段儿裤腿，屁股后面磨破了就垫上布扎个圈儿。我们小时候也不忙着读书，没有现在孩子们这么大的学习压力，更多的是强调每个人的兴趣和特长。功课弄弄就行，剩下的时间都是玩儿。在学校里，我当班长，回到家，就和大院儿的孩子们一起疯玩儿，我们出去抓各种活物，蛐蛐、蝈蝈，捡废钢铁，我们甚至还垒过一个砖窑，和很多孩子们一起烧过砖。

小学五年级画

当时在小学我有两件事特别得意，一是学校选我去少年宫，并发给我一张月票，可以在全市随便坐公共汽车，全校只有两个孩子有这样的机会。我在少年宫学习素描和国画，每周去一次。另一个孩子学航模。我从小也喜欢自己动手做东西，上少年宫成

137

了我每星期最盼望的事，不但可以画画儿，偶尔还可以蹭到航模组去参与人家的航模制作。另一件事就是我从一年级就被选进了学校的田径队，我连松带紧地练了将近5年。虽然每天要起早，训练也比较苦，但每到体育课或运动会的时候，我就特开心，因为那都是我可以逞个小能的时刻。

　　只是在小学二年级的时候，晴朗的天空出现了一朵乌云。小时候玩儿"东南西北"折纸游戏，折纸上间隔地写上好坏两种词汇，游戏中的一方说个数字，另一方按照指定的次数变化操纵折纸，这样就可以随机产生出好坏不同的结果，以此为乐。这本是一个很多孩子都玩的游戏，但一个高班的同学，把我写的折纸展开后拿走交到学校，硬说我是在写反动标语。老师打开一看，展开了的纸上有"邱少云"、"大地主"、"王杰"、"狗崽子"等字样，连起来念就好像我在骂这些英雄。我们的班主任是军代表的家属，左的要命，居然真把它当成反动标语上交到学校领导，并要求校长严肃处理。在那个荒诞的年代，校长也不敢惹这个军代表，撤了我的班长职务，并让我写深刻的检查，在全校同学面前念，事后还把我调离了一班。记得检查是父亲帮我写的，他也没有因此责怪我。这样的处理对一个孩子来说太残忍了！小小的我就像犯了罪一样，常常躲在某个地方，感到很无助。事后，我相信当时校领导和其他老师们对此事是清楚的，他们并没有真的把我看成是有问题的孩子。因为转年校长和田径队老师就又找到我，要我给全校同学带操，我有些吃惊，我还可以吗？老师说，你做操姿势好看，当然没问题！这样我每天课间操就都会站在全校同学面前给大家带操。现在回想，这是老师们的刻意安排，它不是偶然的。他们是想出这个方法帮助我，重新给我自信。我曾经很怪我的班主任，后来也就慢慢淡忘了。只是觉得太荒唐！

中学画一

开始求学的初中

1975年我上初中，开始了我真正长大和认真求学的时期。我在家附近的105中上学，记得1975年报纸上在"评水浒、批宋江"，于是我第一次看了《水浒传》，也顺便偷看了《封神榜》。我又当上了班长，重新成了孩子头。田径不练了，偶尔还画画，常帮学校写黑板报。转变发生在刚上初二的1976年，我又摊上事了。作为班长，我带领全班男生缺考去看电影。因为我们说好要一起看电影的，但老师临时说要测试，我们这些坏小子就假装

中学画二

中学画三

139

初中

不知道全跑了，结果整班男生都缺考，酿成了一起教学事件。后果可想而知，代课老师找到年级组长，说非处理不可，但要全处分面太大，就把带头儿的我给处理了。我在全年级面前又念了检查，很难堪，很伤自尊。但好事坏事总是相伴而来，在那时我碰见了一位很好的老师。有天我正在课上偷看《封神榜》，老师走过来，敲了敲桌子说："拿来！"我想这下完了，这本《封神榜》借来不易，被没收了我该怎么办？刚刚念完检查，这下搞不好又要请家长、挨处分了。放学后我被叫到年级办公室，屋子里只有老师和我两人。我被她好好地训了一顿，最后她说，你挺聪明的一个孩子，画也画得好，跑也跑得快，你怎么就不想念书呢？天天胡玩儿有什么意思？我们小时候想读书还没这条件呢……临走的时候，没想到她把书还给了我，也没说找家长，还说了句"我小时候也爱看这些书"。我真没想到她会这样对我。因为她对我好，从此我就特别听她的话。这位老师姓白，到现在我们还有联系。在人的一生当中，有些人真的就是来点拨你、来救你的，白老师就是这样的人。从那以后我便真的认真读起书来，而且一发不可收拾，连画也很少画了。

1976 年 1 月 8 日，周恩来总理去世了。1976 年的暑假，经过近一年的刻苦学习，我的成绩上来了，父母奖励我，同意我暑假可以自己出去玩了。北京已经去了好多回了，太远的地方也去不了，但不远的唐山，我有个姨住在那里。于是7月26日我自己买了车票，提着一个旅行包，坐上火车，兴高采烈地去了唐山。万不成想转天的夜里，就是1976年7月28日凌晨，唐山发生了震惊中外的大地震。

我姨住的农林局的房子是砖木结构，而且几间房是连着的大通檩，这种建筑整体性比较好，周边的房子几乎都塌了，但我们住的那栋没有全塌下来，只倒了一部分。当时我姨夫出差在外，只有我姨及她的儿子和我在房子里，地震时我几次试图打开门，但根本打不开。直到地震停止，我们才出来。所幸我们都毫发无伤。我姨当时是个积极分子，也很热情。她怕很多人震后会没吃的，就让我帮着她跑回屋里去做饭，她烙饼我帮她拉风箱。烙的过程中余震不断，余震时我们跑出去，停下来再回去烙，十分惊险。我亲眼看着残留的建筑在余震中像面条般倒下。我们就这样烙了很多张饼，分发给周边走过的人们。

日后我妈听闻此事曾很生气地数落过我姨，觉得十分后怕，担心我们劫后余生再出变故。除了烙饼，我们还砍树做支撑，用苫布搭窝棚，开始了我最早的"建筑实践"。解放军是两天后到的，陆续运来了医药和食物，条件才慢慢好起来。震后十余日，我父亲搭了一辆军车来找我，进唐山后找了很久，才找到我们。当时有人眼尖，说："看！那是你儿子吧，在那儿盖房子呢！"大家的心一下子就踏实了。当时我和另外一个人正一块儿抬着木头，干得正带劲呢！据说出发前家里曾开会，都争着去找我，最后决定让我爸去，我妈留守。爸告诉妈，家里的老人交给她，所有的事由她作主。妈对爸说，不管什么结果，他都得挺住，早早平安地回来。

回天津不久，十一月份我又赶上了一次较大的余震，这次之后大家全都搬到了临建棚，再也不敢回家，一住就是一年多。1976 年 9 月 9 日，毛主席逝世了。1977 年中国恢复了高考，1978 年天津也第一次开始了重点高中考试，正好我经过了两年的学习，一次就考上了新华中学，正式开始了我的高中生涯。

只读一年的高中

高一我学得很投入，成绩也不错，各种考试没有出过全班前三。高一上完，我被评为区级三好学生，我的照片被贴到了学校的玻璃板报箱里。那个时代的口号是"学好数理化，走遍全天下"，我弄到一套《高考自学丛书》，夜以继日地看。父母从过去规劝我读书，到后来开始劝我多休息，老冲我嚷嚷着："睡觉睡觉！"我便应承着，等他们睡着了，又弄个小台灯来偷偷看书。

1979 年 9 月 1 号高二开学，学校体检，不幸的事又发生了，我被检查出患了肺结核。下午老师陪着我到专门的医院拍片子，当晚便确认了病情。可想而知当时我有多沮丧，这下我又不能读书了。

回家后父母宽慰我，说没什么，还会有机会。但不久我就被送到了专门的结核病防治所——天津柳林医院。养病的日子很难熬，每两三个月才能回一次家，待一天就得回去，不能在家过夜，和监狱里的犯人没什么区别。我一下子从废寝忘食的学习状态进入到了无所事事的痛苦中。不许剧烈运动，只能慢慢散步，

新华中学高一

每天打针吃药，输液治疗。那时候全家人都得为我省吃俭用，买各种营养品给我。每个礼拜家人送东西来，走的时候我就趴在窗台上，看着他们的背影，一直到他们坐上公交车远去。

1980年9月，原来的同班同学考完大学来看我，分享他们上大学的喜悦，而我却只能待在医院里，什么都不能做，心里焦急万分。我慢慢了解到结核病一时半会儿摘不了帽子，要考大学的话，必须与结核病彻底"分家"。我问大夫怎样才能彻底好呢？大夫们说基本上没什么好办法。幸运的是，我在医院碰到一位姓秦的好医生，我经常帮他抄东西，他挺喜欢我。他说也许有一种方法可以令我脱离肺结核去考大学，那就是手术，

而且我有手术的条件，因为结核只在肺的右上叶，其他肺叶很完好，把这个小叶切掉，并不太会影响呼吸的功能。但开胸是很大的手术，必须得把我的肋骨锯断……我好像突然看到了一线光明，默默决定一定要把这件事儿解决了！

说服家里人做这样的手术，是很困难的，家人开始很反对，说我年纪轻轻，做这么大的手术太危险！但我心意已决。好心的秦大夫帮我联系了天津最好的胸外科专家吴宝林医生。以前做这样的手术，要把肋骨锯掉，手术做完，胸会塌下去。吴大夫看我年轻，不忍心这样做。于是他做了一个大胆的方案，利用年轻人的骨骼弹性，只把肋骨锯断，再把肋骨拉开，他费力掏着去做手术，做完了再复位。这样就不用锯掉我的肋骨了。幸运的是，老天爷再一次怜惜我，我的手术很成功。按当时的医疗条件，其实术后康复的过程很艰难，疼痛异常，若再做一次，我真未必敢上了！

出院回家，过完春节我慢慢地恢复过来了。这时距1981年的高考大约还有四个多月，为此我面临两种选择，一是复读一年，二是四个月后直接参加高考，我选择了后者。因我只念过一年高中，很多课还没读完，为了帮助我，新华中学的米校长给了我特殊的照顾，凡是我自己认为已经会的课，不必再听，也不计考勤，他和所有的代课老师打了招呼，我可以挑我没听过的课插班听，其余的课我自己灵活安排。我郑重其事地做了一个计划，列出表格，什么时候学什么都安排得很紧凑。当时周围不少人都劝我慎重考虑，其实我知道他们心里想的是反正

天津大学大一 天津大学研究生

也考不上何必再受打击呢？可我硬要考，天天苦读，高一的劲头又回来了，最后我顺利地参加了 1981 年的高考。奇迹真的出现了，放榜那天，我看到自己考了 490 多分，当时满分是570 分。我拿着写着考分的小条儿大喜过望，把小条儿叠好，放进上衣口袋，然后蹬着破自行车就去了电影院，看了一场《卡桑德拉大桥》，完全忘了家里人还在焦急地等待我的消息。半天不见我回来，都以为我考得不好，想不开不知道去哪了，我回家后又被狠批一顿，责骂我为什么不先报个信儿！

后来我在家人的建议下报考了天津大学建筑系。父母劝我，身体不好，不要去外地，在天津读。从小喜爱绘画，就学建筑学吧，这样我不仅能轻松些，还能跟我的兴趣结合。后来上了建筑系才知道，学建筑学一点都不轻松！全校熬夜最多的就数学建筑的了。

至于我怎么得的结核病，现在我也不清楚，因为我们家里并没有这样的病史。有大夫说，可能是在唐山地震期间得的，那时有瘟疫，也许是在没有察觉的情况下被传染了。幸亏巧遇秦云医生、吴宝林医生这样的好人，我才得以康复。我永远不会忘记他们的名字。当时感谢医生流行送锦旗，我父亲却写了一个条幅，送给医院，以表感激之情，时间已久，但内容我依稀记得：

青竹重又繁茂
全赖修复奇功
待到枝繁叶点头
亦是酬谢春风

我的童年故事到这里就要结束了，我很感谢在我的成长过程中那些善良无私的人们给予我的温暖和帮助。成长中所有的"坎坷"、"意外"，在今天看来都是对我的考验和成长的代价，现在我已没有了当时的恐惧与怨恨，它们都变成了略带荒诞却美好有趣的记忆。

周恺

1962 年生，全国工程勘察设计大师、天津华汇工程建筑设计有限公司总建筑师

铺垫

陈伯超

我近乎与共和国同岁，生于 1948 年。父母都是新中国成立前毕业的建筑师（父亲毕业于天津工商学院建筑系——天津大学建筑系的前身，母亲毕业于北京大学建筑系——清华大学建筑系的前身）。我的童年没有过食不果腹的经历，而是充满了幸福和愉快。

学生眼中的"老父亲"——研究生为我画像

我喜欢上学，这也许与小学时代幸遇的两位老师有很大的关系。一位是一年级到三年级的班主任于立坤老师（据说是北京市的模范教师），另一位是我随父母调转工作来到沈阳之后，从小学三年级一直带我到六年级毕业的班主任孙英默老师（据说也是优秀教师）。她们将全副身心都投入到教育事业之中，给我们以无微不至的关爱，也成为我日后如何对待工作所效仿的楷模。学习并没有给我造成很大的压力，我很用心，也不偏科，阳光而上进。良好的学校与家庭教育为我的成长提供了丰富而充分的给养。

儿时兴趣多 什么都想学

广泛的兴趣和求知的欲望，令课内的内容难以满足我的好奇心与上进心。除了努力而认真地对待各门功课、积极参与学校组织的各项活动之外，余下的时间和精力就都可以归自己支配了。由于家境殷实，我不用像许多同学那样承担一定的家庭负担。父母工作总是很忙，没有时间过多地管我们，但是他们很开明，只要不惹事，总会对我们的活动和要求给予支持。因此，我和小我一岁的弟弟就成为大院里小伙伴之中的活跃分子。无论是踢球、斗蛐蛐、藏猫猫、滑冰、骑自行车……只要哪里热闹，都少不了我们哥俩。当然，跑到办公楼里打乒乓被看门老大爷撵得满楼窜、过年时躲在窗外往大人们的联欢会中扔鞭炮、学着电影中侦察兵的样子趴在邻居家菜地中挖地瓜吃……类似的坏事也没少做。恰恰是这些好好坏坏的淘气经历构成了我难以忘怀的童年记忆，也正是在这些开心妄为的玩闹之中，使得我在体育、音乐、美术等某些方面逐渐地有所专注，建立起浓厚的兴趣，进而形成了某些专长。它们对我后来的人生历程起到了意想不到的作用，甚至终身受益。

乒乓童子功

在我 60 岁时，唯一一次参加了沈阳市大专院校和科研院所"校（所）长杯"乒乓球比赛，获得了男子单打冠军。因我第一次露面就像一匹黑马并"一黑到底"，大家很为惊讶。一位主办方的领导以行家的眼力一语中的点出了我取胜的原因："他靠的是童子功"。没错，我的确是在"吃小本"。

上场是队友 下阵亲兄弟（左为弟弟 右是我）

小时候正值容国团、庄则栋、邱钟惠等始夺乒乓球世界冠军的年代，举国振奋，全民掀起规模浩大的乒乓热潮。我和小伙伴们为了打球，钻遍了周围可能放有乒乓球台的地方。为了能够打赢小伙伴，勤学苦练，只是由于无师而不得要领。一次，我在书店中偶尔发现了一本由当时国家乒乓球队主教练傅其芳和姜永宁编著的《乒乓球训练法》。书中深入浅出地讲述了打乒乓的基本动作和战术要领，还配有图片说明。我兴奋至极，立即将此书购入囊中。回来就如饥似渴、看得出神入化，并照书模仿，用于和小伙伴的实战演练之中。还别说，真的有效果，很快我的球技就高出一筹，

父亲带我们去考体校（右是我）

乒乓伴我一路走 我却对它下狠手

同时也带动了小伙伴们的乒乓水平。然而，真正的提高还是在参加了市青少年体育学校接受专业训练之后。

最初进入市体校却不是乒乓球班，而是花样滑冰班。因父亲花样滑冰和乒乓球都很棒，他看我和弟弟每逢冬天就爱到我家房后的南湖冰面上去滑冰，就带着我们去报考市体校花样滑冰班。体校教练了解到我们在学校的学习成绩都很好（当时体校规定在校的学习成绩必须在4分以上——当时为5分制），就叫我们上冰滑给他看。因为我们有点基础，陪我们去的父亲也很在行，又赶上滑冰班正在招生，我们十分顺利地成了体校的新学员。回来的路上，肩膀上挎着体校发的新冰鞋，手里攥着感觉滚烫的"体育工作者证"，心里那个兴奋劲就别提了。一个寒假的训练，使我们进入了一个完全新鲜而美妙的世界。春天，冰化了，我们的"冰之梦"也随之化了——我们被安排到技巧班进行无冰训练，翻筋斗、劈腿、倒立……全然不是我们的喜好与兴趣所在，直到这时才发现自己选错了方向。

但是，体校之门已不再陌生，我毅然转身摸到了乒乓球班。经过自荐，乒乓球班的教练挑选了2名体校的队员和我比赛，算作摸底考试。我凭着自学的功底，竟然赢了他们。教练也许认为我属于可教之徒而收下了我。从此，我与乒乓球结下了毕生之缘。在市体校乒乓球班的日子是我最难以忘怀的一段时光。它赋予了我丰富多彩的生活，赋予了我健康的体魄，赋予了我不畏权威和战胜困难的勇气，赋予了我对人生的深刻理解和全面解读……那时，半天上学，半天训练。也经常参加各种级别的乒乓球比赛。我的水平和技能得到了迅速的提升，在市级和省级少年乒乓球比赛中频有斩获。特别是我第一次参加辽宁省少年乒乓球比赛期间，当时的辽宁省乒乓球队队员胡玉兰（后来在第32届世界乒乓球锦标赛上获得女子单打世界冠军）亲自为我陪练和临场指导，我也不负所望，取得不错的成绩。赛后，省乒乓球队决定调我去省队打球。由于我自认为在打法上没有发展优势，也对将乒乓球作为一生的职业缺乏思想准备，犹豫再三而放弃了这个机会。此后，由于"文化大革命""停课闹革命"、下乡插队的知青生活、回城当装卸工……直至作为"文革"后恢复高考的首批大学生，以及毕业后在大学任教的几十年人生历程中，对乒乓球时扔时拣，断断续续，没有机会再从事专业性的乒乓球运动。但它从未被从我的心中抹去，工作再忙我也总要挤时间到乒乓桌上去寻找乐趣，它已成为我生活不可或缺的一部分，使我终生受益。

广泛的兴趣 无尽的乐趣

其实，除了乒乓球之外，我的兴趣还有很多，比如画画、音乐、摄影、模型等等。也正是这些兴趣给我的童年带来了无尽的乐趣。

我从小喜欢画画，看见什么画什么。我特别喜欢去翻父母的书架，因为上面那些关于画画方面的图书总能让我一饱眼福，而且它们也是我学习画画的"老师"，诸如《怎样画素描》《简笔画册》《色彩原理》以及各种画册、画选……还有母亲为我和弟弟建立起来的"伯仲图书馆"（我叫伯超，弟弟叫仲超。将专为我们买来的"小人书"编上号码，装在一个大纸箱中），都成为我学习和临摹的资料与源泉。从小学开始，我一直是班级中宣传工作的骨干，出壁报、画黑板、布置教室……肯定都是我的事。那时班中流行着一种活动：每逢新年，同学之间都要互赠礼物，而且这些礼物要以自己制作的才被视为珍品。我总是根据每个同学的特点，设计成不同的画片分别送给大家。2012 年，因当年的班主任孙英默老师从美国回来（她退休后移居美国），大家聚在一起为她接风，竟有一个同学拿出当年我送给他的画片，真令我大吃一惊，并深为感动——一份薄薄的礼物竟被他珍藏了半个多世纪，这是怎样的一种情谊！

　　我也酷爱音乐。无论古典的还是流行的，也无论是器乐还是歌曲，我都喜欢。小学时的音乐课是我的启蒙之源。从识简谱开始到对乐理的探究，一时近乎为之疯狂。回想起来，那时毕竟没有现在的条件，我多么希望找到一个能够给我些具体指点的老师，把我带入那令人神往的音乐圣境。无门可投，只有自己摸索。我在书店中买到了一本关于讲授乐理的书，尽管那是"写给大人看的"，但我似乎也能够看懂。正是它将我对音乐的体验由"听—学—唱"阶段带入到"理解—分析—创作"领域。我开始尝试着作词、谱曲，尽管可能完全不得要领，但是年少气盛，照猫画虎，自我陶醉。回想起来，还真干过令人汗颜、不知深浅的冒失事。由于得不到老师指点，一天，我突发奇想，竟提笔给时任沈阳音乐学院院长的李劫夫写了封信，谈我的愿望、遇到的问题，也请教作曲的秘籍。要知道，那时的李劫夫可是闻名全国的"大人物"！全国亿万人民齐声唱响的《我们走在大路上》、"毛主席语录"歌……都出自他之手。

直到信发出之后，我才意识到自己的冒失。不过，心想当时如日中天的李劫夫哪会搭理一个不知深浅的毛孩子。没想到的是李劫夫竟然回信了。他约我去音乐学院，并请了一名作曲系的老教授接待我。那位教授给我讲了许多关于作曲的理论问题，尽管当时我并不能完全领会，但仅是这个过程就叫我兴奋了许多年。还有一件事也挺有意思，在自学作曲的同时，我又想学习拉手风琴。于是，我将多年积攒下来的零花钱凑到一起（平时我从不花零钱，都是一分、一毛攒起来的），并到乐器行去看二手手风琴的价格。我发现要买一架说得过去的二手琴我还差一半钱。于是我找弟弟商量，希望借助他的力量两人合买。但是他不干，一则他平时不攒钱，二则他希望我买他拉。无奈之下我唯一一次求助于母亲。她了解情况之后，二话没说，帮我凑齐了钱，我终于有了一台属于自己的手风琴。接下来的事就是学琴了。我又到处去借如何拉手风琴的书和曲谱，每天都要"哇、哇、哇"地拉上一阵。也许我真的不是拉琴的料，尽管克服了单调与枯燥的困难，勤学苦练，下了不少功夫，双手却总是很笨拙，练了许久还不如弟弟的进步快。他利用我练倦了的空闲时间，居然后来居上，令我的信心受到重创。无论是作曲还是拉琴，最终都未修成正果。当时我都归罪于没有老师教。但是，这对充实自己的文化素养，对日后的工作与生活却产生许多当时未曾意识到的有利影响。

我喜欢做模型。每次过年同学间互赠礼物，看着有的同学心灵手巧，自制的储蓄箱、活动玩具等心中非常羡慕。我想自己动手做能够遥控的航模飞机。听说有专门的航模俱乐部，但不知如何参加。做模型需要花钱，尽管只要我需要，父母肯定会支持，但我从小养成尽量不向父母索要的习惯，一切靠自己解决。即使自己着实力不从心时，宁可暂时放弃也尽量不向父母张口。商店里有卖现成成套的航模材料和设计图，只要照图稍加加工和拼装，就能做成一架十分像样的航模。但是我从未想过买一套来，只是到处收集图纸和废旧材料。我最得意的成果是自己制作的一艘炮艇模型。忘记了是从哪里得到的设计图，又根据自己能够收集到的材料和制作条件进行一些改造。利用胶合板按图裁切，又在火上烘烤进行弯曲加工，再胶合而成。当时沈阳有一个旧物市场，专卖从各工厂淘汰下来的废旧工具、设备、材料等等，那可是我挖掘宝藏的天地。只要我有点空闲就去逛，什么漆包线、油漆、锯条、锉刀……只要用平时卖废报纸的钱就能换来许多"宝贝"。炮艇模型上的两台微型电动机、电池、制作螺旋桨的铁片、船体外壳刷的油漆……都是从哪里淘来的。那艘炮艇可漂亮了，一旋炮座就接通了电机的动作电流，它在湖面上"突、突、突"地破浪前进，引来岸上小伙伴们和驻足行人的一片欢呼。

我玩摄影也是从很小就开始了。父亲有一台135的照相机，我也是从父亲的书架上找到关于摄影技术的书籍，边看边实践，父亲不但不阻止，反而很支持我。今天回头看过去，那时我的起点还蛮高的，不仅仅是照相，也像模像样地研究构图、用光等各种摄影技巧。当时主要是黑白片，从冲胶卷到扩放照片、修片……全套活都干下来。放大机是从旧物市场上用很便宜的价钱淘来的，而镜头则是从照相机上拆下来临时装到放大机上。

相纸和显影、定影药归父亲花钱买，因为他也愿意干这些事。不论白天还是晚上经常将家里的房间遮得黑黑的，常常一干就是通宵。

回想起来，这些爱好还都有些智力含量。它给我以莫大的欢乐，也对开发童年的智力、增长阅历发生着潜移默化的作用。

工作涉猎广 学的都有用

大概不同于现在的许多家长，培养小孩子学琴、学舞等是为了将来谋出路。而我童年时的兴趣与爱好，多是出于好奇、好胜、好玩的目的，并没有想到会对后来甚至一生的工作与生活产生什么作用。其实，当初的目的未必会完全兑现。实用性的培养未必能够捧出钢琴家或各式明星，而无心插柳却可能为未来的发展打下良好的铺垫。在后来的工作中，我发现儿时伴随着兴趣而学习和练就的技能与积累起来的素质，都被排上了用场，甚至对抓住机遇、改变人生起到关键性的作用。

初尝甜头

读高中时赶上了"文化大革命"。经过"停课闹革命"、运动洗礼、返校复课……最终以作为一名知识青年下乡插队、扎根农村作为收尾。农村确实是一个"广阔天地"，刚刚经历了"轰轰烈烈"大场面的知识青年来到这里，"革命热情"余热未减。白天撸胳膊挽裤腿下地拼农活，晚上搞宣传组织文艺演出，我的文艺潜能被派上了用场。作为文艺宣传队队长，编排节目、组织排练……我的手风琴也几乎成了半个乐队。我们还经常配合公社、大队组织的各种活动，抓革命，促生产，搞宣传——写板报、绘制幻灯片、画宣传画……忙得不亦乐乎。不仅很快融入陌生的环境之中，使原本单调而缺乏生气的生活变得丰富多彩，更冲淡了由于繁重劳作、艰苦生活和对未来的迷茫所造成的心理压力。七年知青生涯中，有三年我被调任当地小学校的民办教师。那是一个村级小学，五个年级（当时小学为五年制），每个年级一个班，全校也只有五名教师。课程科目多，要求教师一专多能，我就成了"万金油"。不论几年级，也不论什么课：语文、算数、自然、体育、音乐、美术……我都上手。小时候广泛的爱好帮我解决了工作中的大问题。尽管小学课程的内容很简单，但是要符合儿童的口味与接受能力并不是件简单事。认真备课和具有创造性的示教尝试，为我出色地做好工作创造了条件。为此，我被评为县级优秀教师并升任学校校长。

经过七年的历练我被抽调回城，分配到装卸公司工作。最初是作为一名完全靠体力拼搏的装卸工，在火车专用线上卸火车。仅仅干了一个月，我在文体方面的长处就被发掘出来，先是调到基层站办公室搞宣传，后又被调到总公司的工会。这使我如鱼得水，搞宣传、摄影、办展览、画电影广告、组织排练节目和体育比赛、举办文艺调演……各项工作得心应手，而且恰为我的所长、所爱。特别是组织单位的乒乓球赛和乒乓球队，更是我的特长。我是组织者又是主力队员。公司乒乓球队在系统内、在区级和全市的乒乓球比赛中屡创佳绩。从而也带动和激发了全公司群众性体育活动的热情，工会工作轰轰烈烈。那几年，公司工会连年被评为局级的先进单位。

为专业添彩

我的建筑专业生涯是从 30 岁那年考入哈尔滨工业大学建筑系开始的。能够考入哈工大不知我的乒乓球专长是否起了作用。当初填写报考志愿表时，我在特长一栏中并无目的地填上了乒乓球，并按表中要求写上了参加省、市比赛的经历与获得的名次。当时并没有指望这对录取起什么作用。入学后，却听说学校的体育老师在到处打听我的情况、找我。据说录取时，我的这个"儿时特长"还真起到了"印象加分"的作用，谁知道呢。不管是否如此，儿时所学的那些东西，对我日后的专业工作确实真真切切地发挥出直接和间接的作用，受益匪浅。

建筑学是一门融科技、艺术和社会科学为一体的综合性学科。广博的知识、丰富的阅历、多才多艺的技能、具有创造性的素质，都是建筑师

和父母讨论设计问题——两代建筑师

所应具备的条件。常说"建筑是凝固的音乐",那么,对音乐的理解和对音律的组织与建筑设计的确存在

辽宁体育馆炸拆现场——"白发人送黑发人",
母亲无奈地向"寿仅32年"的设计作品作最后诀别

着内在的关联。我的许多设计手法都来自对形体节奏、韵律的体现,来自对和声、和弦的形态组合……

至于画画与摄影更是建筑设计和建筑表现的基本功,是收集资料的重要工具,而深厚的艺术修养也是构成建筑师素质的重要因素之一。这一点是显而易见的。

制作模型又是建筑设计的重要手段,推敲方案、展示建筑体量与空间构成效果都会经常用到。直到最近几年我们在设计中才动手做模型,以前一直习惯于画草图。国外建筑师从学校学习阶段就广泛地借助模型来分析建筑空间的组合。一位来我校任教的美国教授发现我们的学生习惯于画草图而很少做模型,就教学生如何用模型思考方案。我问他,是用模型方便还是用草图方便?他委婉地回答:"中国人很聪明,美国人用草图很难理解建筑的空间关系"。记得我还是在读研究生时,参加一个全国性的建筑设计竞赛,选择在一片很复杂的坡地上建一所

设计作品：1. 现代石宝寨——大连渔人码头设计
2. 中共满洲省委旧址陈列馆设计
3. 18班小学校设计
4. 辽宁工业大学综合教学楼设计

小学校。由于用地和我设计的建筑空间都很复杂，我弄到一些纸板，借助小时候做模型的经验，从推敲方案开始直到最终的成果表现都使用了不同的模型手段（当时还少有人使用模型，也没有专业的模型公司）。最终取得了令人满意的效果：设计被评为最高奖，而那个成果模型被同学要去作为收藏。

　　一次，我的一个以体育建筑为研究方向的同学专程来沈阳调研，他的目标是刚建成不久、当时排在全国第 4 位的辽宁体育馆。不巧，全国乒乓球比赛正在这里举行，不方便外人在馆内到处走动。于是，他来找我"走后门"，因为他知道我的母亲是辽宁体育馆的设计总负责人。通过母亲的联系终于获得了允许，我带着他走遍了比赛大厅和后场的各个角落。他发现时不时地有些运动员、教练员甚至裁判员和我打招呼，他很纳闷。他认为，馆内的管理人员认识我可能是通过母亲的关系，而这些"临时的使用者"怎么会认识我呢？我向他解释：许多是过去一起打球的球友。他恍然大悟，立刻说："你应该研究体育建筑"。是的，只有对生活有切身体会，才能设计出具有高生活品质的建筑作品。一座体育馆不仅是一般观众所看到的它的外观、它的比赛大厅，还包括运动员、管理人员使用的部分。仅就运动员而言，他比赛前如何热身、如何赛前准备、如何检录，比赛时对场地有什么要求、赛后怎样退场、又如何接受采访……若由我设计体育馆，肯定能够对运动员的比赛行为与心理需求有深刻的理解，为他们创造满意的比赛环境，因为我有过作为一个运动员的切身体验。同样，具有教师、校长的经历必定会对学校设计具有更为深切的理解；而具有演员经历的建筑师又会比一般设计者对观演建筑具有更为全面的认识。

建筑设计是一种创作活动，而这种创作的源泉恰恰来自生活。直到真正步入这个专业领域之后，我才发现，丰富多彩的生活、儿时的广泛兴趣和由此建立起来的诸多技能恰恰是我后期专业发展的重要铺垫。

陈伯超

1948 年生，沈阳建筑大学教授、博士生导师。

幸福童年每一天

刘燕辉

年近六旬了，还幻想着今天仍然是童年（那该有多好）。

我出生在北京，长在北京。从童年开始经历过大跃进（当然，那时还不记事）、自然灾害、文革、停课闹革命、复课闹革命、反击右倾翻案风、上山下乡、返城、恢复高考、改革开放……今天又迎来了新型城镇化。回想每一个时期，都有一个不一样的"童年"。

小时候，夜晚可以坐在院子里数天上的星星，现在不行了，眼睛不行了，还加上雾霾。当然，小时候的很多事都变了。记得当年的北京，自来水并不普及，有些水龙头安装在胡同或是院子的当中，很多家庭共用一个水龙头，就像《龙须沟》电影中排队打水的场景。上小学一二年级时，学校组织课外学习小组，我特别希望能分在一个同学的家中，因为他的父亲是一位送水工，他家门前有一个压水机，把抽出的水灌在木桶里，盖上一片荷叶，挂在独轮车的两侧，推着车给附近没有自来水的家庭送水。当时就觉得压水机很神奇，一上一下的摇着压把，清水就哗啦啦的流出，看着一帮孩子争抢着压水，同学的父亲也乐

近照　　　　　　　中学时期自制的桌子

得在一旁抽着烟袋歇上一会儿。也正是对压水机的钟情，物理课学习"杠杆原理"的时候，理解的特别深刻。后来，自来水进了千家万户，压水机、送水车也就消失了。以至于我的女儿小时候读《少年报》"小虎子"漫画时，不能理解给军属老大娘挑水为什么算是做好事，"为什么不用自来水呢？"仅仅是一代人，自来水就成了代沟。

奇怪的是，本来普及了的自来水，如今又不能饮用了，改喝矿泉水，每当我看到一桶桶矿泉水被搬到办公室或是家里，就联想到当年的压水机。无非是木桶变成了塑料桶，独轮车变成了三轮车，送水的老人（其实当时并不老）变成了进城务工的年轻人。一种回归童年的快乐体验油然而生。身为一名建筑师，经常发问自己的兄弟专业"给排水"，这是怎么了？

现在当了建筑师，其实与童年的理想没有多大的关系，只是幸运地赶上了"恢复高考"，才有了今天的结果。虽然小时候学工、学农，接受工人阶级和贫下中农的再教育，干过泥瓦匠，甚至在初中时就学做木工家具，至今，我父母家还使用着一张方桌，是我当年的代表作。回想当年的生活，似乎比现在"应试教育"的孩子们有一种优越感，虽谈不上幸福，却很充实。

当了建筑师，懂得了很多道理，比如：保护环境，尊重历史，城市风貌……可我的童年干过很多背道而驰的事。记得是上初中一年级的时候，全国"备战备荒，准备打仗"，每个学校都在修防空洞，当然，我所在的学校是"先进单位"。由老师带领众学生，把自西直门至德胜门一线的城砖扒下来，用排子车运回学校，垒防空洞。后来，城砖扒光了，就运黄土，把城墙当中的黄土装在本应装课本的书包里，同学们排着队，唱着歌，把一包包黄土背回学校，积土成丘，再用土和泥打出砖坯、晾干、烧窑。学校的后墙边就盘了两个砖窑，浓烟滚滚中真的烧出了一窑一窑的红砖，保障了防空洞的建设，再后来，学校号召学生从家里带砖或砖坯来学校，也就出现了很多四合院的门楼、垂花门、照壁等等似乎没有实用价值的建筑装饰被逐渐蚕食，用在了地下工事里。那些建筑装饰当年统称为"四旧"，还美其名曰，埋葬了一个旧世界。

前些年，北京有个提议，要恢复一段老城墙，我还真地"举报"，知道哪里埋着真正的城砖，记得每块砖上都有烧制时的印记和年代。当时的防空洞现在肯定不防空了，而对历史，对城市，对未来，我的童年真的干过"蠢事"，可当时被认为是干好事。建筑师有时要去"人防办"审批设计，面对审查人员的不友好面孔，还真有点不服气，"你才干过几天人防？"防空洞的记忆，也正是我参与土木工程的启蒙，脱坯、烧砖、砌墙、拱券……成了童年或是少年的一段经历。

真的跟"桶装水"一样，现在的工作又要恢复老北京，又在修建新城墙，又在找回老风貌，又在重建垂花门，又在抢救四合院……难道不是返老还童吗？

每个人都有童年，不同历史背景下的童年染上了不同的色彩，留下了不同的烙印，但对每个人来讲童年都是最宝贵的时光。人生、社会都在轮回，很多老年人变成了"老顽童"，在这个意义上，真的很难界定什么阶段算"童年"。

但愿所有的人，幸福"童年"每一天。

刘燕辉

1956 年生，现任中国建筑设计研究院建筑设计总院党委书记、副院长、总建筑师，曾任国家住宅工程中心主任，总建筑师。长期从事居住建筑的规划设计和研究工作。

弥足珍贵

孙宗列

　　承金磊先生之约，在忙碌之余，终能有机会让我心静下来，回忆那些已经慢慢淡忘的儿时记忆。都说童年是最富天真幻想的年代，无忧无虑，如今回想起来更觉如此，弥足珍贵。在林林总总的儿时经历中，确有一些置于脑海深处的片断记忆犹新，也自然在回忆中寻找到了那些与现在从事建筑师职业的必然联系。

　　"生在新社会，长在红旗下"是我们这代人儿时最鲜明的印记。1957年末出生在北京的我，自小经历了社会、城市和身边生活环境的巨大变化。从上学前期待戴上红领巾，到结束少先队成为红小兵、红医兵、红卫兵，学工、学农、学军、组织自己的小乐队、绘制各种宣传画……，这些比当今孩子们更多的经历造就了我们这一代人。

　　相信无论童年的经历如何，父母都是伴随其间最重要的人。我的父母在铁路系统工作，在我出生那年，父亲被错误地打成右派，1982年我大学毕业的时候，父亲才得到平反。从小对父亲的印象是他常常伏案工作，香烟一支接着一支，好像从来不知疲倦。母亲工作也是非常繁忙，时常把工作带回家中，她经常使用的一把沉甸甸的算盘到现在还清晰地记忆在我的脑海里。或许幼小的心灵对生活环境格外地敏感，思来想去有那么几个场景尤为深刻，还是从我成长的大院谈起吧。

"大院"与"小河"

和许多成长在北京的孩子一样，我从小生长在"大院"的环境下。大院坐落在北京西便门附近，是20世纪50年代初建设的住宅区，都是3到4层的红砖楼，木屋架坡顶，据说是苏联专家的设计。那是当年这里最高大的房子，现在仍然完好。虽然早已不住在那里，但还是会经常去看看。记得那时大院的南边有一条河道，是北京老城护城河的一部分，河道的东头是残破的老城墙，沿着河道向西一直蜿蜒到玉渊潭，那里对儿时的我来说是一个遥不可及的地方。大院附近的河道两岸和跨越河道的桥梁才是儿时与小伙伴们经常玩耍的地方。

后来，赶上三年自然灾害，我作为小孩子没有受多少苦，只是听大人们谈起时才知道当时的生活比较艰苦，上大学的二哥常常周末回来改善一下伙食，家里靠国家给父亲的一些特殊供应，过得尚可。尽管这样，还是希望自己动手，力所能及地为国家分担困难。于是，大院的家庭就在河道两边的滩涂上种一些农作物，补充不足。我们家种了一小片红薯，记得我经常去看望那片一天天长大的秧苗。终于到了收获的季节，一天，听大人说红薯已经长熟了，全家人准备第二天去丰收。记得隔日当我们兴高采烈地来到地头，那片地里的红薯已经一个不剩的不知被谁收光了！儿时的我并不觉得多气愤，甚至还感到挺有趣的，虽然白忙活了一阵，但却是我第一次感受到植物从种子发芽到结出果实的过程。

当然，除了这次"不快"的经历之外，这条小河更多地承载了儿时愉快的经历和记忆。

冬天，河道的水面结冰，就成了孩子们溜冰的好去处，最好遇上下雪，可以坐着自己拼凑的土雪橇从岸边的高处滑向河的中间；春天，两岸植物发芽开花，是大院边上最有野趣和生机的地方；夏天，河边更是小伙伴们最喜欢的地方，可以玩的东西更多了，虽然河水里有沿岸排入的雨水和污水，不太干净，但却是捞鱼虫、捉蝌蚪、采桑叶和捉迷藏的好地方，特别热的时候时而会过桥到对岸的地下冰窟买一些冰，既可以直接含在

在上海与堂哥、堂姐们的合影，看书的那个是我

嘴里降暑，又能放在汽水里增加清凉；秋天是河岸最丰富多彩的季节，可以采到野酸枣，还有不知是什么的小果子，岸边杨树的落叶被伙伴们收集起来，选出其中最粗壮的，去掉叶子，留下的叶柄是孩子们玩"拔根"游戏的重要"武器"，谁要是有最结实的不被拔断的叶柄，可是十分荣耀的事。

那时大院里有一处网球场、一处足球场、几个篮球场和一座不小的假山景。网球场是大人们活动的地方，足球和篮球不是小孩子玩的，假山景观虽然修得山石错落、植物繁茂、溶洞曲折，盘山而上还可以从高处俯瞰大院，但人工的假山远不如河边的自然变化有野趣，所以小伙伴们还是更愿意到院外的河边去玩耍。

再后来，大院里发生了不小的变化，网球场和假山在"文革"期间作为"封资修"的典型被铲除。在铲除假山的时候，儿时玩耍其间的小伙伴们又都拿起镐头、铁锹，为破除"封资修""贡献"了一份力量。后来假山的地点和足球场上又修建了新的住宅，大院也变得越来越拥挤了。

大院外发生的变化更大，附近儿时经常玩耍的这段河道被修成了暗河，原来的河道上面修建了高层住宅群，那座充满儿时记忆的桥也不复存在，小时候大院四层的"高楼"已变成这一区域里最为矮小的房子。原来河道东边的残破城墙被精心地修复，对公众开放。大院西边远处保留的水系河岸经过治理再没有污水排入，现在已经是河水清澈，绿树成荫，变成风景优美的滨河公园。

如今，大院内居住的人比儿时增加了许多，大院外更是高楼林立，可以看到穿插点缀其间的更为清晰的老北京城的历史信息。

上海印象

三岁的时候我第一次坐火车远行，便是去大上海。由于年龄小，以至于当我十岁第二次去上海之前已经想不起三岁时对上海的印象，似乎那段时间在脑海里是一片空白。当我来到三岁时住过的大舅家，在打开水龙头的瞬间，那股随着自来水冒出的刺鼻气味，一下子打开了脑海里被封存的记忆，这种上海自来水特有的氯气味道非常清楚地告诉我：我闻到过这种味道！那些三岁时对上海的记忆便像水龙头一样被打开了。

在铁路工作的父母和所有铁路职工一样，享有每年一定的免票"特权"，家属可以享用（这种特殊的待遇在"文革"时被取消）。三岁那年父母刚好有机会一起出差去上海，便决定带我同行，于是才有机会第一次享用了这种"特权"。

那次去上海正值盛夏季节，记得一路上随着打开的车窗，阵阵带着轻轻煤烟味道的风吹入车厢，迎风待上一会儿就会觉得脸上有一层细细的煤灰。过长江时，列车被一节节推上渡轮运到对岸再重新连接起来，继续开往上海的旅程。

来到上海，我住在大舅家里。顺着四川北路热闹的店铺街道，拐进一条又窄又长的里弄，不远就到了。进入门廊，迎面是一座木楼梯，舅舅家住二层。这个小楼只有两层，每层住几户人家，一层还有间小吃铺。

第一次来到南方，好像水土不服，很快就浑身起泡，医院给我开了一种白色的外用药。记得父母忙着工作，没有时间管我，每天是舅妈帮我涂药，身上涂得像金钱豹，然后站在阳台上晒太阳。舅妈经常在楼下的小吃铺买几笼小笼包给我吃，这是在北京吃不到的，很是好吃。

有一天妈妈去造船厂办事，答应带我去看大船，这是北京的孩子没法看到的，自然非常高兴！我跟着妈妈来到江南造船厂的门口才知道，造船厂不允许孩子进入，无奈之下，妈妈只好把我交给门卫叔叔。为了不影响门卫室的工作，妈妈把我带到门卫室边上的一处江边围栏处，这里正好在门卫叔叔的视线内，再三叮嘱我不要走开，就站在那里看大船。于是，我一站就是几个小时，不敢离开半步，看着穿梭在黄浦江上的大船。这种在北京见不到的"怪物"各种各样、有大有小，大的像高楼大厦、小的像玩具，它们都有和火车头一样冒着烟的烟囱。船不管大小，汽笛的声音都很大、很好听。汽笛声回荡在江的两岸，可以传到很远，船上各种颜色的旗子很是好看……

很久很久以后，终于等到妈妈办完事情出来。还模糊地记得，当时受到了大人们的称赞。在这之后，家里人常说我喜欢船，在我能够动手做模型的中学时，曾做过大小不一的船模，其中大的一个一直存放在家中客厅的书柜里，这或许是对小时候第一眼见到大船的还愿吧。

看足了上海的大船、治好了水土不服、怀着对小笼包味道的恋恋不舍，我随父母坐上了返回北京的火车。和来时一样，父亲在软卧车厢，母亲带着我在硬卧车厢。记得我总是让妈妈带我去爸爸的车厢玩一会儿，因为那里会舒服一些。那时的火车经常走走停停，因为停站多、会车等待多。只要停站，列车会马上上水，还会有工人沿着列车车厢一个挨着一个地敲打车轮，叮叮当当，很是清脆。

火车又停了下来，这回和以往不一样，没有停在站上，也没有加水，更没有敲打车轮的声音，好像这一停就不打算再开了。儿时的我不懂为什么，列车好像停了几天，后来听大人们说是前方洪水暴发，铁路被冲断。为了安全，列车关闭了车厢间的通道，这样我和妈妈就不能再到爸爸那儿去了。到现在，我脑海里还隐约记得妈妈抱着我隔着车厢通道门和爸爸相望的场景……

北京饭店和王府井

有人说童年的概念不仅仅指人生理年龄的一个阶段，从职业角度来说也可以有它的童年。北京饭店和王府井对我来说，既有人生童年的记忆，又有职业生涯童年的意义。

在老照片里，有一张周岁时和父母一起在北京饭店前的合影。在儿时年代，北京饭店是一处可以大饱口福的地方。父亲是南方人，喜欢吃鱼虾，常常带着全家去北京饭店尝尝那里的龙虾，所以从小对北京饭店就有着特别的印象。

20世纪50年代的北京饭店（最右边的小楼是我儿时常去的地方）

小时常去王府井还有另外一个原因，当时妈妈办公的地方就在老北京饭店的东边，那栋建筑现在已经被拆掉，建成了现在的北京饭店 A 座（新中楼），成为北京饭店的主楼了。那时妈妈常常带着我去办公室，所以我自小就对王府井和北京饭店有着很多接触，知道那里有很多商店，有美食和机关的办公室。

至今我还依稀记得那座已不存在的房子，只有两层楼，对称的布局，沿着中间石头的大台阶进入门厅，正面是木质的大楼梯，走起来嘎嘎作响，沿长安街的方向还有外廊，我曾经在那里跑来跑去。房间里的地板是木制的，比较陈旧。后来为建北京饭店新楼把它拆掉时，我还真有点不舍，因为那儿有我儿时的记忆。

记得那是 1974 年，当在被拆掉的那座老楼的地点新建北京饭店主楼的时候，我还多次骑着自行车，专门去那里看高楼一层层拔地而起，一种从未见过的塔吊十分令人着迷，后来从新闻报道中得知，那是自升式起重机，我在那里看着这种新奇的东西，一待就是很久。这也许是我后来从事建筑行业的早期启蒙之一吧。

1982 年我大学毕业，来到地处王府井大街的机械工业部设计研究总院（现中国中元国际工程有限公司），王府井又成了我职业生涯的"童年"故里和职业成长的启蒙地。2013 年，公司六十周年系列活动中有一个"致青春"的主题，我曾翻出当年在王府井大街 277 号办公楼工作场景的老照片，是为一个方案绘制效果图的场景。这是当年极其普通的一个加班的场景，看着这张照片，我突然联想到了些许年轻建筑师成长的感悟：成长好比爬窗格，不妨把画面中的每个窗格当做一种经历和积累。当你爬的窗格越多，经历的就越多；当你布置了窗格的位置，已决定了你能搭建出什么样的建筑；当你随着绘画的深入不

"爬窗格"，摄于王府井大街277号

断控制窗格间的关系，你的绘画才会始终保持着完整性；当你逐步充实着窗格的细节，你的绘画才能越来越丰满而生动……

再后来，我与父亲商定和专程从上海到北京见面的未来岳父母见面地点的时候，父亲毫不犹豫地说："北京饭店。"就这样，北京饭店对我又有了新的意义。

更为巧合的是，2002 年开始，我有幸作为总设计师主持了北京饭店这座北京著名百年老店在新世纪里再一次大规模的扩建工程。经过十年的设计、施工，2012 年一座崭新的北京饭店二期扩建工程终于竣工并投入使用。在我人生和职业生涯里，王府井和北京饭店又有了新的更深的意义。

回顾童年是一件趣事，虽然大多数记忆都已模糊，但相信刻骨铭心的总会有那么一些。至于童年与之后从事的职业是否有必然的联系，在我回忆过后好像并没有明确的答案，好像有，也好像没有。但建筑师是一个杂家，接触的东西越多，对从事的职业越有益，所以可以肯定的是，儿时的经历或多或少都会影响我的创作，有些甚至是从小就根深蒂固地植入内心深处的那些说不出、道不明的东西。

孙宗列
1957 年生，中元国际工程设计研究院首席总建筑师。

童年杂议

李保峰

　　我 1956 年出生于东北吉林，自小生活在原蛟河县部队大院。院子以及童年小伙伴的形象已在记忆中模糊，我只有些爬房顶的印象，据说我家阿姨见状不敢叫我，怕我因惊吓而摔落下来。当然，那不可能是高楼。

　　蛟河县当时好像只有一条大街，部队大院临近火车站。7岁后，我随大院子弟集体乘火车出行成为常态，从小县城去"大城市"吉林，在八一小学住读。在我脑海中，吉林八一小学与小学同学几乎没了印象，但却依稀残存当时乘火车往返于蛟河及吉林的景象，还有亘古不变的铁路播音腔："大丰满车站快到了，请准备下车的旅客……"

　　1966 年父亲转业，我们一家五口从吉林乘火车经北京去武汉。火车的外观与以前我往返于蛟河、吉林之间的相同，但里面却是一个个的小房间，我们全家住一个包间，服务员热情周到。10 岁的我第一次来到首都，只知道北京有天安门，父亲带我见到了那个比我想象中小得多的天安门，对此我非常失望，这大概是我人生中第一次尺度体验教育。这个故事至今仍是我给学

全家福（前排右一）

生讲尺度问题时的保留内容：尺度感是不能仅从书本上学到的！

　　从吉林八一小学到武汉航空路小学，明显感到学校设施质量的降低，但同学充满歧视的顺口溜又让我意识到还有更差的学校：民办小学坏又坏（"和、坏"是汉口方言，发音为"槐"，意指"差"），棺材板子当黑牌（"黑牌"是汉口方言，意指"黑板"），这是嘲笑附近的民办小学的。多年后我作为知青下放农村，才发现民办小学并非最差。这些童年记忆与目前我正在进行的"基于教育公平目标的基础教育标准化研究"有着密切的相关性。

　　从东北到武汉，印象最深的是夏天。父亲曾在夏季的北京身穿皮大衣坚持数小时，这大概类似于范格尔（P.O.Fanger）

的人体热舒适试验，"试验"后他决定定居武汉。武汉的气候给我的震撼源自眼睛！当时武汉夏季的黄昏，竹床密布街巷，户户皆睡在室外，对来自东北的孩子，这真是一种视觉震撼！我们当然也"入乡随俗"。回想起来，睡在街巷实在是一种难得的社会交往行为，由墙面和楼板包裹起来的三维空间的家在此时转换为二维空间的竹床，虽然还有领域感，但因其开敞，故对不同家庭之间人们的流动已无阻碍。每天从晚饭后到入睡前，我流窜于各家的竹床之间，听那些叔叔阿姨大哥大姐讲故事，跟几位业余乐器演奏高手学习演奏，与那些棋类爱好者切磋象棋和军棋技艺。如今，中学课堂的内容早已忘却，但在竹床阵听到的故事以及乐器演奏高手的形象却历历在目，40年后，我的博士论文中还对此进行了大段的描述！在没有互联网的时代，竹床阵便是信息的海洋和交往的平台，在此，知识的获取和思想的成长以润物细无声的方式进行着。在冬季寒冷、夏季不热的东北怎能获得如此有趣的体验！

父亲到武汉后，在湖北工业建筑设计院工作。计划经济时代，工业是国家建设的重心，如同现在许多大型设计院都冠名为"设计研究院"，当时许多大型设计院都冠有"工业建筑"之名称，这可谓时代之烙印。那时设计任务是根据国家计划按地区分配，中南院管中南5省，湖北院管湖北省，武汉院则管武汉市。

湖北工业建筑设计院办公楼是令我印象深刻的建筑：5层高，平面为L形，两翼长度不等且彼此成钝角，建筑、广场均不对称，入口上方有一大片由钢窗拼接而成的玻璃幕墙和

与母亲在天安门广场上的合影

整块的实墙面。现在想来，作者一定毕业于同济或华南，间接接受过包豪斯的教育，否则怎会在那个时代设计出如此不对称的大型建筑！

因为父亲是设计院的领导，家里来客不断，我不仅知道他们的主要工作是画房子，而且从父母对各位客人的评价中还了解到设计房子是分工种的，建筑工种的图最好玩：蓝天、白云、绿树、明亮的房子、呆呆的人群。设计院有很多好玩的叔叔阿姨：毕业于天津大学的建筑师杨月碌叔叔，在我家单元门两边的墙上打格子、画铅笔稿、涂红漆："四海翻腾云水怒，五洲震荡风雷激"，仅半天时间，优美的印刷体对联就跃然墙上；一位矮胖的叔叔每晚在设计院走廊的共鸣最佳处操着男低音唱歌："小小寰球，有几个苍蝇碰壁，嗡嗡叫，几声凄厉，几声抽泣。……"，现在想来，不知是毛主席最新诗词的政治激发还是人体荷尔蒙的作用，我想他当时一定还没有女朋友；还有一位来自上海、毕业于同济规划专业、从事工厂总图设计的王阿姨，讲一口上海普通话，喃喃细语，从不着急，衣着永远得体；设计院有位最高学历的年轻建筑师，听说是华南工学院毕业的研究生，他后来去了北京，改革开放后又回了广州，在岭南继承和发展了一片新天地，他就是何镜堂院士；一位父亲的世交，解放时拒绝跟随国民党去台湾，却选择留在大陆为国效力，"文革"中一夜间变成"反革命"，步履艰难、鼻青脸肿的他，与我相遇竟形同陌路，1977年底我考上大学，他送我全套老式铜制绘图仪器，研究生毕业我留校任教，他嘱咐：建筑师一定要实践，在大学教书切忌变成"吹牛家"。设计院是我最早的大学前专业教育机构，高考时我的全部志愿都是建筑学，一定与儿时的成长环境有关。

受设计院建筑师叔叔的影响，我尝试用打格子加平涂的方法画毛主席肖像，颇受邻居喜爱，小学美术老师也予以重点培养，我便自以为是，不甘只画单色平涂的肖像，决定用水彩临摹油画《毛主席去安源》，结果除了大背头、长衫、油布伞与原作略有相似外，面孔完全不像，几经涂改，伟大领袖竟成了大花脸！

"文革"开始后，国民经济逐渐停滞，社会不再需要设计人员，于是大量工程师被下放到农村从事体力劳动。湖北工业建筑设计院被撤销，全体人员下放鄂西山区，直至"文革"后期才回到武汉并入中南建筑设计院。

"文革"时我10余岁，父母均被打成"保皇派"，此后也就没了什么快乐的记忆。我还大致记得家里被翻乱的状况，后来才知道那不是小偷光顾，而是造反派抄家。有一阵，父亲多日未回家，母亲就要我去设计院找父亲，说，如果看到父亲被人打，就高喊"要文斗不要武斗"。父亲因身体不好，躲过了下放厄运，但作为留守人员，却要经常去鄂西山区看望下放人员。一次在去郧县的路上发生车祸，他昏迷不醒，数小时回到武汉后便被直接送入同济医学院的手术室剖腹探查，结论是胃破裂。谁知手术中突然停电，不得已用手电筒照射完成了腹腔大手术，此后便留下了无穷无尽的后遗症！学建筑后我才知道，那栋平面为"土"字形的病房大楼是冯纪忠先生1950年代的大作，该楼分区清晰、高效便捷、立面朴实，但伟大的作品在那疯狂的时代竟难以提供救死扶伤的基本保障。

我自小不是胆大包天的"打架大王"，也不是循规蹈矩的"乖乖孩"，对于学习基本没有印象，但出坏主意、干坏事之后的快感至今尚存。我曾经带着妹妹用刀片将一毛钱纸币裁掉一小条，再去商店买东西，看能否被营业员阿姨发现，我们为顺利地将那张"窄钱"花出去而坏笑。现在看来，这大概可以算是关于比例的视觉敏感度调查；当时京广铁路穿过汉口市中心，我们常常将5分硬币放在铁轨上，等火车压过后再循着闪光方向去轨道上的碎石中找寻被放大了很多倍的、闪闪发亮的椭圆形金属片，不知这算不算材料冲压体验。如今京广线北移，该铁轨已被架高，成为市内轨道交通 1 号线；我还曾用面筋当胶爬树粘知了，实践多但成果少；我喜欢自制弹弓击石打鸟，有一次石子竟射到了小伙伴的头上，血流不止，遂被告到父亲单位，身为干部的父亲觉得丢尽颜面，逼着我去人家门口当众道歉；《地道战》是当时为数不多的电影，我模仿抗日英雄，在我家住宅的后面挖防空洞，晚上用菜油做灯，挖洞不止，在洞内能藏得一人时，我便失去了兴趣；不记得是哪年，我觉得家里的 5 屉桌高度不舒服，便偷偷用小锯条将四条桌腿锯短了一点，自以为不会被发现，哪知桌腿被锯短后，中间挂抽屉的木梁也随之降低，"改造工程"立即被爸爸发现，严厉的惩罚接踵而来！这大概算是我进行的第一次人体功效学试验；我还曾将嘴里含着的绿豆从细竹筒中吹出，这种攻击出其不意，令小伙伴难以提防，有一次竟将绿豆吹入了邻居的眼皮之内，还好没造成失明；小学老师对我的评价是不关心集体，我想用行动证明自己也是关心集体的，便为班集体做了个木质报夹，老师很高兴，在全班给予了表扬，可在接受表扬的时候却发现报夹早已被我遗失。

在蛟河县爬房顶到底是记忆，还是母亲多次提及后在我脑中形成的画面，我已无法分辨，但在汉口的飞檐走壁却是真实的记忆。汉口航空路 24 号的苏联式单元住宅清一色二层高，坡屋顶，一楼住户有后院，二楼住户带露台，我们身轻如燕，通过红瓦屋面穿行于各户露台之间，至于为何放着平路不走，却非要登高冒险，以如今的年龄已经无法解释了，但"第五立面"与地面上完全不同的景象却仍记忆犹新。上初中后，我不想绕远路，几乎天天与小伙伴翻院墙去上学，这种两点一线的通行方式效率极高。另外，每周日下午去与我家两墙相隔的同济医学院看篮球比赛，不想绕道的我们也采用翻院墙的高效交通方式。我想，10年前斯蒂文·霍尔（Steven Holl）在北京设计当代MOMA提出开放式社区概念时，绝不会想到30年前的中国孩子早已使用翻院墙的方式解构了围墙！几十年过去了，中国的大院模式仍未改变，同济医学院的边界尚存，只是围墙变成了连续的临街商铺，此时谁再翻墙，定会被视为梁上君子！

　　我的童年，虽然因"文革"中父母受冲击而缺乏甜蜜，但也因不需刻苦学习而轻松无比；虽然家在小县城，本人却常驻"大城市"吉林；虽然到了更大的城市武汉，但因武汉也是"大乡村"，倒是让我养成了较为包容的性格。数千公里的旅行，在当时对于一个10岁的孩子来说是难得的旅行启蒙。我至今未读万卷书，行路却远不止万里，其间收获自不待言！

李保峰

1956年生，华中科技大学建筑与城市规划学院院长、教授、博士生导师。

回忆少年时

庄惟敏

人要长大并非是容易的，真不是说我们这代"60后"受过了多少苦，而是说许多孩提时的往事与记忆，现在看来恐难以真正领悟，因为在那时或许还缺少一面镜子。

很多人走上建筑道路都是从大学求学开始的，但我求学前的时光还是有一点点故事可追忆的。1962年，我出生于上海。父亲是1953年同济大学的毕业生，我家当时住在同济新村的"同"字楼。前几年我还回去看过一次，还专门拍了照片，20世纪50年代的楼条件很简陋，还是公共厨房，光线也不好，走廊黑洞洞的。两岁半时我随父亲搬到北京，那时候毛主席说"我们要搞核工业"，二机部组建二院，父亲就从上海搬过来，

2004年11月上海同济"同"字楼

2004年11月上海同济"同"字楼公用厨房

2004年11月上海同济"同"字楼走道

他做了一辈子核电站设计。我学建筑还是受家庭的影响，我父亲学结构，他一直对我说结构一定要听建筑的。我问父亲："您那时候思想怎么这么先进啊？"他说这是理所当然的，因为同济完全是受德国的影响，在德国、在西方，结构和建筑的关系很清楚，建筑是龙头，结构是服务，结构如果能够把建筑师的想法实现是很牛的，所以我爸说我一定得考建筑学。

要学建筑就要学画画，我父亲爱画画，我有一个哥哥也爱画画，我们两个"文革"期间就画样板戏、画杨子荣，我画了很多张贴在家里头，后来因多次搬家都没有了，很可惜。当时画画也有个人崇拜，我想画毛主席，又不敢画，因为画不好就是反动，但又特别想画。后来我哥说我告诉你一个办法，你打格儿画，弄一个小图打上格儿，然后放大，一块一块画，特别

184

有效。不过虽然从小喜欢画画，但其实真正考大学前并没有好好练过画画，真正学美术、学水彩还是到了清华建筑系以后系统学习的。当时教我们的老师有华宜玉、王乃壮、郭德庵、刘凤兰，他们都是美术专业出身，后专门研究建筑相关的美术教学，各有特点又各成风格。记得我刚入校时听说华宜玉先生擅长画水彩，她放弃了油画专业而坚忍不拔地从事建筑水彩画方面的教学和研究。她最擅长的是建筑水彩，古建筑的造型、色彩、质地、空间以及环境的融和，一点一滴地展现在她用水彩描绘的屋脊上的鸱吻、檐下的彩画、镂空的雀替上，每一种画法都有她独到的表达。水彩实习是我大学时代最美好的记忆。

除了画画，童年时期印象最深刻的就属初中时学工、学农、学军了，在时间上是先学工、再学军、再学农，这是我认识社会的开始。第一次学工是在花园村初中上学的时候，我们小孩儿到酱油厂学工很高兴啊！感觉那不是一个工厂而是大食品厂。主要是可以不上课、不念书，还能有点儿酱菜吃，有像八宝酱菜、腌花生等等各种各样的酱菜。当时的收获是确实学到了一点儿知识，直观地知道酱油是怎么做出来的了，从麸子发酵开始，到保证麸子的温度把酱油引出来。我们都知道发酵的重要，但谁也不去，因为味道很冲，苍蝇一堆。不过那时的酱油保证跟今天不一样，不是用化学成分勾兑出来的，而一定是用粮食做出来的。要是谁今天感冒了，大伙儿就说："走走！到醋车间实习去，治感冒！"

学工除了在酱油厂，后来还真是去了正儿八经的工厂，就是当时四道口那边的外文印刷厂。那时知道了什么是码洋，什么是印张，知道了无论书最后是 16 开也好、32 开也好，开始的纸都是那么一大张。我们学工就是在那里折页，然后整齐地叠好放在桌子上。当时印刷厂还没有激光照排，还是铅字排版，大家就偷偷拿点儿铅字，把自己的名字排好印出来，或者用铅字拼骂人的话。印刷厂很有意思的地方是它可以铸铅字，一些很新的字或者很生僻的字可以被造出来。因为对美术感兴趣，我很喜欢看四色套印的过程，黄色绿色红色套印后一下子就变成想要的颜色了！当时觉得很神奇！

学工时自己就是个孩子，最大的收获就是觉得自己跟社会贴近了。那时候知道了"工人阶级大家庭"这个概念是真的，老师傅带小徒弟，照顾小徒弟，给他带吃的，手把手教，真是无微不至。学工后是真正初步了解工厂、工业是怎么回事儿了。上大学后，美术课让画一座工厂，我脑子里头就不是平常人概念里的大烟囱，而是浮现出酱油厂的样子，就是大缸、大池子，或者说是印刷车间、流水线。这些形象更具体、更感性，而不是程式化的符号。同时这种学习方式不是按课本去灌输的，而是带你去看的，它更立体，并且在这个过程中让你自己主动去发现、去学习、去体会，我觉得这点很重要。

学工之后的学军相对简单，就是到部队走走步，也没让动枪。但学农的记忆是非常鲜活的。我们学农是在香山半山腰的一个大队里，就是现在的碧云寺往上一点儿，山里有条小路上去，有两排平房，男生一排女生一排。干农活真的挺累，但那时我第一次感到年轻人的心气儿上来了！觉得自己已经是个大小伙子了，学农得像个农民，得干出点样来！学农时正是年轻时想表达自己的时候，我们种白薯比谁种的多，担粪比谁担的多，挑水比谁挑的多，还在食堂帮过厨，那段学农还真应该说是挺到位的。学农最后一个月，中间发生了很多事儿。我们生产队的驴丢了，那是一头哑巴驴，一帮小伙子连夜找驴，挨家挨户地找，但始终没找到。后来我想可能就是见到了也认不出，因为它不会叫呀，从外表上看也看不出来。丢了驴就相当于丢了一个劳动力，下山买米买面都成问题。

"丢驴事件"发生时已经接近 1978 年上半年，1977 年下半年刚刚恢复高考，那时就立志要好好学习参加高考了，否则没有好出路。1978 年下半年我进入了重点高中北京师院附中（今天的首师大附中），我的整个高中生涯就是闷头狠学，其他印象都不太深刻了，只记得天天发卷子做。那时我们的班主任是数学老师，我从他那里借了三大本书猛看，每天晚上熄灯前看，记笔记，基本把那几本书抄下来了，就这样高考凑合考上了。小时候是"文化大革命"，初中是学工学农学军，高中是玩命学参加高考，但真正

高中时期

的中学时代记忆最深刻的还是初中的"三学"，所以每次去香山我都感觉很亲切，我跟我儿子说："看！这就是你爸学农的地方！"

1980年我入学清华建筑系，有几件事是特别值得回忆的，比如说刚上学时的围炉自习。那时晚上找自习教室是一件很纠结的事，建筑系在主楼，宿舍在2号楼，距离较远，锻炼、洗澡、吃饭后就不大愿意再骑车奔到主楼专教，尤其是冬天，而且当时主楼看门的一个老太太很是凶狠，令人望而生畏，所以经常就在宿舍附近寻找自习教室。那时的北院教室还在，"一"字形的灰砖砌筑的平房教室是没有暖气的，每间教室讲台前有一个煤球炉，每晚都会有一个工友来生火添煤。冬天很冷呀，有时新加的煤没有充分燃烧，会有烟尘出来，弥漫在教室里。也许就是因为这个简陋的条件，去北院教室自习的人不多，所以使得偷懒的我能在比较晚的时候还能在此找到自习的座位。

当初是因为好奇，坐在第一排边看书、边看师傅添煤。火光随着填进去的煤球，忽明忽暗。此时教室里的学生都会抬起头来注视着这每天都会发生的一幕，继而又埋下头去看书。有人问你为什么坐在第一排？那煤烟熏着多难受啊！但我觉得煤燃烧时出来的烟弥漫在教室里，感觉特别好，因为在这样的环境里你还在玩命学，非常悲壮。久而久之，添火竟成了自习时休息眼睛的一道风景，变成了一种视觉的依赖，以至于每到入冬都会盼着教室的炉子生火，每到开春都会恋恋不舍炉子的熄火，它已经变成了大学生活中自习的一个符号了。北院教室已经拆除近 30 年了，取代它的是关肇邺院士设计的现代化的图书馆，但在温暖的火苗映衬下读书的场景还常常会在我的记忆中闪现，那的确已经成为我在清华大学学习生活时的一段美好温馨的回忆。

20 岁时我正在读大学本科三年级，那时我第一次知道了理想和现实的差距。作为一个正在读书的大学生，应该说我自己是没有项目的，"我的项目就是老师的项目！"。那时的学生都会因老师找自己去参与项目而感到欣喜和骄傲，这种感觉其实今天对大多数学生来讲已不稀奇，因为后来随着国家经济的发展和城市建设速度的加快，建筑市场的火爆使得今天的很多学生在尚未毕业前大多已经跟随老师做了若干项目，有些甚至已经是市场中的"炒更老手"了。我那时尽管在本科期间参与过几个实际项目的方案设计，但第一次接触实际工程的全过程却是在我本科学习后期直到硕士生阶段跟随李道增先生参与的东方艺术大厦（希尔顿酒店）设计。当时那种期待与甲方面对面交流设计构思的表达欲，那种想象着将要把由自己描绘的图纸化作现实高楼的憧憬的心情，足可以用"激动"二字来表达！

东方艺术大厦最初是文化部为东方歌舞团所建的专业演出排演剧场，剧场有 1200 个座席，舞台考虑推拉升降转，是当时国内机械化程度较高、设施较完备的专业剧场。由于剧场建设采用的是文化部以土地作为投资，香港亿邦发展有限集团出资建安费用的融资联建方式，香港投资方认为剧场作为文化场所其投资回报是个问题，所以在建设剧场之外还要求附建一个商业建筑，这就是后来被称为东方艺术大厦的酒店剧场综合体。当时的我怀着满腔热情，跟随老师和同学一道，从规划草图、组织功能、模型推敲、与甲方沟通、陈述方案、完成初步设计、绘制施工图、制作剧场 1/10 声学大模型，直到工地配合设计，一晃就是四年，它跨越了我在清华的硕士和博士阶段，1989 年我去日本博士生联合培养回来后还去工地配合过。

1992 年东方艺术大厦综合体的希尔顿酒店开业了。然而我们为之付出热忱和艰辛的东方歌舞团剧场却一直没有开业，尽管当时已经进行了舞台机械的安装并准备开始室内精装修。1993 年希尔顿酒店提出希望将剧场变成酒店附属的康乐中心，要求清华设计院修改方案。当时我简直以为自己的耳朵听错了，我无法相信这个原本由东方歌舞团专业剧场立项的文化建筑会沦落到这般境地。不是没有能力修改设计，而是我从心里无法接受这种理想和现实的巨大落差。当时的首规委态度很明确，如果文化部同意东方歌舞团以后不再建剧场，则可以调整功能，否则不同意。这件事一拖就是十年，最后剧场还是被改掉了。东方歌舞团至今都没有一个属于自己的专业剧场。

我的导师李道增先生是研究剧场的，他从 20 世纪 50 年代到今天一直从事剧场的理论研究和实践，兢兢业业、一丝不苟。在李先生的指导下，我也对剧场的设计和理论兴趣盎然，总希望自己能有机会参与设计一座剧场并把它建起来。然而东方艺术大厦剧场的夭折，给我上了建筑师生涯的第一课，理想和现实的落差让我对建筑师这个职业有了深刻的反思。后来我又和李先生一起承接了中央芭蕾舞团专用的天桥剧场设计，应该说那时的我经历了前一个剧场项目的曲折，对作为一名职业建筑师有了相对完整的认识。天桥剧场也是自己用计算机绘制的第一个剧场项目，从规划到单体，从方案到施工图，从室内设计到厅堂音质，直到工地配合，最终落成竣

2001年庄惟敏与李先生在新落成的天桥剧场

工。著名钢琴家殷承宗、著名作曲家谷建芬都称赞天桥剧场音质丰满柔和，音色优美纯正，池座和二三层楼座包厢都有良好的听闻效果，该项目也获得了教育部设计奖和建筑学会建筑创作大奖。

回忆少年时，社会教育和学校教育浇灌了我的成长之路，而家庭教育不仅帮助我选择了职业方向，在做人做事方面也奠定了我人生的基调。因为技术干部的家庭背景，其实我不是特别会管人，有人说我当领导有两大问题：一是自己死命干，给人家弄得不好意思，但人家还得干，这就让人家难受，这样不是很大气的领导；二是太追求完美，可是太完美就意味着很多

2006年与哥哥在家中

东西平衡不了，而当领导就是一个平衡的过程，有些时候该放松就得放松，太完美不行。但是我从父母那里学到了一点，那就是要很诚实地做人，这是最关键的。再一个我受到的家庭影响就是确确实实给人留足空间和面子，这一点也是我长久以来坚持的做人态度。"60后"的建筑师比较"70后"、"80后"的建筑师而言，应该归为传统的一代，他们讲秩序、重礼仪、隐忍、务实，宁可将锋芒藏在内里，也有更多的责任感。

说到此，我真的很感谢有丰富经历的少年时光，真的很遗憾如上所述"东方剧院"未走到"少年"时便"夭折"了，真的很珍惜属于每个人"童年"不太多的宝贵时光！

（编辑部根据采访录音整理）

庄惟敏

1962年生，清华大学建筑学院院长、教授，清华大学建筑设计研究院院长兼总建筑师、全国工程勘察设计大师。

精神的家园

刘 军

    每当回想过去，我常常怀着由衷的感恩之情，感怀陪伴我度过童年时代的那些环境与人，有亲情、有滋养、更有精神之力。

近照

    人生的悲欢离合、命运的跌宕起伏，其实都有一些基本特质。抽象地看，每代人都有共性，但每代人又都有不可替代的特点和不可复制的命运。具体地说，一代人中对生活的选择虽大不相同，但最终还是难以脱离本时代的限制和优势。这里有个人选择、有独特的成长经验，也有大时代的决定性。在今天，"60 后"早已到了不惑之年，回顾我们这代人的成长其实是别有深意。水清树秀、蓝天白云、布衣青衫……虽然幼时那种单纯的快乐、质朴的生活早已随时光的流逝远去，但许多往事仍然历历在目，对我影响至深。

游戏中的领悟

我出生于 20 世纪 60 年代末期,在天津这个古今交融、中西合璧、独具魅力的城市里度过了童年和少年时代。和大多数同龄人一样,我们的童年时代物质消费还很匮乏,连买一根五分钱的冰棍都要再三思量。当时没有现在的孩子们这么多的物质选择,也没有那么重的课业压力和激烈竞争,但我们很早就懂得与父母、兄长一起分担生活的艰难和挑战。童年时我们没见过高科技、高消费的游戏机,玩的东西远不如现在先进,但只要能玩的游戏我都会觉得其乐无穷,并且能利用简单的"道具"想出很多新创意,不断翻新花样。除了放风筝、推铁环、玩沙子、用泥巴捏小人和小动物、拍烟盒、弹玻璃球、斗拐、冬天堆雪人、夏天打水仗之外,我最喜欢戴军帽吵吵嚷嚷争着当司令,指挥和组织小伙伴们做各种活动……在这些看似简单的游戏中,让原本有些腼腆内向的我逐渐具备组织能力,变得聪慧机敏、富于应变和组织能力,使我的性格得到了重塑和完善。

我在平山道小学就读时,作为班长就能够为班集体做些小事。每次收班费、收作业,都会很认真地记录。遇到同学之间闹矛盾我不会立刻向老师"打小报告",而是先想尽各种"小招数"进行调解,因此在同学中颇有人缘。有一次,卫东和万伟打架,我先是分别请他俩吃冰棍、嗑瓜子儿聊天。然后学老师的模样,分析利弊和后果,最终使他们互相道歉,而且还"不打不相识",慢慢变成了一辈子的"铁哥们"。多年来我与很多同学和老师都保持着一种亲密无间的关系,每当与他们聚会时都会有一种与家人在一起的感觉。

至今回想起来，我仍然觉得儿童时代那种与自然、与同学及小伙伴们亲密接触的"散养"方式，让自己对生活先天地有了美好追求，培养起与人交往和相处的能力。在游戏玩耍中，曾品尝到了"落魄"的滋味，也体会过"胜利"的喜悦，它们对于培养我后来的人际交往能力、创造性思维和解决问题的魄力胆识都大有裨益。

父辈的教诲

我的父亲是做公路设计的技术人员，小时候父亲经常出差，在野外搞道路测绘和设计。他在家的时候会给我讲很多出门在外的故事，尤其是当他讲到他们在某地又成功开辟了一条新道路时，那种由衷的自豪感令我十分向往。直到有一年暑假，我跟父亲去了一次工地后才顿悟：野外工作的条件非常艰苦，泥土路的两侧光溜溜，没有树、没有水、太阳毒、风沙大。在烈日下，汗水很快打湿了头发，顺着额头往眼睛里流，模糊了双眼。汗水顺着衣服往下流，湿了干，干了湿。早晨灌满水的军用水壶放在路肩上，到了中午已经发烫，只能小口小口地抿。中午在野外用餐，从家里带的饭到中午有时就馊了，只能加点醋、酱油拌一下。用完餐后，拖着疲惫的身躯，在施工队作业车形成的阴凉处，稍微休息一会儿，下午再继续测绘。在工地检查施工时，一根弹起的钢筋杆在了父亲的下巴上，鲜血直流，我当时被吓得呆住了，而父亲却很淡定，泰然自若。晚上回到驻地依然继续完善施工组织设计，组织设计，修改图纸直到深夜，因为必须要赶在第二天天晴时自己动手晒蓝图。那时候的工程技术人员与普通工人们吃住在一起，仅从衣着打扮几乎难以分辨。1983年上初中二年级的时候，出于好奇和锻炼自己的目的，我曾利用暑假的一个多月在建筑工地"实习"过，干搬砖头、搬石块、抬水泥袋、筛沙子等工作，这三十多天的经历令我终生难忘。我在烈日下晒得又黑又瘦，第一次体验到了"工程"的辛苦和艰难。意外之喜是月末得到了工程队长大李叔的称赞，还按照当时的规定发给我50元劳务费，这是我第一次靠自己的劳动所获得的收入，所以倍感珍惜。回家后，我将这笔前所未见的"巨款"如数交给了母亲，直到现在年节时她还总念叨着这件事。在工地时，我还听到过很多父亲及同事们的故事，他们看起来是那么普通，毫不起眼，却都记载着丰富而不平凡的人生业绩。那之前我从来没想到，那一条条宽敞、光洁、普通的大路上面，会凝聚这么多人辛勤的血汗与智慧，从中我也开始感受到人类战天斗地的勇气和力量。

基于童年时代受到的这些教育和引导，那些父辈人的故事在不断潜移默化地影响着我们这代人对理想的追求，磨炼着我们的意志，也使我在日后的工作与生活中，始终能够具有那种不怕困难、不怕吃苦、充满豪情、乐观向上的正能量，它无形中成为我取之不尽、用之不竭的财富。

大学毕业时，分配到天津市建筑设计院的第三天，我就被派到刚刚成立两周年的烟台分院工作。那里生活条件艰苦，人手少、项目多，设计师们没日没夜地埋头苦干。我在那里做的第一个项目是一个小办公楼，需要我承担从方案到施工图的全设计过程。作为一名刚出校门的大学生，连施工图是什么都不太清楚，后来终于在老师手把手地指导下完成了这个项目，从中我也认识到设计过程必须要经历的几个阶段和必须持续付出的艰辛。刚刚工作两年，领导就任命我为烟台分院市场部部长，这为我提供了新的发展空间和舞台，也让我得到了经受更多考验的成长机会。1993 年底，我作为泉州分院的副院长，因泉州火车站的项目而进入泉州这个沿海城市，协助分院孟繁洲院长工作。白天跟着孟院长去谈项目，晚上组织大家做方案，常常是通宵达旦，每天工作十几、二十小时都是常态。一年到头也顾不上理发，买新衣服。那时候又黑又瘦的我留着披肩长发，穿着朋克式的夹克和旧牛仔裤，穿梭往来于泉州分院的工地、办公室和甲方单位之间。虽然与工地的工人们几乎没有分别，但青春年少的我激情飞扬、不知疲惫。

正是由于这段时间既要做生产统筹、搞设计创新，又要做经营管理工作，需要我在无人依靠的前提下做出抉择，因而磨炼了自己独当一面的能力。1995 年孟院长因工作需要回院里工作，由我独立承担带领团队在泉州市场打拼的任务。当时团队之中属我年龄最小、资历最浅。现在回过头来看，早早承担这样的责任和压力，是一种历练，是一种对潜能的激发，但在当时真的是很艰难。我凭着决心和毅力，靠着团队和领导的支持，终于一步一咬牙地挺了过来。2008 年 4 月，我回到天津市建筑设计院担任院长一职，使我在行政管理和技术管理相结合的领域中视野更宽，视角更高，宏观思维意识得到加强。所有这一切的得来绝非偶然，每一步都付出艰辛，但我觉得正是因为有了来自"童年"时的历练，才让我能够直面险阻，并最终一步步实现目标。

自加压力的学习

上小学时，我很喜欢收集一些邮票、火花还有烟盒等。我把收集到的这些宝贝夹在旧书本里面，平时写完作业就用旧白报本的背面临摹邮票、火花、借来的图画书上面的各种图案，乐此不疲。没想到"无心插柳柳成荫"，这些爱好为我未来的建筑师职业生涯奠定了坚实的基础。那时没有课外班，没有人逼迫，没有人指导，一切都自然天成，但一切美感均源于自然。正是这些"天生"自然的爱好，让我对很多领域都保持着旺盛的好奇心和探知欲望。至今我依然保有一颗热爱学习、求索钻研技术难题、探究未知世界的心境，且不觉得枯燥寡味。

十几年前，我主持一个钢结构住宅工程。这是一项没有经验可循，没有现成规范及实例可搬的技术难题。我带领大家一起攻克一道道技术难关，把钢结构住宅体系从设想变为一套可行的理论，最后成了真实的工程项目实例。当时该项目获得了天津市优秀工程一等奖，因为该项目引申出一个科研课题，最终获得了业内的高度认可，达到国际先进水平。之后我对这个项目作了较全面的回顾和总结，作为一名建筑专业的设计师发表了几篇结构专业的学术论文，引起业内的关注和赞扬。这些年我仍然主动坚持学习，在几年前修完建筑与土木工程硕士学位基础上，通过自身努力，2013 年底于繁忙工作之余，终于修完了城市规划与设计课程，取得工学博士学位。这看上去是一个学业的终结，当然更意味着我将会有另一个更新的学习起点。现在想

博士答辩时

来，正是由于童年时代所培养出来的那种对新鲜事物的好奇心和求知欲，才让我能够主动地、不断地去学习、去探索、去发现，不断地提升自己的综合能力，并担当起自己应负的各种社会责任，完成历史与时代赋予的使命。

精神的家园

回首逝去的童年，虽然那时候的梦想、意气和对光荣的渴望已慢慢退去，但令我感到欣喜的是，通过回忆我重新发现了心灵深处在儿时就已构筑好了的精神家园，这里深藏着许多温暖的体验、记忆和情结，当我小心翼翼地抚去尘土，细细回望，从中又得到了极大的鼓舞。我知道，这些都是可以享用终生的力量源泉，我可以时时从中找到一些前行的理由和勇气！或许我们真的应该感谢时光老人，他在注定要给我们酸涩、辛辣、清苦滋味的同时，

又在童年时给我们品尝了一勺蜜糖，那香甜的味道注定要让我们在遥望中久久回味，并且让每个人陶醉其中！

如今，在我们这一代人都步入不惑以后，不管世俗意义上成功与否，怀旧都是为了明天。一方面是年龄和经历使然，另一方面是因为我们必须面对新的挑战，面对新的社会现象、道德信仰、价值观念等问题必须自作回答。我和我的团队将在充满希望和挑战的明天继续并肩作战，作为一位国有建筑大院的管理者，我更愿以建筑学人的心境与文化去自觉思考，在心系建筑文化并思辨大千世界时，不停地去学与思，最让我超然的是要以开放之心带领天津院在中国面向世界的改革发展之路上走得更坚实。

刘军
1969 年出生，天津市建筑设计院院长、院首席总建筑师。

我的童年故事

高 志

在人生逐渐步入稳健的收获期时，回忆天真懵懂的童年是一件特别有趣的事情。童年的我是一个调皮捣蛋的小孩儿，也是一个好奇心特别强、求知欲特别旺盛的小孩儿。幸而在成长过程中我有善于引导的父母，将我的"破坏力"转变为创造力；那些大院儿里的"牛鬼蛇神"，在潜移默化中向我传授了当时最先进的思想和技艺；我还遇到了许多良师益友，他们是我生命中的贵人。回想我的童年故事，有泪有笑，在我的一次次回忆中，它们逐渐沉淀，由此结出记忆中最纯净、最璀璨的果实。

幼儿园的"淘气包"

1959 年我出生于山西大同，父亲是一名外交官，母亲是一名医生。在我很小的时候，全家迁到了北京，我被送入外交部幼儿园。这个幼儿园是仿照苏联最好的幼儿园建造的，是当时教育质量最高、设施最先进的幼儿园之一。园里两层的楼有专门的防火滑梯（这点现在的大多数幼儿园也做不到），活动室、卧室、餐厅一应俱全，甚至还有游泳池，还有专门的大轿车作为校车。幼儿园开设各种各样的科目，从文学、音乐、美术、

幼年肖像 一

幼年肖像 二

体育等各方面对儿童进行启蒙。孩子们经常出去演出节目，穿着俄式的演出服，常常有外国专家参观视察，拍电影和纪录片。我入园时正值三年自然灾害，为防止园里的孩子们缺营养，幼儿园养奶牛、养猪，还有自己的果园，我们每天早上有新鲜牛奶喝，能吃到肉和鲜果，外边的困难我们几乎都没有感受过，我的幼儿园时代可以说是非常幸福、幸运。

当我上大学后再回幼儿园时，老师们竟还认得我，还能叫出我的小名来。因为从幼儿园起我就是个"淘气包"。三四岁时，我从家里拿了盒火柴，那时教室是木地板，用墩布打蜡，我这个顽童用火柴把墩布点着了，火一下子就起来了，幸亏老师眼明手快，把着火的墩布扔下楼，没有酿成火灾。还有我是班里的"闹事分子"，曾经用板砖把别的小朋友的头打破过，也常被别人打得鼻青脸肿。所以吃饭一定是我最后一个吃，要不老抢别人的饭。睡觉常被关到一个专门的小屋——是特别为不好好睡觉的小孩子准备的，用现在的话讲应该是幼儿园里的"禁闭室"。六七岁时，"文化大革命"开始了，那是我的幼儿园末期，听说"八一"学校造反了，我也和小朋友们拿着椅子腿造幼儿园老师的反，说他们不给我们吃饱饭。可见政治运动对特别小的孩子都有影响。

从小我就是个特别淘气的孩子，但事情总是相辅相成的。幼儿园的通才教育让我爱上了游泳、打乒乓球，老师教的毛主席诗词我能从头到尾背下来。但我最喜欢的是画画儿，用科学术语说，画画最锻炼人的观察力和表现力。在我四五岁时，有一年冬天，天寒落雪，一早起来，全世界银白色，小小的我无比兴奋，在外面玩得很疯，结果乐极生悲，弄脏了衣服，被妈妈狠揍一顿，让我拿笤帚到外面扫雪。我无比委屈，恰好院子外边有一条长台阶，我用一根细树枝把妈妈怎么揍我的过程画成一幅幅连环画，然后跑走了。妈妈出来一看刚才的情景在雪地重现，一下子愣住了。她发现儿子居然有绘画"天才"。

抓住机会学习

我的小学是西直门一小，这是一所教会学校，有 70 多年历史。但我刚入学"文化大革命"就爆发了。高年级学生烧火取暖，结果学校的楼房被烧了，只留下一半儿能用。小时候挖防空洞，一不小心脑袋朝下栽进去了，有三米多深，还真算我命大，下面刚好是一堆新挖出来的土，摔下去什么事儿也没有。我在小学时期仍然延续了幼儿园时候的绘画爱好，参加了美术小组，负责学校的黑板报。每个星期还会在学校广播电台发表演讲。那时的我依然淘气好动，精力旺盛。爸爸常年驻外，我

少年时在胡同里骑车

就由妈妈负责管教。妈妈给我立下规矩，绝对不允许出去打架，打了别人多少回家就挨多少打。

也许是上天的安排，当时妈妈单位的医疗部门大院里住了很多医学界的大知识分子，不幸被打成"牛鬼蛇神"。可能是因为寂寞，他们对我这个孤单的小朋友非常友好，不但生病了可以得到免费医治，而且他们几乎是随手教给我很多知识和技能，每天下了学，我就把书包扔在"牛鬼蛇神"的休息室，缠着他们和我玩。因此虽然是"文革"的年代，但我也听说了费尔巴哈、爱因斯坦、贝多芬、列宾这些名字，给我印象尤其深的是乔治桑的小说。为将我那旺盛的精力转移到有益的事情上来，妈妈想出了疏导的办法。妈妈医院有一个图书馆，她和管理员阿姨的私人关系很好，最后想办法借到了图书馆的钥匙，这个图书馆是不对外开放的，"文革"时是封起来的，但是我可以进去看书。我像跳进了知识的海洋，拼命吸收课堂上无法获得的养料，从小学一直到中学，借用这个机会我阅读了大量的"黑书""禁书"。在这一点上，我的童年真的是特别幸运。

进入到 157 中学以后，我担任了学校的团干部和红卫兵领导，但是我有一个原则，上课时召开的所有会议，只要影响到文化课，那就一概不去。我开始大量阅读哲学书籍，像康德、尼采的著作，还有《联共（布）党史简明教程》等等，都钻研过。我还写过几十万字的读书笔记，像学习《共产党宣言》《哥达纲领批判》的体会等。1967 到 1977 年，"文革"十年正是我求学的十年，所以我吸收知识的方式和正常年代的孩子比是完全不一样的。我们常常从批判中学习。我的古文是在"批林批孔"时期学出来的，那时为了批判林彪和孔子，我阅读了大量古文文献，如《论语》《弟子规》《名贤集》《菜根谭》等等，还看梁效、罗思鼎的批判文章，当时还在批冯友兰、梁漱溟，我也看他们的著作，有机会我就去北大清华看大字报，锻炼思维能力。除了文化课外，我继续担任校报的编辑，负责文字和美术，并且每个礼拜出一块黑板报，那真可以算得上是巨幅的黑板报，高一米二，长足有二十米。

中学时代另一件让我开心的事情是爸爸从国外回来了，对我的兴趣与爱好，爸爸从来都是大力支持，不惜投入"巨资"。我印象最深的是有一次妈妈去农村医疗队了，为了迎接她回

在加拿大开餐馆时绘制整幅山水画《漓江山水》

来，爸爸和我决定把房子粉刷一新。可是刷完之后，房间干净是干净了，但又有点儿白得刺眼，我跟爸爸说要不我画一幅画儿吧。他欣然同意，给我买了很多颜料，我用水粉画了整整一面墙的《盗仙墓》，有 10 平方米。后来我在加拿大开了一间餐厅，又画了一副《漓江山水》的壁画在餐厅大堂里，有 20 平方米。当时是小孩儿不觉得，现在再来看，爸爸真的是对我鼓励有加，一般大人哪里会这样"纵容"孩子啊！小学时，我的文学表达能力稍欠，于是爸爸订阅了大量书刊杂志，每次来新刊，新街口邮局的阿姨都会给我们留一本，因为爸爸跟她说所有杂志我们都要。他摘出杂志里面的经典段落让我抄写，这样坚持了好几年，我的写作水平有了显著的提高。为了帮我提高学习成绩，爸爸帮我买了大学中文系的全套教材，让我在中学时已经读完了大学中文系本科的主要课本。

在我初三时，解析几何、微积分等大学工科的数学书爸爸也开始教我了。俄文已读完了俄文专业大学二年级的课本，可惜中学没学英文。

中学时代我还迷恋上了音乐，爸妈跟我说，如果你全部考试都满分我们就给你买乐器，期末考试，我六门功课得了597分，就这样我赢得了小提琴和钢琴。因为练习小提琴太过入迷，背都练得微驼了，爸爸赶紧让我练手风琴，这样可以扩胸，我还练过口琴和萨克斯管。学习这些乐器并没有劳专业音乐机构的大驾，还是大院里的"牛鬼蛇神"向我口传身授的。当时，我40分钟可以把《哈农》弹一遍（自从中风后，钢琴我基本放弃了）。后来我加入了学校乐队，给自己的兴趣爱好排了时间表，中午和晚上腾出时间勤奋练习，并多次获得了登台表演的机会。

少年时酷爱拉手风琴

少年时酷爱拉小提琴

少年肖像

高考后首届大学生

1977 年我 18 岁，那是知识青年"上山下乡"的最后一年，也是恢复高考的头一年，当时规定恢复高考的招生对象是工人、农民、"上山下乡"和回乡知识青年、复员军人、干部和应届高中毕业生。1977 年冬的高考并不是所有人都能参加的，对于我们高中生来讲，需要先经过一次预考，当时学校就考数理化三门，从我们知道预考这件事到开考之间只有 10 天，我利用这 10 天把所有中学学过的数理化习题都做了一遍，成绩出来后，在全校 680 名考生里，我排第三。预考过后的 30 天后，我们正式迎来了高考。考试当天我发高烧至 39 度，老师劝我别考了，我还是想试，于是经过特批，在考试的间歇，我去急救点打一支退烧针，然后接着考试。

北京工业大学同学合影（右一为作者）

因为中学时读了大量书籍，文科是我的绝对强项，高考时，我考的却是理工科。我的成绩跃居第一，也是 680 名考生中唯一被录取的学生。当年北京市只招收 300 名由高二直接考入大

晚上画图

学的提前录取学生，我幸运地成为其中之一，也是周围四所中学中的唯一。我们那一届学生应该是反差最大的一届，当我进入大学时，一半的同学下农村插队了。我的成绩本来上清华和北大都没有问题的，但父母担心受高校政治运动的牵连，又想把我留在身边，就建议我报考毕业后能够留京的北京工业大学。因为喜欢美术，就选报了"工业与民用建筑"专业，从此踏上建筑之路。

我的童年故事讲到大学就应该结束了。若从高处俯瞰我的人生，真会发现童年种下的种子在时间的土壤里生根发芽，最后枝繁叶茂。从北京工业大学的结构设计起步，到在加拿大学习建筑和规划，再到后来转向建筑经济领域，专业视域的持续延伸令我等生命不断激燃起新的热点。可以说成年后的每一次奋斗，都有童年的好奇、倔强、不屈不挠的劲头在里面；而童年所打下的知识框架和学习习惯，也为日后的闯荡奠定了基础。

建筑，从其技术的一面来说，数学和力学是基础功底。

与妻子合影 一

与妻子合影 二

现在规划领域中流行的线性代数、集合论、模糊学、混沌学等，对城市规划的控制起着越来越重要的作用；从其艺术的一面来说，音乐和美术是基础素养，它们有助于形成建筑师对节奏、韵律、空间、色彩和光影的理解和把握。一个真正的建筑师，应该首先是伟大的哲学家，也应该是伟大的数学家、物理学家以及伟大的音乐家、画家。建筑这个职业的黑洞将吸收建筑师无穷无尽的能量。另外，从新的发展趋势来看，经济学、金融学越来越渗透到建筑与规划项目的开发之中，它已不仅是一个简单的成本核算问题，而是涉及了投资与回报、现金流、施工成本与建筑质量之间错综复杂的关系，具有至关重要的作用。年轻时打好数学、艺术与经济学的底子，对设计师的长远发展来说必不可少。童年，什么是童年？就是义无反顾、天真浪漫、没有利益和权力、想哭就哭、想笑就笑。每个儿童，都是天使。

含着泪光的奋斗

在奋斗的道路上，一件件夹杂着眼泪和欢笑的事情仍然历历在目。1982年毕业后，我有幸加盟了北京最好的设计院之一——北京市建筑设计研究院从事建筑设计工作。那时是"科技工作者最光荣"，设计院基本上不收设计费，也没有奖金，我常常是没日没夜地加班，一心要为"四化"贡献力量。最让我难忘的是八宝山革命公墓火化车间的设计，我主动找到领导

要求组织团支部的十几个大学生利用业余时间自己做。这个火化车间在当时是国内最先进的，因为引进了日本的二次燃烧技术，干净且环保。这个工程我们基本上都

弹钢琴

在北京市建筑设计研究院的青年舞会上

海外求学期间留影

留学加拿大，在实验室里做实验

留学生活，相互理发

是利用晚上和周末时间完成的。最有意思的是看地时，我要从围墙上跳下来，找不到"软着陆"的地方，突然发现只有一个地方的土比较松软，结果就跳下去了，后来才知道跳到了骨灰坑里。经过一个多月的鏖战，项目终于顺利完成了。在开机仪式上，我们的设计得到了日方与北京民政局极高的评价，获得了北京市优秀设计三等奖。

博士毕业同学留影

　　之后我服从组织分配，放下心爱的技术工作，担任起北京市建筑设计研究院的团委书记。到国外留学一直是我多年的愿望。但由于种种原因，尽管收到了美国西北大学、宾夕法尼亚大学等名校的录取通知书，仍未能如愿。到了 20 世纪 90 年代

初，已过而立之年的我意识到，如果再不抓紧时间充电恐怕就来不及了。三十多岁的我又克服重重困难捧起了书本，最终我拿到了加拿大

在海外与妻子的合影

做讲座

在加拿大工地上与工人合影

加拿大工地留影

纽芬兰 Memorial University 的录取通知书。研究课题是"设计质量与设计生产力之间的关系",采用的方法是用混沌学、模糊数学进行建筑设计过程仿真。记得到加拿大的第一次考试,我只得了42分。1个小时下来,中文连题都没看懂,觉得语言非常难。学校规定:研究生期间考试有一次不及格就要退学,我已经没有退路。从此,我几乎没有白天和黑夜地学习。由于睡觉太少,我几次晕倒在课堂上。最惨的一次,我在实验室里闷了十几天才出来。期末考试中我得了96分，一举成了土建系研究生班的第一名。从42分到96分，只有不到两个月的时间，在和"死神"的赛跑中我用自己的毅力赢回了"生命"。

在加拿大的留影

在我去加拿大之前，学校说好有奖学金，但因我报到的时间迟了一个月，所以名额给了别人。由于加拿大的法律不允许外国学生在校外打工，我没有了经济来源，只能靠做助教和研究助理的一点点收入来交学费和维持生活。四块肯德基炸鸡我

在海外宝佳公司总部前的合影

与父母的全家福

可以吃一个星期，住不起单间，我只好在客厅里住了两年。一到冬天，外面是摄氏零下30多度的严寒，我的屋里也可以结冰。有一次我终于病倒了，强挣扎着，我来到大西洋边上的信号山烽火台。站在大西洋边上，阵阵背井离乡的凄凉、独在异乡的孤独一起涌上心头，感受到生活的艰辛，我真想放弃了，如果能早日回到祖国该多好，我们如此奋斗到底为了什么？"西天取经"太难了！

海浪不停地拍打在礁石上，一浪高过一浪，我注视着海浪，心底蓦然间升腾出一股悲壮的豪情。孙中山先生观钱塘江大潮时，发出"猛进如潮"的宣言，社会发展大势如潮，人生亦如潮，人生就意味着在与命运的搏击中塑造更强的自己，给社会创造价值。

我的"小家"在美国合影

在留学生春节联欢晚会上，我写了一副对联："西天取经，同赞今日齐天大圣；报效祖国，且待中华好儿郎"（那年刚好是猴年）。后来，我回国创立了加拿大宝佳国际建筑师有限公司驻中国代表处，收购了建华建筑设计公司，迈向了人生新的阶段。

（编辑部根据采访整理）

高志

1959年生，加拿大宝佳国际建筑师有限公司北京代表处驻中国首席代表、北京大学城市规划与发展研究所所长、《中国建筑文化遗产》社长。

童年驻我心

张 宇

近照

我记忆中的童年与北京大多数同龄孩子一样，充满了无忧无虑，充满了童真幸福，许多童年往事现在想起来还觉得非常有意思。

童年时有过许许多多的经历，喜欢过的事情也有许多，印象最深的是自幼喜欢画画儿。可能是受家庭的影响，画画儿伴我年幼时的成长，甚至对我上大学直至我的建筑师生涯都产生了极大的影响。

印象深刻的三个人

记忆中对我学习美术产生重要影响的有三个人：我姨、我母亲和张老师。

我很小的时候，曾经见过家中有不少画，大大小小，画什么题材的都有，但唯有一幅人物画给我留下了很深的印象，听我母亲说这是我姨画的，画中的人物是周璇——30年代的大明星。画儿是用铅笔画的，画得非常细致，将人物表现得非常美，特别是人物的眼睛，就跟会说话似的。画儿的下端有红笔写的落款：1943.6，后面的日期由于时间太久的缘故，有些看不清了，仔细辨别，好像是"30"。画的后背有注释：

我姨绘制的周璇画像

张懿中20岁时创作，前门西河沿劝业场二楼××画馆。

那时我小，也看不懂怎么好，就是觉得画儿画得很美，画儿中的人也很美；此画儿给我留下非常深刻的印象，想着将来自己也能画这么好看的画儿多好呀。等我长大以后回想此事，再看这幅画儿时，真是觉得此画儿画得不错，没有经过长时间的学习，没有相当功底，恐怕是画不出来那种神韵的。

受家庭的影响，我母亲在很小的时候也学习了绘画，可能她也没想到，绘画会成为影响她一辈子的职业。正是因为她有着比较扎实的绘画功底，1949年后参加了北京市规委（当时名为北平都市计划委员会）的工作。新中国成立没有多久，为了摸清当时北京城市建设的状况，使人们对北京城市建设有一个更加直观的认识和了解，市规委要制作一个北京城市建设现状的沙盘模型；我母亲有着扎实的美术功底和工作经验，被任命为这个制作小组的负责人。曾听我母亲说，当时制作的沙盘模型是由 108 块带角铁的图案拼成为一个大图，每块小图都是 40cm×50cm 的尺寸；这个大模型全是由木头制成的，将当时北京市所有的建筑全都在沙盘中一一呈现。模型制作完成后，摆在规委 5 楼的大房间里陈列展出。1976 年唐山地震波及北京，为保护好这一宝贵的资料成果不被破坏，有关部门又将沙盘给拆开，存放在规委地下室中。

听说前些年这个模型曾在前门箭楼上展览过，也不知现在给放在了什么地方。由于她工作认真努力，曾经当选为北京市劳动模范。后来我母亲调到了北京市测绘院工作，直到退休。

也可能是受家庭的影响，也可能是很小的时候受自己所立志向的鼓励，我童年时就对绘画非常感兴趣，特别爱上美术课。我小学所在的北京光明小学是重点学校，为了鼓励学生们有很好的学习和受教育机会，学校在搞好学生学习的同时，还成立了许多课外学习小组，鼓励同学们有更多的业余爱好，使学生们的业余生活丰富多彩。

我对绘画非常感兴趣，当然就报名参加了课外美术小组的活动，而美术小组的辅导老师就是我们的美术老师张维志老师。也可能是我从小喜欢美术的缘故，我在小学时美术成绩非常突出，我也特别爱上美术课，特别是老师上课教的东西学得特别快、特别好。后来上了美术小组，我画画儿的劲头更是不得了：那时我每天画一张，还自己编号，设立学习档案。

张老师非常认真，每次美术小组活动时，他都将内容安排得非常丰富，除教给我们绘画的基础知识、基本技法外，还提高我们的创作能力和水平。除了基础训练外，他还带我们到附近的天坛公园、龙潭湖公园去写生、临摹；我印象中除了白描、水彩外，还教我们国画技法。

我非常喜爱美术小组活动，每次都积极参加，并认真完成老师布置的作业。张老师看到我认真努力，且表现不错，对我更是多加指导。老师的教导，加上我个人的努力，使我在美术绘画方面取得了非常大的进步。有一次我发烧没去上学，张老师在下课后专程到我家来看我，令我至今难忘。

上中学后听说张老师离开学校，到少年宫任老师，再后来又听说张老师致力于老北京建筑的绘画，他画了许多北京四合院，保留了许多老北京的历史、文化，并在我国香港、加拿大温哥华、美国佛罗里达等地以"丹青心履""城市的精神""消失的北京四合院"等为主题举行个人画展，为弘扬中国传统文化作出了很大的贡献。

我们创办了"觉晓社"

在老师的支持和帮助下，我们几个热爱美术的同学自发成立了业余社团"觉晓社"，取"春眠不觉晓"之意，立志茁壮成长，努力奋斗。

我在小学时是班长，同时负责班里黑板报的设计和制作，又加上我喜爱画画儿，在课余时间就充分发挥自己的特长，精心设计每期板报，在全校黑板报评比中多次受到表扬。有一年的3月5日学习雷锋日活动，我完成我们班里黑板报的制作，画了一幅雷锋肖像，画得特别传神，此画引起全校轰动，各班出黑板报的同学争先到我们班参观学习，许多人都说"太像了"，酷似照片。

那时，每天我练习画画儿的素材实在不多，印象最深的是有一本小人书《孙悟空三打白骨精》成为我的学习参考，很长时间都是照着书里的画儿认真临摹。记得是五年级时，家里买了一个新脸盆，盆底图案是虾，特别是放上水后再看，那虾如同活了一样，棒极了。结果，脸盆中的虾也成了我临摹对象。

印象最深的是1976年，毛主席、周总理、朱德委员长先后逝世，学校举行悼念活动，开追悼会，追悼会上悬挂的伟人遗像竟然都是我画的。

中学时由于时间紧张，我的画儿画得比较少了，也不是一天一张，特别是上高中后将全部心思用在学习上，绘画很少。

正是因为喜欢画画儿，上大学时非要考与美术有关的专业，后考上了北京建筑工程学院。上建筑学专业时要加试美术，我的印象是考两次，第一次是画静物，临摹画拖拉机；第二次是发挥个人想象，完成个人创作。因为我有过相当长时间的画画儿基础，这些考试对我而言是没有问题的。

其他几件小事

回想小时候学习，学习都凭自觉，根本不用家长催，反而是家长督促着我出去活动，别一头扎在屋里不出来。

我家原住在榄杆市附近，后搬到龙潭北里，那是我母亲单位的宿舍；我印象中，每隔一段时间我母亲她们单位就有人开着卡车到小区里来放电影；那时我们家住二楼，露天电影的幕特别大，系幕布的绳子就系在我们家阳台的柱子上，放电影的音箱就在我们家阳台上，一开声音特别大，震耳朵。

印象中每年3月向雷锋学习日活动，班里组织同学到附近8路公共汽车总站去擦汽车，司机师傅为了感谢我们，待我们完事后开着汽车带我们兜一圈，那时感觉特过瘾。

小时候看电影，不是《地道战》《地雷战》《南征北战》，就是《样板戏》；外国电影也就是《列宁在十月》《列宁在1918》，或是阿尔巴尼亚、朝鲜的那么几部片子。有点印象的是高中时看的，那时我是北京市三好学生，在人民大会堂开表彰大会，会后放电影《巴土奇遇结良缘》，当时给我们都乐得不行。

后来有电视了，我印象当时的电视是 9 英寸的，后来有的人家在电视前加一个放大屏，有的还给贴上彩色膜，给人以新奇的感觉。

上中学时，不知怎么引起的，我对天文、天象方面的知识非常感兴趣，还参加了北京市天文爱好者协会，印象中还对其中的一些现象进行过较深入的研究、探讨（当然是学生水平的）。记得我们几个同学在老师的指导下，还完成了论文《内行星可见条件下的计算》，论文获得北京市组织评选的二等奖呢！暑假时，有关部门组织夏令营，我还专程到河北兴隆观测天象。

上大学时，我们班的老师给我留下了很深的印象，当时我们的老师有刘季临、何重义、高履泰、王其明、王利芳、王贵祥等，今天看来全是名师。当时全班有 25 个学生，老师比学生多，各位老师在教学上一丝不苟，对学生严格要求，目的就是希望我们努力学习，掌握本领，将来为国家发展作出贡献。

对小动物的记忆

我忘了是什么时候起，我们家里养了一条狗，我们院里就从来没丢过东西。不知被谁盯上了，我认为是小偷给狗吃了有毒的东西，中毒了。那狗太通人性了，知道自己快不行，就满院子找我妈，看到我妈后低低地叫了一声，一下就死了，把我妈给心疼得直掉眼泪。结果第二天，院里就开始有人家丢自行车。

这件事给我们全家留下了非常深刻的记忆，一直到现在，我们全家人都不吃狗肉。

另外一个让我不忘的小动物是一只鸽子。记不清是哪年了，设计院安排我和党辉军到福建石狮龙湖村去作现场设计，到了那儿发现，在我们住的屋子的阳台上落了一只鸽子，无精打采的，也很少飞，鸽子腿上还带着脚环。我们仔细一看，鸽子拉稀了，估计可能是病了，我们就将带着的黄连素喂它吃；连着吃了几天，鸽子似乎是好了，也能飞了。后来这只鸽子每天都到我们这儿来，我们就弄点零食给它吃，时间一长这鸽子也不怕我们了，每天都来，直到我们搬走，后来也不知鸽子里是否还去找我们。

我想没有人能够完全忘记自己对童年的记忆，除非失忆。对我而言，童年往事犹如在兴隆看到的满天繁星，神秘、遥远、却又明亮难忘：第一次出黑板报，第一次去天坛写生，第一次去人民大会堂开会……

童年令我感慨，童年令我难忘，童年是人生的开始，童年是我终生美好的回忆。

童年永驻我心。

张宇
1964 年生，全国工程勘察设计大师、北京市建筑设计研究院有限公司副董事长。

乡愁·童年

路　红

岁末年初，《中国建筑文化遗产》杂志发起了撰写"建筑师的童年"的活动。接到邀请后，往事一幕幕在脑海里闪过。我祖籍河北省，但出生和成长在山清水秀的湖南，上大学前一直随父母在湘西南的邵阳、城步、新化等地生活。湘西南美丽的山水和厚重的人文历史，是我人生的宝贵财富。在回忆中蓦然感悟，自己求真求善求美的生活态度，孜孜以求的人生追求，尤其是对建筑事业的钟爱，大多源于父母长辈的教养，源于故乡山水的滋养，源于童年那一个个与建筑的美丽邂逅和挥之不去的乡愁。

温暖的小阁楼

邵阳是一座历史悠久的城市，旧名宝庆，其建城历史可追溯到春秋时期，其区域包括现在的邵阳市、邵阳县、邵东县、新邵县等。由于境内资江、邵水等河流贯通，水路交通便利，是"上控云贵、下制常衡"的交通要塞，又由于其处于楚文化和梅山文化交界处，因此在很长一段时间内，成为湘西南地区的文化中心和商品集散地，历史上也产生了很多著名人物，如明末大思想家魏源，辛亥革命先驱蔡锷，建筑史学家、建筑教育家刘敦桢等等。

20 世纪 60 年代初，我出生在这山清水秀、历史悠久的地方，那时全国刚刚走出"三年自然灾害"的阴影。我比我的姐姐们幸运，没有尝过饿肚子的滋味，一直在地委大院、县委大院里快乐地成长。但在我 4 岁时，"文革"的狂风暴雨将我的

1972年与爸妈在天安门前

父母卷进了牛棚，他们被打成走资派，而我和两个姐姐则被赶到了大街上，从人人羡慕的县委书记的女儿变成了"狗崽子"。在县政府门前的广场上，三姐妹亲眼看见亲爱的爸爸妈妈头戴高帽被押上台批斗，这情景定格在我脑海，成为人生第一个残酷悲伤的记忆！

把这残酷的记忆逐渐淡化的是善良的百姓和亲爱的家人。一个煤矿工人不顾风险，将我们接到他家阁楼住下，使我们免除了流浪的命运。记忆中，那老工人家的房子临街而建，以前

1979年与母亲

做过商铺，每块门板都可以卸下来。房子的面宽只有四五米，但进深有十几米长，其空间有点像安藤忠雄设计的"住吉的长屋"，临街是堂屋（即起居室），接着依次是楼梯和天井、住房、厨房。老工人家住在楼下，我们住的阁楼就在堂屋上方，面积很小，只能摆下两张床和一张桌子，杂物都堆放在床下。

阁楼与天井相连，姐姐们去上学后，我就趴在天井的栏杆上，看下面的女主人忙里忙外，看她怎么将门板卸下来，放到天井里，将上面贴的辱骂我父母的大字报用水洗去，造反派来质问她，她笑着对造反派说："我要用门板做布板子（将碎布用浆糊一层层粘上，形成较厚、面积较大的布，用来做鞋底）了，写的什么啊，我不认字。"造反派看他们家是红五类，只好作罢。在天井里还可以看蓝天白云，有时还能接到

1980年大学二年级

大学生活

飘忽的雨丝。我小小的心中对人间的温暖、对自然的美妙有了亲近温暖的感觉。

1982年天津大学同学毕业前合影

小阁楼里最快乐的时光莫过于与爸爸妈妈的团聚。"文革"后期，爸爸妈妈被分别下放造纸厂和农村进行劳动改造，大约每月能回家一次看孩子。记得爸妈每次回来，妈妈忙着将她节省的食物做好了给孩子们打牙祭，而爸爸则把我扛在他肩上，教我认墙上糊的报纸上的字，开始我最早的识字课。晚上，妈妈补衣服，爸爸则和我们玩扑克接龙，全家高高兴兴，欢声大笑。那时我们姐妹小小的心里都是阳光！现在回过头来想，那时的爸爸妈妈正处在人生最低谷：理想被践踏，工资被扣发，全家每月只有 30 元生活费。但他们将所有的苦难都扛在自己身上，给孩子们的都是温暖和阳光。

其后，我们又辗转到外婆、舅舅、姨妈家，得到了亲人的庇护。这苦难岁月里人性的温暖、父母亲人给予的阳光以及那小小的阁楼使我们度过了艰难的六年，使我们剔除了性格中对世界的恐惧和仇视，确立了对真善美的追求。

外婆的杨秀湾

小时候最向往的事情之一就是去外婆家。外婆家在离邵阳市区约 50 公里的乡下。一到放假，我就跟着姐姐出发，先坐一段汽车，再走十几里乡村公路。走在路上数着公路侧面的里程标志，给自己鼓劲，"又走了一里路，又走了一里路"，一点不觉得累。印象中，好像在一个公路的转折处，当一棵高高的香樟树出现在视野里时，外婆家——那个叫杨秀湾的小村子就到了。

杨秀湾名副其实。杨姓是村里的大姓，整个村庄被水塘、水湾包围，村庄后隔一条公路就是连绵的青山。清晨，袅袅水雾漫过村庄，归于山林；傍晚，夕阳余晖映射水塘，流光溢金。清晨，在雄鸡高唱中，人们开始一天的劳动。我们这些孩子则上山捡柴，或到河塘摸田螺；夜晚，在满院月色中，我们吃着红薯干，听外婆讲田螺姑娘、讲月中嫦娥。在月圆之夜，外婆会让我们对月许愿，她则撒一把米在地上，真诚地祈祷月亮婆婆眷顾我们这些孩子。已经记不得我曾许过的每一个愿望了，只记得常许的愿望就是爸爸妈妈快回家。

记忆深刻的还有村里的房子，这大概是我最早的建筑认知课吧。村里的房子大多是土坯砖墙、小青瓦屋面，大户人家则是青砖墙、瓦屋面。屋顶都是硬山小青瓦，屋檐很深，屋檐与梁之间是麻雀和燕子筑窝的地方。房子造型都是很简单的"一"字形，但围合起来就成了一个个"口"字形的院子。有的大户人家有几进院子，依着地势一进比一进高。每一进院子都有一个天井，接着屋檐落下的水，天井周边是走廊，经常坐着纳鞋底的妇女，也有坐一起抽烟聊天的男人，孩子们则呼啸着从走廊穿过，玩抓人的游戏。下雨天走廊就成了很好的行走空间，从此院到彼院可以不湿脚，现在想来，这就是建筑中的灰空间。这些房子给我的印象太深了，以至于多年后，我在天津大学建筑系学习时，无论做幼儿园设计，还是做旅馆设计，总不知不觉做成一个个围合、由走廊串联的院子。

与经典的慈祥老外婆形象不同，我的外婆是我童年的严师。在生活最艰难的时期，父母经常下乡劳动，常伴我们的就是外婆。从我记事起，外婆就是勤俭干净爱劳动的榜样。她包下了所有家务事，还在房前屋后开菜地，种各种应时的青菜，丰富我们的伙食。她常养上一群鸡鸭，收好一簸箕的鸡鸭蛋，晒好红薯干，等我们来享用。外婆虽然不识字，却特别会讲故事，还会很多谜语，她也特别讲究日常生活规矩，逢年过节，会有点趋利避害的小迷信。经常教育我们："站要有站相，坐要有坐相"，"男子吃饭如狼虎，女子吃饭粒粒数"。她对我们管得特别严格，做错了事，会挨罚，挨唠叨；但如果做对了事情，得到的奖赏也是很诱人的，有红薯干、甜酒煮荷包蛋吃，还会奖励一个好故事。我小时候特别爱养小动物，外婆就从选鸡蛋、孵小鸡开始，教我养鸡。现在我脑海里还常常浮现外婆抓着一只小鸡的脚，教我从它俯仰头的姿势辨别雌雄的情景。外婆离开我们快二十年了，"千条线，万条线，落到地上看不见"、"挖土坝墙，挑水成塘，见火水开，叶落水黄"，这些生活中的谜语、美丽的民间故事仍然萦绕在我脑海，绕成一团团锦线，串起杨秀湾、宝庆府，起伏成绵绵的乡愁，支撑着我对传统文化的仰慕和爱护之心。

世外桃源儒林镇

十岁那年的深秋，我们随被组织重新安排工作的父母来到城步苗族自治县。城步是全国第二个苗族自治县，地处湖南广西交界处、五岭中的越城岭下，县城所在地儒林镇已有一千多年历史。由于海拔较高，与外界仅有一条公路联系，整个儒林镇被形形色色的喀斯特地貌山体和越城岭余脉围合，形成一个冬暖夏凉的盆地。我们居住的县政府大院后面就是形似狮子的山峰，而极目远眺东南方向又横亘着状似马鞍的马鞍山，清亮的巫水河从狮子峰下飘然而过。镇里的房屋依地势起伏而建，大多数民居都是木制的吊脚楼，老街上铺着青石板路，夏天赤脚走上去沁人心腑。这一切的一切，对于我们三个久违了父母、久违了安定生活的孩子来说，真是世外桃源啊！

世外桃源里，我结识了一群可爱的小伙伴。阿玲，善良爱笑又胆小的苗族小妹，印象中总是一早就来到我家门口，怯怯地叫上我，一起去上学；阿萍，聪明胆大的侗族小妹，有好多想法，总在院子里飞快地跑。我刚到城步，人生地不熟，

城步老城门

语言不通，这两个同龄姐妹给了我热情的欢迎，很快成为县委大院女生铁三角。我们一起穿过黄灿灿、香喷喷的油菜花田，载着满身花香，走最快的捷径到学校上课；一起翻过墙头，爬上狮子峰采新春的竹笋；一起潜入巫水河，在清亮的河底摸石子、比谁的潜水功夫好。那时，在家属院里，我们领着一帮小弟弟、小妹妹，上天入地，淘气得出了格。

世外桃源里，我曾建造了人生第一个"建筑"。暑假的家属院是孩子们的天堂，我和小伙伴们经常在院子里捉迷藏、抓小虫或挖野菜。记得有一年暑假，不知在哪本书上看见了一个早期人类居住的窝棚造型，我马上兴奋地开始了第一次建筑实践。我叫上小伙伴，仿照书上画的图画，用葵花杆做人字形支撑，用野草、树叶做屋面，费了一天工夫，搭了个窝棚，足可以坐三个人。那个窝棚成了我们铁三角的别墅和指挥部，

回母校

儒林学校中山堂

马鞍山和巫水

每天在那里聚会、玩游戏、讲故事，羡煞了一帮小伙伴。没过多久，我们的窝棚旁边又出现了好几个窝棚。那个暑假里，孩子们成了窝棚里的开心一族。

世外桃源里，有我印象中最美的校园。我就读的儒林学校，分小学部和初中部。校园就建在狮子峰山脚下、巫水河侧，小学部靠近山脚，初中部临近巫水河。儒林学校有上百年的历史，礼堂和部分教室都建于20世纪30年代。我读书的教室是很古旧的两层外廊式木建筑，木地板、木栏杆、悬山青色蝴蝶瓦顶，教室外面围绕着很多大树，有香樟、枇杷，夏日为我们遮阴，秋天还能享受酸酸甜甜的枇杷果。礼堂是一座巍峨的两层砖砌建筑，石头门框上方镶有门心石，上面镌刻着"中山堂"

我爱乒乓

和爱女

三个大字。礼堂里面很宽大，有舞台，二层有一圈走廊，学校的大会、文艺汇演都在这里举行。学校的西侧是有几百年历史的文庙，当时作为校办工厂，与学校用围墙分隔。远远望去，建筑飞檐展翼，斗拱彩画虽然斑驳但很动人，很让我着迷。我在儒林学校读了三年多的书，在这些美丽的建筑、树木、山水间徜徉，是否契合了今后从事建筑设计和遗产保护事业之机不得而知，但我知道的是，这些建筑和山水深深

首尔国际会议发言

镌刻在我脑海中，影响了我对文化的认同和对建筑遗产保护事业的追求。

国际会议期间

知天命之年，我陪父亲回邵阳、城步寻故访友。让人惆怅的是，两个城市里我所熟悉的青石板路已消失无影，木板吊脚楼已经变成了红砖或混凝土小楼，城市已经和全球接轨。好在我们还找到了一段被保存的邵阳古城墙，看到了被保护的儒林学校的礼堂、文庙，看到了依然情真意切的童年好伙伴，看到了依然俊秀的马鞍山、狮子峰、巫水河、资江。我想，斯人、斯景、斯情，终会有一丝，将过去和未来，长久缠绵在一起。

透过时间的隧道，回望童年的片段，已经滤去所有的苦难、青涩和不如意，呈现在眼前的只有美丽和怀想。那一段段不经意的童年邂逅，已在其后的学习求索和社会历练中铸成我生命中的坚定信念和无畏勇气，与我共同面对人生的选择和挑战。感谢童年，给我丰富而美丽的记忆；感谢生活，我将继续前行。

路红

1962 年生，天津市国土资源和房屋管理局副局长。

涂鸦的天空

张 杰

　　我出生时,"三年自然灾害"还没结束,因此先天就营养不足,但是这并没有妨碍我长大成为一名建筑师,看来后天很重要。父母说,我两三岁时有一次拉肚子,医院给用了链霉素,由于药物过敏,当时险些夭折。说不定就是因为这次重大医疗事故,链霉素针剂以后不再用于儿童了。这也算是我对医学事业做出的"无私贡献"吧。不过长大后我并没因此而学医,倒是歪打正着学了建筑。今天想来,在"玩"和"模仿"中让兴趣得到充分的满足并无边无际地痴想着,大概对我后来的所作所为有着不小的影响。

　　上小学后才知道,和我同年的孩子特别多。因为学生太多,学校不得不让我们上半天课,剩下的半天就在某个家长不上班的同学家里上课外学习小组,写作业。老师会按时检查学习小组的情况,给大家判作业。这种状态大概持续了两年。那时的作业一般一个小时就搞定了,除非是写作文,否则晚上是不用做功课的。余下的时间就是在巷里、街上和孩子们玩,一直玩到我娘四处喊我的小名,叫我回家吃饭、睡觉。

童年肖像

少年时代

戴军帽的肖像

那时最能展现我才能的是挖沙筑土的游戏。春天暖和了，经常有房管所的泥瓦匠们来街坊里翻修房子，街巷里堆满了砂土、砖瓦。下午放学后，等施工队的大人一收工，沙堆、土山就立马变成了孩子们的乐园，我们常常在上面忙活的汗流浃背、灰头土脸。我最喜欢在砂土上挖各种形状的地道、构筑上下多变的台地，再找些玩具、碎石、砖块摆在上面，插些树枝什么的，它们就变成了院落、战场、梯田、长渠，弄出千山万水也不在话下。利用这样的道具，两三个孩子一起可以玩上好几个小时，甚至两三天都不离不弃。由于我的沙洞、土山鼓捣得最好玩，所以常常吸引几个家庭条件较好的孩子从家里拿好吃的讨好我，让我带他们一起玩。这有点像今天搞设计，如果做得有点意思了，就能招来不少甲方。不过这种游戏绝对不能在私人建房用的砂土上玩，会招来人家大人、孩子的愤怒，甚至挨揍。

随着年龄的增长，这种挖砂筑土的游戏已经不再能满足我的需求。我开始动手模仿着做些东西，譬如用铁丝编鸟笼子、给金鱼缸画背景画等。最值得一提的是刻象棋。五年级时，我让姑父在厂里用硬木头给我车了一副象棋的胚子，一个能夹住棋子的木板夹，用小钢锯条磨成几把刻刀。我利用升初中前暑假将近一个月的时间，刻了一副象棋，姑父还帮我做了一个装棋子的精致的小木盒。我先用毛笔蘸着白水粉颜料写好字，然后用钢锯刻刀一笔一画地刻。木头硬，手要使很大的劲儿才能刻得动。手心被刀把磨的生疼，我就在刀把上缠上厚厚的布，垫着继续刻。几次想放弃，但想到我让姑父费了那么大劲准备物件，而且已经信誓旦旦给全家许了愿，所以只好硬着头皮刻下去。大概是唐山地震后不久，我的象棋终于刻好了，最后我用红、白油漆给刻好的字填了色。太漂亮了！要知道，在那个年代买一副象棋要花不少钱呢。

棋刻好了，为了显摆，我几乎天天傍晚捧着棋盒子到街上找人下棋。当时是抗震期间，大家晚上都在外边睡，我爹也破天荒地用我刻的棋在街灯下和邻居的叔叔、大爷们下开了棋。我在一边看，还真学了不少招数。如果我爹不在，我也会跟邻居的大人一起下。虽然战绩平平，但为我日后扫荡研究生班，夺得军长头衔打下了坚实的基础。其实上研究生时班里象棋没人能下过我，但当那帮家伙得知我的棋艺是小时候跟老头们在路灯下杀出来的，就死活不肯封我为司令，说我不是科班出身。看来学历很重要！

在孩子玩耍的世界里，大自然永远是个离不开的话题。四里山离我家不远，有一段时间我每天天蒙蒙亮就起来和同学去爬山。在高高的英雄纪念碑下向北眺望，晨烟缭绕，明湖似镜，极远处黄河横带，鹊华螺髻。这是我对家乡"齐烟九点"景色最初又最深刻的记忆。

我家住的街坊是济南商埠区南边最普通不过的平房区，基本上没有什么老式的四合院。我们院由于人多院挤没有树，南面隔三四个院儿是个工厂的宿舍，里面有两棵高大的杨树，刚好对着我家。每年树变绿时，我都能从家门口看到那满树嫩嫩的叶子，刚换过单衣，春天傍晚的风暖暖的，舒服极了。后来才知道这种感受是在唐诗宋词中才能体会到的神遇的境界。

说实话学校的学习让我开心的时候实在不多，虽然我的成绩一向不错。首先，课本很无聊，比如语文尽是些"万岁"、"斗争"、"革命"之类的内容。另外，在政治上我也遇到了巨大障碍，我爹家庭出身地主，这让我家很长时间抬不起头来。后来爹说，爷爷家当时也没富到哪儿去，只是泰安农村都比较穷，土改时每个村的地主分子的人数要占到一定比例，所以爷爷就中了彩。因为成分不好，我到二年级下学期才被批准加入红小兵（现在称为少先队），期间的郁闷可想而知。几次写加入红小兵的申请书时，为了向组织表达炽热的红心，我都发自内心地要和我当地主的爷爷划清界限。我爷爷住在农村，因为怕给我家惹麻烦，很少来看我们。我第一次见到爷爷时大概是四年级，他来济南看病。当时见到他，我有一种说不清的感觉。

不过可能由于本人还算聪明，在学校里老师总有意无意地提携我。譬如，全年级或全校的批判大会或其他大会，班主任常让我写发言稿去发言，她还会把我叫到她家里去，指导我应如何充满激情地把发言稿朗读好。如果有教学观摩课，老师会把我当作重点培养对象，教我到

青年肖像

时如何回答问题。说实在的，我从来没有为此而感到开心，我讨厌那些稿子和她教我念稿子的腔调，所以很不识抬举。虽然说我是个"乖孩子"，但骨子里不愿受约束。记得大概六岁时，我爹看我整天在街巷里玩，便狠心花了钱把我送到他单位的幼儿园。可是我觉得不自由，但又不敢回家，就偷偷地跑到我爹工作的院子外面，自己玩打发时光，后来被我爹的同事发现，告发了我，我就又被送回了幼儿园。这样折腾了几回，我爹没法子，拗不过我，最终还是让我一个人在家里待着了，所以我上幼儿园的历史只有一周。这样，童年我一直处于放养的状态。这种对自我管理的坚持与固执一直伴随我到今天，苦乐全在其中。

在学校里，最大的心理障碍要数化得浓眉大眼、朱唇红腮地上台表演歌舞。即使今天到电视台做访谈节目，我也很讨厌化妆。第一次参加全校演出，我和其他七个孩子跳藏族舞蹈"北

京的金山上"，我因为紧张出了洋相，惹得台下哄堂大笑，从此我毅然决然地告别了演艺界。

　　不过，我从来不发怵在大庭广众面前讲故事，尤其是说些笑话什么的，我也特别着迷收音机里的讲故事和小说连播节目。有一次，学校请来了一位男老师给全校师生说评书《保密局的枪声》，太过瘾了。二年级时老师选了我和其他几个同学去少年宫跟这位老师学讲故事。我们每次去要走一个多小时。当时老师讲的是《向阳院的故事》。这个故事我已经在收音机里听过了，但看老师在台上那么绘声绘色地讲，我仍然兴趣不减。老师讲到故事里的反面人物——那个教唆少年儿童走资本主义道路的、挑货郎担的坏蛋时，动作和腔调都很幽默，我特别喜欢。每次回到学校，班主任会让我们几个同学把故事再讲给班里的同学们听。我第一次讲就大获全胜，很快进入了角色，尤其是讲到挑货郎担的阶级敌人时，全然放开，模仿得惟妙惟肖，逗得全班同学笑得前仰后合。其实，好多内容都是我现场发挥的。那么长的故事，只听过一次，谁能记得清楚？不把主要人物的名字弄混就不错了，况且背出来的东西有什么意思，大家听了能这么乐吗？为此，老师让我给全年级讲，我开心极了，心里想，这下可把你们镇住了，不能再嘲笑我跳舞不行了吧！后来到英国读博士，看了一大堆的洋书，才知道西方的艺术理论界有句名言：艺术是谎言，但诉说着真理。瞧，我当时瞎编故事给人听，收到那么好的艺术效果不正说明了这个道理吗？虽然博得大家一笑，但我这种勇于创新的潜质并没有得到老师的真正重视，以至于今天评书界让单田芳独霸江湖。唉！教育埋没人才啊！因此到初中，打倒"四人帮"后，每次拨乱反正的大会上，我都会现身说法，声泪俱下地控诉文革时期的错误教育路线对儿童心灵的摧残。

我从小就对写写画画有兴趣。大概五六岁时，我看到正在上高中的大哥在街上一个显要的墙面上写标语。墙上有很多像脸盆一样大的水泥圆饼，用油漆刷成白的，大哥在上面用红漆写了"将文化大革命进行到底！"。他还在巷子里写过其他毛主席语录等。很多人围观，邻居们都夸大哥字写得好，这很让我扬眉吐气。

学前我爹就让我开始写毛笔字，虽然写不好，但我仍然兴趣很浓。上小学后，班里要写决心书、大批判文章什么的，老师就让我自己起稿并回家用毛笔抄在红纸上。红纸比桌子还大，要抄一张半或两张，抄完后，手酸得不行，两个胳膊下面都蹭成了红的。干这活与其说练了字，还不如说是进行了邱少云式的革命意志的磨炼。后来上大学，我能趴在图板上一画几小时不挪窝，就得益于大字报的抄写之功。

小学上画画课，因为我红太阳、五星红旗、向日葵等画得好，很得美术老师的赏识。三年级便被当时专门负责美术课的黄老师叫去一起帮忙画宣传画。我特别喜欢黄老师。黄老师画的宣传连环画特别有意思，场面丰富，人物生动。每年的各种活动，如学雷锋或向其他英雄学习、批林批孔、评水浒、反击右倾翻案风、开门办学等，她都要画一系列连环画、漫画。画都是用毛笔勾线，水粉填色，很像年画。我特别盼望有新运动、新高潮之类的政治活动，这样不仅能看到黄老师新画的连环画，而且还可以给她打下手，最重要的是可以理所当然地逃几天课。不过，这种特权也是有代价的，班主任就对我因此缺课很不满，不但对黄老师言语不快，还去校长那儿告状，并且对我横眉冷对。

画画也是我课外的主要爱好。隔院儿的老四算是个文艺青年，他反革命的老爹被红卫兵打死了。他个头小，总是一个人躲在小屋里写字、画画。看到他用炭笔给她奶奶画的遗像很牛，我便回家也照着我大哥的照片画人像。自此我开始自学素描，竟然也能把酱油瓶子、盐罐子画得锃亮逼真，引得左邻右舍的孩子们都来看，大人们也赞不绝口。素描画得不过瘾，又开始用水彩画年画，曾经成功地划过一幅"天女散花"，在家里挂了好几年。那时，每到过年家家都会去新华书店买几幅新年画贴在屋里，但画法和题材都是革命的，所以我临摹的传统年画很受欢迎。

在我三年级时，我爹开始养花，只一两年功夫，各种菊花、月季就在我家门前不大的地方摆满了，地上、棚子上到处是。我爹最得意的是曾经养活了一种罕见的墨菊，一时成为街上的美谈。我印象最深的莫过每年深秋，我爹把刚开的清香的菊花小心翼翼地端到屋里，放在炉旁。白天我独自在家时，看着阳光透过门上的玻璃挤进屋里，照到洁白的菊花上，我常情不自禁地做白描写生。每年冬天我和二哥都帮爸爸在

窗前的小花坛中挖个不深的地
窖，把花盆放进去再填上土，
上面再盖上草帘子，以免花冻
着。我上中学时写了好几篇散
文都与爸爸种的花有关。

大学做模型

　　爸爸见我在美术上似乎有
培养前景，便开始四处打听给
我找老师。恰巧邻居五叔单位
上有一位画匠，画玻璃画一绝。
五叔家新做的大立柜的一扇门
上就镶着他画的《平湖秋月》。
在五叔的热心引见下，我在大
观园附近的一个老式四合院的
昏暗的平房中见到了这为五十
多岁的画匠。去时爸爸还让我
拎了二斤桃酥当作见面礼。老
师戴副眼镜，看上去挺严肃，
话不多。我挺紧张，很不情愿
地去老师家观摩了三次。这种
玻璃画是画在玻璃的背面，像
鼻烟壶内的画一样，所以工序
完全是反着的。之后我就自己
在家里折腾了，竟也有模有样
地也画了几块玻璃画，挂在家

大学时代

245

里，并经常引来访客的赞许。

　　每到逢年过节之前，区里、市里都会举办少年儿童画展，组织各校的学生到区、市两级少年宫业余搞创作。三年级时我就被选到区少年宫去参加绘画创作班。在那里几乎所有的学生都画年画。创作题材涉及时事政治、学雷锋、社会主义建设、学工学农等等。四年级时我的一幅画被春节画展选中，在市里最繁华的马路的宣传窗中展出。那幅画的题目是"我也去"，表现的是一个男孩装模作样地争着要跟他马上就要下乡的姐姐一起去接受贫下中农再教育，建设农业机械化。这一成就着实让我骄傲了一阵。

　　我就是在这种"自我陶醉"的氛围中成长着。后来接触到"正经"的美术，才知道自己小时候学的都算不上是艺术。但就是这些上不了台面的艺术却成了我童年中不可或缺的东西。后来，每当做设计画草图、用草模推敲方案做得得意时，总情不自禁地想起小时候玩砂土、涂鸦的往事。

张杰

　　1963年出生，现任清华大学建筑学院教授、遗产中心副主任，一级注册建筑师，国际古迹遗址理事会历史城镇与村落委员会执行委员。

童年的火车、音乐和古画

胡 越

　　我出生于 1964 年。很多人的文章里说那个年代的人童年不幸福，但是我的感觉是挺幸福的。我小学六年级的时候"四人帮"粉碎了，在那之前，"文化大革命"后期"批林批孔"时期，从小孩儿的角度来看很轻松，那个时代忙着闹革命，没有什么作业，考试也不比名次。回家以后，大院里全都是小孩儿在一块儿玩儿，做各种游戏。最有意思的是快到晚饭时分，爷爷奶奶或者是爸爸妈妈叫自己家的孩子吃饭，我们那个大院儿住的人来自天南海北，一到晚饭点儿就响起一片此起彼伏、南腔北调的召唤声。小伙伴们模仿外地的口音，跟着一起嚷嚷，十分起劲儿。所以我印象里的童年是非常有趣、非常快乐的。

　　关于童年，据我父亲说，我最想当的是火车司机。我们家住的有色金属研究院的大院是 1950 年代新中国刚成立时建的，办公楼、宿舍楼、学校、幼儿园一应俱全。大院就在西客站的北边，那附近有一条通向钢厂的专线铁路。有时父母会带我去车站，一去我就为火车而倾倒了！专线火车几天来一趟，铁路线上停着很多货运的火车皮，有厢式的、有罐式的，偶尔还有一两节儿客运的车厢，那是给工人们提供的临时宿舍。我狂热

幼儿园

小学 一

小学 二

地迷恋火车，以至于父母不敢带我去，因为任凭死拉硬拽我就是趴在站台上不走，直到看见火车头开过来才作罢。有的时候去了，火车头没来，就非常痛苦。在家里我把马扎儿串到一块儿当火车，"况切况切"从这屋开到那屋，弄坏了好几个板凳。蒸汽火车轰隆隆地开过来，那种机械连动的气势让人发自内心的喜悦。火车、手表、照相机、枪、坦克，男孩儿一见就喜欢，我想爱机械可能是男子的天性。

"文革"时候家里还是受过一些冲击的，父母、姥爷都挨过斗，因为姥爷新中国成立前给国民党政府的军工厂造枪，还被打成了历史反革命，家被抄过，照相机这些东西都被没收了。小时候因为课业不重，很多孩子都学乐器，学小提琴、学手风琴，但我不敢学这些，怕成罪名。唯一不被禁止的是学唱样板戏，我对文艺非常感兴趣。当时因为年龄的关系，我不喜欢太悲的戏，比如《红灯记》，我害怕看，因为里面的主要人物都被枪毙了；我也不喜欢文戏太多的戏，比如《海港》，里面的大段唱太多，小孩子受不了，但我最喜欢《智取威虎山》《沙家浜》《杜鹃山》这些戏。当时痴迷到什么程度？在上小学一二年级时，我已能把《智取威虎山》这本戏从头到尾、所有角色、连唱段带念白给演下来。因此我在有色金属研究院大院里是非常有名的，叔叔阿姨见了我会点戏、点某一段儿，然后我开唱。那时候的音乐教育特别少，样板戏是我最初的音乐启蒙。

小学时听京戏着了迷，高中时我成为一名音乐发烧友。1980年代初，刚刚改革开放，社会上时兴年轻人烫卷发、穿大喇叭筒裤子，外加手里提溜着大录音机，带两个大圆喇叭的那种，我们家也有一个。那时候的广播电台基本上播古典音乐，还有就是那个特殊时代的流行音乐，东方歌舞团风靡一时，李谷一、牟玄甫、郑绪岚的歌儿到处听得见。人们也偷偷开始听港台音乐、邓丽君的靡靡之音。但我那时和别人不同，我有一种特殊的感觉，我没有找到自己喜欢的东西，对港台音乐我有一种本能的反感。我们家的录音机好像是夏普的牌子，可以放卡带也可以当收音机，里面有短波。一次，无意之中我找到了一个短波电台，那是美国在韩国军事基地的广播电台，一会儿是韩语，一会儿是英语。但它主要播美国音乐，一下子就把我吸引住了。当时的听音条件特别差，一会儿有、一会儿没有，时不时出现"哔——"的尖锐噪声。但我把耳朵贴在录音机上，每天至少贴2到3个小时。我觉得我终于找到了自己喜欢的音乐。

我很快乐，我迷上了摇滚乐，我的视野收得极窄，开始只为摇滚乐废寝忘食。在年轻的时候，我崇拜热血、崇拜有实力的人、崇拜真正的硬汉！因此我喜欢金属感的摇滚乐。我一般不听女歌手唱歌，除非她具有特别的好嗓子。摇滚乐和流行音乐完全不一样，它是流行音乐的精华，它是有思想的，而不仅靠甜蜜悦耳的东西去吸引人，在这点上它跟古典音乐是一样的。真正有深度的作品并不追求形式上第一眼让你觉得特别甜美，而是需要你去深入品味。这可以跟美食做比较：比如说，品尝美食的初级阶段就是吃个酸甜，吃不出特别复杂的味儿来，但到了美食的最高境界，肯定是让你体味特别细腻的东西，甚至刚开始你尝出的不是香味，而是怪怪的、让你不舒服的味道，比如辣臭。从摇滚音乐的旋律开始，再到它的思想、它的内涵，我一步步地陷入里面去。摇滚和那些在舞台上又蹦又跳、搞得很炫的音乐是截然相反的，摇滚乐手从来都是穿一身普通的服装，然后两把吉他、一个贝斯再加一个鼓就把整个音乐会唱下来了。摇滚就是发掘生活里人们的苦闷、社会的不平和内心深处的东西，把它们唱出来，它还原了流行歌曲最本质的、最有价值的东西，它是很具批判性的音乐种类。

再后来，等我大学毕业到设计院以后，我变成一名古典音乐发烧友。我首先得感谢音响的发烧。劣质的音响，你只能听听旋律了，当你追求音响的发烧时，你会很在意音乐高保真的还原，在意真正的声音。当你听过好音乐那种丰富的层次后，你会发现流行音乐没法儿听了，都糊在一起了。从音响发烧开始，慢慢你会进入到对音乐本体的一种感悟状态里，并不是所有音响发烧都能进阶到这一层，但音响发烧提供了物理的条件。建筑跟古典交响乐是非常相似的，它们都是复杂的结合体。音乐有作曲家、演奏家、音乐厅、各种乐器，所有这些组成部分都调配得当后，才能演奏出一个完美的曲目，缺一不可。建筑也是一样的，建筑设计、水暖电、施工单位、材料、甲方，一个都不能少，否则就做不出一座像样的房子来。我觉着无论是音乐还是建筑的所有元素，都在追求着一种极限的和谐。别的艺术元素似乎都不能和建筑相提并论，例如绘画，画画儿时画家本人就是全部，但建筑不一样。样板戏、摇滚，古典音乐是我音乐旅程的三部曲。音乐相伴我一生，也对我的建筑创作影响非常大。当我坐在那里思考问题时，耳边必须有音乐声，这是我长久以来养成的习惯。

我对美术的爱好也是从小养成的。那个时代，除了政治宣传画，我没有机会接触到任何一种画儿——真正的画儿。即使家里有画册，要不就被抄家抄走了，要不就被家长深藏起来，小孩儿根本看不到，因为万一一不小心露出来，造反派马上给你扣个"封资修"的帽子，把画儿没收不说，还要挨批斗。因为一直没见到像样的东西，所以也一直没激起我的爱好。我第一次对画画感兴趣，是在"批林批孔"的时候，突然出现了很多法家、儒家的漫画儿。在这之前，我曾看过几眼《三国演义》的小人书。当时班里的小朋友把小人书拿出来，只有跟他特别要好的小朋友，或者是班里不得不巴结的老大那种他才给看，因为家长肯定叮嘱他要藏好了。像我们这种老实巴交的孩子根本看不着，只在我们面前晃了几下，当时感觉真好！真喜欢！"批林批孔"时，大人们在大肆批斗，我却莫名其妙地被吸引住了，因为讲了很多历史故事，我买了好些"批林批孔"的书，专门看里面的线描画儿，据说为了这些画儿，"文革"早期挨批的戴敦邦先生都被重新启用了，我埋头细细研究，孔老二怎么画、衣服怎么画、冠怎么画，觉得迷人得不得了。这个时期也培养出我对中国传统文化的兴趣。

　　我爱美术还有一个机缘。小时候的住宅门对门，我家对面有一家，可能新中国成立前是文化人。在我印象里，他们家的家具、摆设、小零碎，都比我们家的漂亮高级，后来我知道他父亲曾在苏联留过学。而我记得小时候我们家四白落地，家具还是单位发的。因为"文革"时抄家，父母就把首饰、大洋、照片、书画等等古董包成包裹，沉在玉渊潭的八一湖里了，所以家里什么东西都没有了。小学四五年级的时候，学校放假，家长不在家，我们两个小孩在家翻箱子，结果翻出两本俄罗斯画册。这是我第一次接触到西方古典绘画，上面还有裸体画。当时给我的震撼太大了！真像遇到洪水猛兽一样！第一反应是这流氓，怎么能够这样！但同时又觉得太漂亮了，以前从不知道还有这种东西存在！之前从来没有任何这样的信息，报纸上面是《毛主席语录》，或者是宣传画，突然看到这样的东西，感到非常新奇！那时已到"文革"末期，包括江青也在提搞一些文化上的东西，她自己穿条连衣裙，叫"江青裙"，自己设计的，那时这些事情都不再那么严格了。

到了快粉碎"四人帮"的时候，爸爸送给我一个笔记本，叫《美术日记》，这还是爸妈谈恋爱时，我爸送给我妈的礼物。这本笔记我现在还珍藏着呢，而且肯定会珍藏一辈子，因为那是开启我绘画大门的钥匙。它的开本不大，每个星期配一张整页的小画儿，都是中国从古代到"文革"前重要画家的画作。远到顾恺之、张择端、李成、范宽，近到靳尚谊、古元都有。那是我第一次接触到《溪山行旅图》《早春图》《朝元仙仗图》《清明上河图》这些中国古代艺术的瑰宝，简直不知道看了有多少遍。那时为了保险起见，爸爸在被批为"封资修"的古画简介上打叉，像《毛主席在安源》这种画儿就不动，万一有人翻账，我们可以说已经画又批判了。因为《美术日记》，我对绘画和中国传统文化产生了愈加浓厚的兴趣。我养成了去故宫的习惯，从中学开始，几乎每年必去故宫，而且绝不止一次，每次必去绘画馆和古书画研究中心，观摩古画和书法，那种氛围深深吸引着我。

被赠《美术日记》之后，我在探访宣武门的表亲时，发现了一个非常有趣的去处：荣宝斋。表亲家住四合院儿，里面种着葡萄架，还可以爬梯子上房，他们家的生活跟单元楼的生活大不一样，我特别喜欢去那儿，去那儿之后就上荣宝斋。"文革"后期，这些老的商店慢慢恢复起来了。荣宝斋里那些天然的笔墨纸砚、挂起来的画幅、售卖的齐白石的小章，都令我沉醉，一待待很久都不想走。我开始买一点儿宣纸，看着原图自己瞎画，模仿范宽、郭熙，画了好些张。但可惜全凭自学，没机会接受专业的训练。绘画方面的这些经历培养了我的审美取向。我一般不看现代水墨，它们没有传达给我人文精神。而古人的画则不同，不管是写意还是工笔，其中抒发的情感、道理都深可玩味，现代的东西只有浮躁。我有一个志向，希望退休以后好好研究中国绘画史，现在我没有时间，希望以后有机会深钻。绘画和音乐一样，是使我终身受益的爱好，虽然我不像王澍那样直接将绘画知识用在建筑上，但它对我身心的熏陶是潜移默化的。

因为对中国传统文化着迷，在高中时我开始逃学。上高中的时候，班上有两个同学对中国古典文学特别感兴趣，我们一拍即合，下午一起旷课到琉璃厂边上的中国书店去看古书，都是那种线装的书，我沉浸在诸子百家里，沉浸在《文选》里。中国书店分内外屋，外面是普通人可以进的地方，里面则必须是有一定身份的人才能进，比如学者、老师，得凭证件。我们没有证件，恰好其中一个同学家里是军人，我们三人一人穿一件军大衣混进去，然后蹲在角落里把军大衣的领子竖起来，缩起脑袋看书。所以我对中国书店特别有感情。但这种痴迷也使

我走了弯路，因为缺课太多，第一次高考的时候，我落榜了。第二年我报了建筑专业，这是受两个人的影响，一位是爸爸设计院办

高中

公室里的建筑师，一位是小学同学的建筑师父亲，我在他们家里头看他们画建筑画，非常感兴趣。在中学时我就开始订建筑杂志，对各种建筑的理论如数家珍。填报志愿时，我还考虑过考古，也想过进北大考古系，因为这样可以发挥我对中国传统文化的兴趣特长。但父亲说，你身体不好，搞野外工作受得了吗？搞建筑可以在办公室坐着，所以我就填了建筑的志愿，没想到这个工作更没黑没白、更累。

回想小时候的爱好，机械、音乐、绘画，虽然不是直接与建筑相关，但我认为，在最高境界上，它们都是相通的。所以许多非常有名气的艺术家可以玩儿很多东西，搞时装的可以做装修，也可以做建筑，也可以搞绘画，到了最高的层次，悟出来的东西是一样的，可能差别只在技巧上。这种深层次的感悟反过来会使所操的职业受益。最高的境界可能只可意会不可言传。如果非要说的话，就是你的创造表达了你对世界、人生的态度，并且你能自如地把握创造的分寸。不管是想表达沉默或

大学

是热烈，或者说想用房子表达一种文化，这里面都存在着分寸。中国绘画里所说的"神似"，我认为就是一种恰如其分，而分寸的拿捏靠的是多种知识与经验的滋养，靠本人的领悟。其实小孩子的教育，并不需要强迫他去学什么，而是把他带到这个环境里，给他提供一条接触的路径，如果他喜欢，自己自然就开始迷恋、开始钻研了，这可能就是天赋的力量。

（编辑部根据采访整理）

胡越

1964年出生，全国工程勘察设计大师、北京建筑设计研究院总建筑师。

256

童年记忆

徐 锋

　　童年的记忆是那么的清晰而又繁乱，好像一部黑白的老电影，是那么亲切、难忘，胶片永远存放在我的记忆深处。从何下手，各种场景、人物……全部映入脑海，一时间不知道从何下笔了。思前想后，就用最朴实无华的平铺直叙来表达内心最纯真，最美好的与建筑师职业相关的一些片段记忆吧！

　　最近社会上经常评论 1960 年代出生的人是幸福的一代人，当我们读小学的时候，上大学不用考试；当我们读大学的时候，大学不仅不缴费，还有补助；当我们准备毕业工作的时候，是国家统一分配的；当我们成家的时候，房子是单位分配的……其实不然，所有的事物都有两面性，由于十年浩劫，各行各业，专业技术人才青黄不接，形成了一个很严重的断代情况，一参加工作，立马要求你成为各行各业的顶梁柱！稚嫩的肩膀倍感压力啊！能否挑起重担，成为每天工作中面临的巨大挑战。我们是幸运的，同时又是肩负起了时代赋予的历史使命与责任的一代。

　　1964 年秋我出生在昆明一个普通的医生家庭，父亲是昆明医学院的人体解剖学老师，母亲是附属医院的妇产科医生，我们家几代人好像没有从事过盖房子相关的行业，更无从知晓什么是建筑学、建筑师。童年时我常常跟在在妇产科工作的母亲屁股后面，在各种肥嘟嘟的婴儿中间穿行，每当她值夜班，我就睡在婴儿室外医生值班室的加班床上。最开心的事情就是每当妈妈汗流浃背完成一个手术后，可以和她分享医院食堂送来的热气腾腾的"夜点"——炸酱面条，无比幸福！

到了上小学的年龄，当时的中国大学是不用考的，时兴从工、农、兵中推荐根正苗红者，所以要实现大学梦对于一个普通知识分子家庭的孩子来说，几乎不可能。当时父母就是担心孩子长大后没有一技之长，害怕养活不了自己，还要面临下乡当知青的现实。所以他们就把我送到一位住在我们医学院家属院里的中学美术老师家学习画画。

1978年上初中的我（左一）与小伙伴

每周日去她

家领一个冷冰冰的石膏像，一放学就回家铺设一块背景布，然后开始"打磨"2B、4B、6B铅笔，第二周日交回作业和石膏像，打分，评讲，一直坚持。她的启蒙与教育让我初步接触到了素描绘画，从而也产生了浓厚的兴趣。

这时，学校又开始学工、学农运动了，紧接着粉碎了"四人帮"，学校里组织学生下田干活，割草插秧，还要挑大粪。为了偷懒，不干农活，我"小聪明"地积极承包了宣传栏黑板报的所有宣传画工作，画各种"宣传人物"漫画，没想到还受到老师、同学一致好评，这更加坚定了我对画画的热爱与信心。

1977年国家正式恢复了高考，科学的春天来临了，华罗庚、陈景润的事迹激励着数以万计的学

1981年刚结束高考那一天

259

近照

子们发奋读书，我们这批小野马似的少男少女一进中学就又回到了"学好数理化，走遍天下都不怕"的学习轨道上来了，大学之梦似乎离我又并不是那么遥远了。在高中数学的学习中，我又对立体几何部分特别感兴趣，可能是经历过素描的训练，在班里也显示出了一定的图形、空间思维天赋，在枯燥的学习之余，一颗萌动的心又开始躁动了，一放学就吆喝一伙小伙伴去摄影，偷偷地拿着小舅寄存在我们家的老式海鸥120相机到处拍摄，还把家里仅1平方米大的卫生间改造成暗房，自制曝光箱，显影、定影，冲洗照片，贴在玻璃窗上"上光"……当时在英雄主义的影响下我的理想是要成为一名"工程师"。

作为医生家庭的长子，父母很希望我继承他们的职业，可是我的心早已飞越了他们的掌控，幸运之神又一次眷顾了我，一个偶然机会，我的班主任老师带我去看望她的一个好友，一进入这位好友家，眼前的一幅幅建筑画把我惊呆了，老师这位好友家的叔叔是一家设计院的建筑师，这时才发现原来还有这个行当，既可以实现当工程师的梦想，又可以把自己画画的爱好当成一种职业，知道了这个有趣的职业叫"建筑师"，专业叫"建筑学"，我的梦想就这样开启了，立志报考建筑学，当一名建筑师们可以把理想与兴趣结合起来，当时就这样想，因为两个我都向往。

1981年夏天，紧张的高考结束了，又一次巧缘在填写完第一志愿——重庆建筑工程学院建筑系建筑学专业后，我很自然地在爱好特长一栏处，写上了我画画和摄影的特长。这就铸成了我的建筑师梦，而这一干就是三十多年。

三十年来，尽管经历了各种酸甜苦辣，但我从未放弃过。我是幸运的，在成长的道路上有那么多人的帮助与指点，同时又是幸福的。现在回想起来，少年时的贪玩、爱好居然和我现在的职业这么密切，好像是冥冥之中上天的安排，做上了自己最喜爱的工作。因为喜欢，所以坚持，真希望自己能一直拥有一颗少年时的童心，不断地追求新的梦想！

徐锋

1964年生，云南省设计院总建筑师、教授级高级建筑师，云南省工程勘察设计大师。

童年

傅绍辉

对我来说，童年最深的记忆就是自己动手，设计和制作各种纸工模型。

我们这一代人（60后），没有现在儿童这么好的生活条件、这样多的玩具，也没有各种各样的学前班、课外班。

我小时候没有上过幼儿园，由于父母在呼和浩特工作，学龄前我随祖父母生活在天津，那时也没什么玩具。由于从小就喜欢绘画，所以画画是我幼年时每天都要做的事。在我大概6岁左右的时候，有一次我父亲从内蒙古出差来天津，在家停留了几天。父亲在文具店给我买了一套纸工模型，卡片纸上印制的是各种汽车模型的展开图，剪下来折叠粘贴后可以做成立体的纸模型。有大货车、小货车、吉普车、救火车、救护车、无轨电车、拖拉机等。拿到这样一套模型自然是爱不释手，但是却不明白怎样去做。父亲利用在家有限的几天时间，抽空帮我做了一个，我记得很清楚，是红色的救火车。

父亲返回内蒙古后，姑姑又帮我做了一个。慢慢地，自己好像明白了制作的方法，开始自己动手做余下的模型。很快，一套立体纸工模型就差不多快做完了。当只剩下最后一张的时候，实在是舍不得再做，怕做完了就再也没有了，于是就决定临摹，然后再剪下来粘糊。但是第一次的实验并不成功，因为不明白前后左右相互镜像对称的道理，做出来的模型自然是歪歪扭扭的，不成样子。当时也没有大人们帮忙，就

近照

靠自己去摸索。这样经过几次的失败，好像突然之间明白了其中的道理，开始用直尺很规整地去画三视图，由此以后便一发而不可收，不仅把当时能买到的各种纸工模型都做了个遍（其中难度比较大的是船模和北京十大建筑模型，那时觉得北京站和民族文化宫不好做，因为顶部有很多小亭子。船模中的战列舰不好做，因为炮管多，很难每一个都卷得周正。），更多的是自己动手画所能见到的各种汽车，做成模型。后来逐渐将其发展，变得更复杂，像冷藏车的后门是可以打开的，翻斗自卸车的车斗也可以翻起。

上小学后我随父母回到了内蒙古呼和浩特市。那时天津与呼市之间没有直达火车，需要在北京转车（好像叫中转签字）。有一年在北京转车时，全家去了一趟北京动物园，那是我一生中第

在学术会议上

一次见到如此多的动物，一下子就迷上了动物。到 1977 年左右，邻居家开始有电视机了，在电视里看到《动物世界》，就更加喜欢上了各种动物，于是就又设想开始做动物纸工，把各种动物做成立体的，还做出一个动物园，有笼舍，还有公共汽车站和汽车等等。

几十年过去了，由于搬迁、唐山地震等原因，童年所做的车模早已不在。几年前，我的九叔、九婶还曾保存着我做的部分动物纸工，可惜当时我没有要过来，也没有拍些照片，现在也不知它们在何处了。

童年的这段经历，充分锻炼了我对立体的感知以及空间想象能力。有意无意之间，最终我选择了建筑设计作为自己一生的职业，多少也是受到了童年爱好的影响。能够做自己喜欢的事，把职业与自己的爱好结合起来，真的很幸运。

2014 年 2 月 23 日于北京

傅绍辉

1968 年生，中国航空规划建设发展有限公司首席专家、总建筑师、研究员。

蓦然回首忆童年

金卫钧

建筑师是一个充满诗意的职业，可以挥笔勾勒出人间美好的时空。然而，人生有缘，起于童年。所以这便是童年的种子迸发的五色梦想，在现实生活中完成的理想架构。开始接到约稿函的时候，我还有些茫然，待明白金总编的要求后，倒使我心灵飞动，凫回了童年的河流。我今年50岁，按照老话来说已是"半百之人"了，此时回溯自己的童年往事，搜寻深藏于自己心底的美好瞬间，寻找当年天真的趣事和对世界的感知，仿佛打开了尘封多年的百宝箱，里面存放着从前那些珍贵的宝物，或是一颗玻璃球，或是一张泛黄的明信片。此时，蓦然回首别有一番滋味。

悠扬的古寺铃声

我出生在天津市蓟县，这是一个山清水秀、人杰地灵并有着悠久历史的小城。城内有不少名胜古迹，而与我有最大渊源的当属始建于唐、重建于辽统和二年（公元984年）的千年古刹独乐寺了。

小时候我家就住在独乐寺西边的蓟州古城墙内，与这座驰名中外的古建筑仅一墙之隔。山风乍起，高 23 米的观音阁上的铁铃铛悠扬做声，传出很远。于是，这里成了最吸引我的地方。我和小伙伴们三下两下就爬上独乐寺的院墙，享受探秘的乐趣。印象最深刻的是，独乐寺观音阁大殿内的大佛对于儿时的我显得是那么的高大而神秘，至今矗立在心头。后来我考入天津大学建筑学系，不能说没有这里的缘分。特别是学习了古代建筑后，我对这个神秘的邻居有了新的认识。还记得在参加研究生考试时有一道题问道：国内现存最古老的楼阁式建筑是什么？我毫不犹豫地写上了标准答案：独乐寺。

1970 年代，我家在古寺铃声中过着安详的生活。家里有三

独乐寺素描

1969年合影

全家福

个孩子，哥哥、姐姐还有我，因为我是家里最小的，所以父母宠着我，哥哥姐姐也都会让着我，使我成长为一个阳光又快乐的孩

267

子，每一天都无忧无虑地度过，特别幸福。童年的记忆充斥脑海，那种纯真并充实的快乐是最珍贵的，也是最值得怀念的。尽管那个年代物质比较匮乏，但人们的精神世界却是相当充实的。

小的时候，我非常顽皮，和大哥相比更加淘气。凡是我这个年龄段的男孩子爱玩儿的玩具、游戏我都一样不少：弹球、方宝、弹弓、火药枪、老蒋（尕）等，可谓十八般武器样样俱全。夏天游泳、冬天滑冰，更是所好。那时的冬天，我们自己做冰鞋，手巧也凭家什妙。用小锯拉开两个木条，用刀削成下锐上平，下边镶上锯条，然后在每只"冰鞋"的两侧上拧进四个螺钉，用绳子捆在自己的鞋上，就可以开滑了。现在想起来，如果没有一点设计和动手能力，还真不能享受冰上飞人的乐趣。直到上了大学后才第一次穿上了真正的冰鞋，竟有如鱼得水的感觉。其实真正的冰鞋和我做的冰鞋原理是一样的，只是做工不同。小时候有一件不值得宣扬的事情，那就是自己按照书上学来的知识——一硝二磺三木炭的配比制作黑炸药。制成的炸药被存在玻璃瓶中，准备自己做炮仗用。一次我放炮仗时不小心将火星掉到了盛放炸药的玻璃瓶中，引起了玻璃瓶中的炸药爆炸。幸亏当时我对炸药的配比掌握得不是太准确，其威力不是很大，只是将玻璃瓶子炸裂了，没有引起更大的麻烦。现在想起来当时真的很危险，庆幸，庆幸，否则大概就没有现在这段文字了。

蓟县有山有水，游山玩水是自然而然的事情，我家离于桥水库不远。夏天，天气好的时候我常常和同学们一起去水库游泳、划船。刚开始是划双桨，后来就用单桨。随着划船技术与日俱增，胆子也越来越大，那时的小孩子都没有什么安全意识。一次正玩得起兴，突然刮起了大风，黑云翻滚，风将船刮向水库中间去了。我们几个孩子都吓坏了，在船上大声呼救。幸好岸边的渔民发现了我们，划船过来救了我们，最后终于将我们的船给捞到岸边，我们得以脱险。水库所在地的大队书记得知这个事情后非常生气，看到我们后把我们狠狠地训了一顿，并问我们是哪个学校的，要去找我们校长。我赶紧承认错误，虚心接受批评。我向大队书记说："您千万不要去找校长，要真是那样的话，校长不仅会批评我，而且会不让我划船了；要真是那样的话，我再也没有机会学习划船了，也再没有机会改正错误了。"那位书记见我的态度非常好，也就不再追究我们的错误了。

童年的记忆还有很多很多，童年对我来说也是意义重大，过去种种在岁月的打磨中都已经提炼升华。现在想想，人生的每一步都会是你万里征程的一个积累，没有一小步就没有下一段路程，正是童年无拘无束的生活锻炼和培养了我的很多个人能力。其实在小孩的成长过程中，如果是将外力强加于孩子，而不考虑孩子的自主性，会让孩子的幼小心灵发生变形。引导孩子成长要恰如其分，要让孩子的童年健康快乐，这才是最重要的。古寺的铃声依然悠扬，在风雨中我慢慢长大。

教书的父亲引我成才

我的父亲金振东是蓟县一中的一名特级教师，教学之余写过十几部长篇小说、民间文学还有教辅材料，他对盘山的历史、文化、环境、建筑，乃至地理地貌有相当深入的研究。父亲对我的管教非常严格，对我的学习抓得也比较紧。父亲喜爱美术，他的工笔画画得非常好，但他从没有逼我去学习美术。父亲写得一手好字。在我很小的时候，就叫我按字帖学写钢笔字，所以我自小字写得还算可以。虽然学习的过程中我也产生过抵触情绪，但在父亲的严格要求下还是坚持了下来。钢笔字取得长进是在上高一的时候。那一年，我的一位同学参加朗诵比赛获奖了，奖品是黄若舟的钢笔字帖，我印象非常深。黄若舟写的是行书，而上中学时能写一手漂亮的行书是很有面子的事。我就向这位同学借了这本字帖，用了一晚上的时间，将字帖整个抄了一遍。我的钢笔字就是按照抄来的字帖学习的。

也正是因为学习了钢笔书法，我才有幸学了建筑学。我1981年参加高考，我所在的蓟县一中共有5位学生报考天津大学建筑系。录取时天大的老师给蓟县一中的校长打电话，问哪个同学会美术、绘画。校长说，我们学校的学生没有会美术的，倒是有个学生（指我）的父亲画儿画得不错，这个学生的字写得不错。就是这么一句话，就让我就留在了天大建筑系，其他四位被调到土木系和水利系。

报考大学时我本人没什么方向，报哪所大学、学哪个专业，全是我父亲给我报的。那时，我父亲就让我学建筑学，报考的全是有建筑学专业的学校，什么天津大学、同济大学、南京工学院等，就是清华大学没敢报，怕我考不上。

事过多年，回想往事，如果说我在建筑领域小有成就，第一个需要感谢的就是父亲。然而，事情往往不随人愿，子欲养而亲不待，原本是享受天伦之乐的年纪，父亲却因癌症于 2004 年 12 月去世了，享年 69 岁，我一直心怀愧疚，没有在他有生之年尽到我应该尽到的责任。父亲身体不好，一直都在扛着，原本打算忙过一阵后带他去外面转转，可是工作一直忙一直忙，事情也就一拖再拖，直到最后我也只带他去过海南岛，没曾想这成了我永远的遗憾。我从中领悟到，工作是无休止的，该放下时就要放下，有时间一定要多陪陪家中的老人。

　　令我欣慰的是，父亲给我留下了许多精神财富。我曾经和父亲合作过，他写文字，我配插图。那是 1988 年 2 月 20 日，农历龙年初四，父亲带着我进了盘山。我们从山下慢慢往上走，我边走边听父亲讲解盘山的历史演变、自然环境、人文特征等，父亲对我讲述着他这些年来对盘山的研究，我听得津津有味。我们爷儿俩商量，发挥各自的特长，共同合作，将盘山主要的景点和建筑以图文并茂的方式进行系列介绍，让更多的人认识和了解盘山悠久的历史文化和独具特色的自然景色，

和父亲在盘山合影

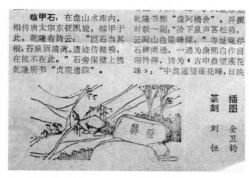

盘四十景插图

父亲要我为他写的《盘山四十景观》配画插图。那天，我们从千像寺摇动石开始，攀爬峻岭，不畏寒冷，寻找着盘山的景色。从少林寺直达万松寺，再到天成寺，沿着盘山的主要景点，溜溜走了一天，回到家时已经万家灯火、饭菜飘香了。于是，就有了从1988年3月21日至6月13日在《天津日报》上连载的《盘山四十景观》，在当时起到弘扬盘山文化的积极作用。此事已成绝笔。关于父亲的记忆还有很多很多，父亲的思想、精神对我有着重大的影响，父亲的鼓励，是我成才的基石，是使我受益终身的一大笔财富，他的言谈举止音容笑貌，令我终生难忘。

心里装着美才能学到美

我小学就读于蓟县城关小学，中学在蓟县一中，这两所学校都是非常好的学校。我小时候学习真的没有特别的用功，父亲家教严格，加上自己的小聪明，成绩一直还都不错。真正开始注意学习是在上高中以后，还是由于老师的一句话。高二的时候，老师在班上对着全体同学说："你们现在已经到了非常关键的时候了，同学们一定要努力学习，认真刻苦，要抓紧每一分钟的时间去拼。如果你们不努力、不认真、不刻苦、不抓

1985年独乐寺全家合影

紧时间，那你们的出路只有一条: 到农村种地去。你们愿意吗? ”

从那时开始，我就一直处于非常紧张、压抑的状态之中。考不上大学就如同要下地狱一般，这简直是对我身体和精神上的巨大摧残。但没有办法，谁都如此。

经过努力，我如愿以偿地考上了天津大学。

我没学过美术，小时候也不会画画。上大学后进行了一次美术加试，自己的作品真是惨不忍睹，自己都看不下去。而我周围的很多同学美术功底都非常棒，他们画的画令我吃惊: 赵晓东、周凯、朱剑飞、张杰、刘恒谦、余茂林、肖宇澄、荆子洋等同学画得太好了。这给我很大的压力，也成为我奋起直追

米兰老城速写　　　　　　　　　法国小镇

的动力。我在心底告诉自己：一定要将美术课学好。

　　从这以后，一直到我们第一堂美术课开讲，有一个月的时间，在天津大学建筑系8楼的楼道内、教室里，经常会出现一个晃动的身影，那就是我。或是认真学习高年级同学的美术作业，认真领会其中的要领；或是认真临摹，寻找自己对画画的灵感。经过刻苦的努力和不间断的练习，从第一次考试的惨不忍睹，到第一张美术作业的4分成绩，一个月的努力没有白费。对于美术水平零起点的我直接跳过3分，更是一种鼓励。

　　以我的美术基础而言，我上了建筑系是一种"不幸"，

但万幸的是我有一定
的天赋和美感基础，
再加上我自己的刻苦
努力，同时很幸运和
年级美术水平最高
的赵晓东分到一个宿
舍，他给了自己很多
鼓励与指导。到大学
二年级美术课结束的
时候，美术老师告诉
我我的美术成绩进入
了全年级前 6 名，我
感到非常欣慰。我是
从学习基础知识
开始，到对美术
感兴趣，甚至到
愿意深入其中、
主动去探寻一些
自己不懂的知
识，再到创作美
术作品，探讨一
些美术理论的问
题，可以说每个
阶段都对美术有
了更深一层的认

卧佛寺速写

建筑水彩 一

建筑水彩 二

识和理解：已经不仅是技巧的运用，更多的是对内涵的把握和解读。

我学习美术的过程可以给学建筑的学生以启示：尽管你没有学习过美术，但只要你对学习美有着执着的认真和努力，再加上一些理解力和灵感，就一定可以成功。

我的思考

每个年龄段的快乐点是不同的。小时候的快乐，大了以后就再也找不到了。如果可以的话，应尽量享受每个年龄段的快乐，一旦过去了就永远不会再有了。现在的社会发展非常快，当今的孩子除了连续不断地上各种不同的"班"外，或是以手机、或是以电脑为伴，孩子们的快乐被绑架、被要求，又有多少孩子拥有源自童真、不被强迫的自由自在的快乐呢？

近照

对于我来说，人过半百只是个时间刻度，未来依然无限宽广，因为我对生活永远热爱，对工作永远热情，在此也要给年轻人几句箴言，与大家共勉。

人生会遇到各种各样的人和事，要怀有一颗善良之心，要懂得奉献。因为你的付出，可以改变别人的命运。

我们无法改变生命的长度，但是可以增加生命的宽度，所以抓住幸福吧，个人快乐的时间越长，人生命的价值就越大。

人要永远怀有一颗赤子之心才能够享受到更多的快乐。

童真真好！

快乐真好！

金卫钧
北京市建筑设计研究院（集团）有限公司第一建筑设计院院长。

回望从前

梅洪元

接到金磊主编电话约请写一篇回忆童年的文章的时候，我正在工作室里与学生们讨论大连山地美术馆的方案。看着桌面上好似积木一般用来表达设计概念的碎木块，没想太多就应承下来，一是和做了很多开业界先河事情的金磊主编已有多年交情，二是被"童年"两字触动而心生温暖和快乐。

刚好前日应邀去厦门参加三位建筑大师间的一个项目竞赛，往返 8 个多小时的航程，让我有时间静下心来回到记忆深处，伴着舷窗外的云海回想似乎已经非常遥远的年月，把那个时代的我和我的生活在心中再度描摹出来。可能童年的那些经历并没有对我后来选择建筑有直接的影响，毕竟身处当时的时代，我们很多人都是被一种无形的力量推着走，没有如今的年轻人那么多选择，一些偶然的事件就可能改变我们的一生，但脑海中的很多画面的确对我现今的教学和设计有着某种潜在的影响。

乡情：故园经年

1958 年夏秋之交，我出生在渤海边一个叫作盖县的小县城。

从事了一辈子教育工作的父亲当时是盖县二中的校长，所以我们全家住在学校寄宿生大院儿里的一个独立小院儿中，同住在大院儿里的老师们的 10 多个孩子自然成了玩伴儿。我们共同度过的快乐的学前时光至今难忘：周末结伴走上 5 公里到小城闻名周边的温泉，把自己埋在沙子里只露出脑袋，饿了

童年照

再把从家里带出来的生鸡蛋放在泉水口处，不一会儿就能吃到溏心儿的熟鸡蛋；或者向西走上 3 公里到海边，任凭海潮扑打，手持镰刀，全神贯注地搜寻随之而来大如锅盖的海蜇。多么简单的快乐！每到假期，寄宿的学生们离开宿舍，我们就在高高的木构屋架的空房子里跑来跑去，大大的通铺木床让我们对上学后的生活方式无比期待。后来上了学，每天早晨我们还会和住宿的学生们听着大喇叭里的音乐一起跳"忠字舞"。

我 7 岁时进了当地的胜利小学读书，从家去学校的路上会经过一口用石头砌筑的水井，每天都会看到人们用辘轳垂绳放桶从井中取水，四季如常，经年不断。珍惜自然馈赠的资源，尊重赖以生存的环境，保有与人为善的相安，这些在当年再平常不过的事情，今天想起来似乎已很遥远。

我们的教室在一栋古韵十足的 2 层建筑中，前庭是四合院，南向大门如同古城门般厚重。操场上有棵巨大的槐树，竟有半截钢轨悬挂在上面，老师每天敲打钢轨的"当当"声就是上下课的信号，回想起来音犹在耳。受"文化大革命"的影响，系统的学习计划被打乱，但是想起那段时光，大槐树下的四合院景致总浮现在眼前：教室中临窗而坐的我，不经意间会被东西厢间的微妙距离所吸引，看着对面教室同学和老师的动作跑了神儿；夏日午后精力充沛的我们，则充分享受大树荫蔽下的凉爽院落，你追我赶着疯跑……

近半个世纪与建筑相伴，对书院空间的钟情，或许正是小学时代空间体验于记忆深处的持续发酵。

我家小院外曾有很长一段旧城墙，墙虽不高却很厚，青砖垒砌，中间夯土，虽有破败但还算坚固。似乎从我记事起，人们就在拆那城墙，只要盖房、砌墙、垫院需要，就推着小独轮车拉上几车砖或土，到我上了中学，那段古老的城墙就彻底消失了。城墙外是一处冲涤东山而成的河床，百余米宽，我们秋天去那儿捉鱼，冬天封冻后在上面滑冰，简直就是小城的一处儿童乐园！涌流的河水冻结成起伏的冰面，我胆子大，穿着花样刀，顺势起落、旋转、跳跃，练就出现在都还自豪的真功夫。前年我曾回到那里，河依然在，只是人工堤坝修建得相当规整，早先的自然野趣已不再，眼前一派与别无二的人工景致，而那时捕获海蜇的海边，正是现在被誉为"北方亚龙湾"的营口经济技术开发区(鲅鱼圈)，作为辽东半岛对外开放的重要"窗口"，早已不是童年时的渔村模样……

读了大学之后我便成了家乡的客人，一年中在家的时间十分有限。工作后更是如此，仅仅是一年回家一次。即便如此，几十年之后，那偏安大院一隅的小院依然让我记忆犹新，那扇对开的厚重木门似乎仍触手可及，那门内依稀还站着目送我每日出门上学的父母……回忆中一个个定格的画面弥散出的温暖又再度将我包裹。

所以，每每看到记忆中的家乡又变了模样，我心中愁绪就愈发浓郁。时代发展的车轮滚滚，没有人会抵制越来越便利和优质的生活，可是留不住的乡愁和越来越稠的乡情让我总是希望作为城市建设的参与者，我们能够在巨变的洪流中抓住些什么，保留点什么。

混沌：十载之愿

虽然我的父亲是校长，但说起来我的启蒙老师应该是报纸。天棚和墙面糊满报纸的家，可能是我们这代人完成从识字到阅读的最初课堂。记忆中读了很多"东南沿海台湾特务登陆被我解放军活捉""又打下几架美蒋特务飞机""人民公社""大跃进"等信息，以红色思想的洗礼作为启蒙的，可能只有我们这代人。

而我们这一代人又基本都赶上了"文化大革命"的十年。辽宁省当年推行的是十年一贯制义务教育，我从小学到中学的这十年恰恰就是"文化大革命"的十年。所以虽然一直因为学习成绩拔尖而担任班长，但实际上并没有很好的学习机会，很多知识都没有得到系统的学习，甚至于物理只学了一点，化学根本没有老师可以教授！更因为珍宝岛自卫反击战之后的"反苏修"运动，作为外语课唯一选择的是为备战需要的俄语。记得一次我在家大声朗读课文，其中"无产阶级文化大革命如火如荼"被我念成"……如火如荼"，父亲听到后给我作了纠正，可错误的读音的确是我们从鞍山来的年轻的知青老师所教。那时午夜梦醒，看到的总是父亲灯下阅卷的背影，为人师的责任之重以这个场景刻在我心底并深深影响了我。所以今天我常常会争取更多时间与学生们在一起，希望及时发现他们身上的问题，给他们有益的指导。

小学毕业前，忘记是什么原因让我着魔般地迷恋上无线电安装，二极管、三极管、自制电路板都没能难倒我，每每用了几天时间安装的收音机喇叭中突然传出样板戏的唱段时，那种喜悦就和现在看到自己耗费心血和情感设计的建筑落成使用时一样幸福。

中学时有半年时间去工厂学工，在一个实际生产步枪上军刺的军工园艺厂，我跟着工人师傅学钳工、开刨床，体会"工人阶级领导一切"的真谛。而整个中学时代，几乎每次全校大会都由我作为学生发言代表，我也因此被安排与当地政府干部一起参加马列主义学习班，读《路德维希·费尔巴哈和德国古典哲学的终结》等著作，可是小小年纪根本读不懂嘛。那时候能读到的书不多，所以像《烈火金刚》《铁道游击队》《苦菜花》这几本小说都被我反反复复地读，一遍一遍地看，直到今天我还记得书里的内容和人物情节。

所以现在，即便我的学生们拥有比我那时好太多倍的学习条件和机会，我还是会经常和他们交流如何更充分地利用这些条件，并尽自己最大的可能为他们创造更好的机会。我们这代人被时代所误，但也得益于时代给我的机会，让我们在中国的城市建设中有所作为。城市未来的发展要靠一代又一代的后来人，我们能做的就是给他们提供更有力的支持，让他们有更理想的发展平台。

机遇：建筑之缘

在我心底留下最深印记、对我人生有着最大影响的是中学毕业后"上山下乡"运动中当知青的三年岁月。"农村是一个广阔的天地，在那里是可以大有作为的！"我们那时对毛泽东狂热地崇拜，他的这句话成为所有年轻学生的指引。日后，我们为之所累，也受之所益。

下乡当日的景象犹在眼前：我们坐在解放车上，胸戴大红花，背着行李，斜挎黄书包，在沿路小学生的欢送声中离开家。我们去的是九垅地公社，在这个平原农村青年点的50余人中，我年龄最小。插队第一天出工，我被派到妇女队在果园中除草，因为握不住锄头，一天下来全手布满血泡，傍晚收工后，我独自跑到乡间的河边，望着家的方向哭了好长时间。还有一次我赶着牛车拉土，春天刚到，村里的路都翻了浆，牛车在下一个陡坡时陷进泥坑出不来，前不着村后不着店，哭天不应哭地不灵，我只能靠自己，想尽一切方式，肩扛脚蹬，差点把命丢在荒野。

在日本

在工作室

青年点的条件很艰苦，冬天洗脸水带着冰碴，窗上也没有玻璃，只是用塑料布简单封上，没有电，用的是煤油灯，没有表，每天以农田旁铁路上火车的班次判定时间。回想那三年，确实度日如年，初到农村时的满腔热情被看不见任何未来的绝望一点点消耗。画公社的展览，写大队的板报，插秧，喷药，秋收，喂猪，赶马车，扛石头，深夜巡更，上民兵连，一个人看守有 2000 多棵果树的园子，在湍急的山洪中和知青们手拉手堵决口……什么活都干过，什么苦都吃过。

今天做了教师，除了有父亲一生从教的影响，也与我在农村的经历有关。有一年冬天，青年点放假，留下我一个人值守偏僻乡野里的十几间空房。本就孤独一人，那年冬天雪又特别大，天天陪伴我的只有房后乡村小学里的读书声，这让我对那些能

与大学同班三十年后返校

够和学生在一起的老师心生羡慕，也埋下了我后来职业选择的
种子。

这三年耗费的青春时光难以弥补，但恰恰是这三年的艰苦
生活，锻炼了我的身体，磨砺了我的意志，我所经历的苦难让
我面对今天的一切都足以担当和忍耐。所以换个角度来看，这
三年更是人生的一笔财富。

那三年对于未来的无望和无助在恢复高考后转而成为我内
心深处莫大的动力。参加高考被我们很多知青视作救命的稻草，
我们趟着冰冷刺骨的河水去县城高中补习班上课三个月，疯狂
恶补没有学过的知识，所以在了解到我从没学过化学却考了全
学年第一的时候，老师把我当作激励其他同学的榜样，而我的
作文也被挂在走廊壁报上作了范文。

梅洪元与他的学生们

　　高考时与报考的大连工学院（现大连理工大学）分数线差一分没有被录取，但因缘际会，哈尔滨建筑工程学院（现哈尔滨工业大学）的刘岳山老师（洲联集团总顾问刘力先生的父亲）在辽宁考区把我录取了，让我从此走上了建筑之路。人生的转机莫不如此，只要做好准备，总会有路可走。我没有设想过我如果落榜再度高考会选择什么专业，感谢刘先生助我选择了建筑人生。

初稿于 2014 年 3 月 21 日厦门返哈航班
3 月 24 日完稿于办公室

梅洪元
哈尔滨工业大学建筑学院院长，哈尔滨工业大学建筑设计研究院院长、总建筑师，博士生导师，全国工程勘察设计大师，《城市建筑》杂志主编。

战火中开始我的童年

郑学茜

从逃难开始

1936年6月，我在上海出生。1937年7月，卢沟桥事件爆发一个月以后，开始了八·一三抗战。我们家在上海，虽然住在法租界，但鬼子是侵略者，留在上海是很危险的。妈妈带着我们七个孩子乘船，离开了上海到重庆避难。

那时候我太小，不记得这一趟可怕的逃难历程，但是我手上的一大块烫伤伤疤，却是这趟逃难留下的永远的伤痕。我被烫伤是因为日寇飞机对我们难民船的空袭。一次鬼子飞机又来了，大家逃避时挤翻了开水，把我烫了。左手手背很大一片烫脱了

鬼子飞机轰炸

皮，露出里面的红肉。我疼，就一路总在哭，使这趟逃难变得更加艰难。后来手背上就永远留下了这一大块亮晶晶的伤疤。这伤疤跟了我一辈子。此后，每次看见手上的烫伤疤，就想起日寇的罪孽。

这艘叫"民熙号"的民船开到武汉就停了。难民全都下船。我们换上了一艘军舰，继续溯水驶向重庆，在战火中开始了我苦难的童年。

重庆北碚

在重庆我们的第一个家是在北碚。如果没有战争，北碚本来是个水秀山青清的好地方。嘉陵江从这里流过，背后是长满

1939年在重庆北碚母亲与六个子女合影

松树的大山。当地川民种地打鱼，生活安定。抗战时期北碚是国民政府教育系统集中的地方之一。教育部长陈立夫抗战期间主要就住在北碚。我父亲照原来上中校长住宅的样子，在北碚又盖了一栋平房，妈妈和我们就住在这里。父亲做了甘肃省教育厅长到兰州去了，不和我们住在一起。除了到重庆开会他并不到四川来，而且他有了另一个女人，不要我们母子了。

比这更糟的是，我生大病了。到现在我也不知道我得的是什么病。反正每天都给我熬中药吃。那药汤不但苦，还有别的怪味，我喝了就吐。为了给我补营养，又总给我吃开水卧鸡蛋，医生还不让放糖，我觉得很腥，吃了也吐，把绿色的胃液都吐出来了，非常痛苦。

后来，人们都觉得我治不好了。有人劝我妈说"这小丫头不行了，扔了吧"。妈妈舍不得扔，最后到重庆去，找了大医院，居然把命救回来了，要不然，这世界也就没有我了。我的这场大病，根源还是日寇侵略、逃难，罪魁祸首还是日本鬼子。

从 1938 年开始的日寇重庆大轰炸也扩大到了北碚。于是我们与重庆市里人一样开始了"跑防空洞"的生活。著名的防空洞窒息事件就发生在疲劳轰炸时期。最终那次惨案窒息死了二千多人，这一惨案震惊了全世界。

最终灾祸降临到我家，使我们不得不搬出北碚。鬼子得到情报来炸北碚邮局，我家就在邮局边上。那天大家躲飞机却看见两个人穿着白衣服围着邮局一圈圈地跑。很快人们明白那是两个汉奸在给信号。但是还没来得及去捉那俩汉奸，鬼子飞机已经到了。这一次鬼子炸弹投的不准，没炸着邮局，一颗炸弹落在我家与邮局之间，炸塌了我家一面墙。我们若不出去躲，震也震死了。墙塌了，这房子就不能住了。我们离开了这个家，搬去了青木关。这是在四川的第一次搬家。

青木关

青木关是抗战时期国民政府教育部的所在地，也是战时教育、音乐舞蹈、戏剧、体育等的文化的中心，很多文化名人都曾在这里度过抗战时期。

青木关在北碚与重庆之间，我们住在石家沟话雨村一号，是草顶小屋、木地板。我们这一排有 5 栋草房，右边拐过去还有三栋。每家有一前院和后院，我们有三颗大芭蕉树，我们还种了菜。我们草房前面有一条小路，路前面是一条小河沟，流水清澈见底。河沟两边有桑树，我们常爬上去采桑葚吃，采桑叶喂蚕宝宝。

青木关时期，我家更困难，父亲给的生活费很少。我们经常喝稀饭，吃不饱是常事。我们常吃豆腐渣（老乡用来喂猪的），妈妈加点葱炒炒还挺香。还有藤藤菜，没有什么荤菜，油水很少。我们常去稻田里捞螺丝给妈妈烧吃。还把螺蛳壳砸开，用竹竿麻绳钓小螃蟹。还到门前的河沟里捞鱼，稻田里捉黄鳝。黄鳝身上特别滑，只有用中指食指无名指掐，才能捉住。那时当地人少鱼多，我虽然小也能捉住黄鳝。剑雄还用竹竿弯成三角和纱布兜成一个网，去水田里捞小虾。小虾很多，当天吃不完可以晒成虾皮慢慢吃。这些鱼虾是我们仅有的荤菜。

稻田捉黄鳝

星期天一早，我们几个都背上竹篓，爬到后山上去，捡松树枯枝和松塔回来给母亲当柴烧。两个姐姐都住校，没人带我玩女孩的游戏，像抓包、跳皮筋、跳格子之类。我就总是跟着哥哥们玩他们男孩子的游戏，爬山、爬树、捉虫子什么的，我都不怕，这也让我长大以后从来不恐高、也养成了热爱山水的性格。

下河捉鱼

背着背篓采松果

这里我要说一下我的父亲。他 1899 年生于安徽，1924 年毕业于南开大学，是首届毕业生，之后留美，取得斯坦福大学教育学士、哥伦比亚大学教育行政硕士学位，回国后，1927 年通过多校合并重组，主持创办了上海中学，创办几年之后就成了全国知名的优秀中学，他一直被上中人称为创始人老校长。抗战开始后他任甘肃教育厅长。抗战八年把贫穷落后的甘肃做到了 90% 乡镇有了中心小学，学龄儿童入学达到 54%，八年间甘肃省的教育经费增加了 14.5 倍，甘肃省的教育管理被评为全国首位。因此他 1942 年获"景星勋章"，1946 年获"胜利勋章"。1949 年去了台湾，还是搞教育。1972 年出任台湾中国医药学院院长，1980 年 81 岁退休。台湾与大陆都评价他是一个有贡献的教育家。但是对我来说，这位作为教育家的父亲，却从未与我生活在一起，我从小就没受到他任何指导教育，我是在一字不识的母亲一手抚育下长大的。我是个身边没有父亲的孩子。我尊敬父亲，同时我也永远不原谅他。

母亲因为被遗弃，不识字又不能挣钱，生活贫困，还得拉扯几个孩子长大，经常躲着我们一个人哭。妈妈这种可怜的处境在我心里刻下了极深的烙印。我从小就不得不给自己立下决心：长大一定要做一个自立的人。只有经济上能独立，不依靠男人的赐予生活，人格上才能独立，才有尊严。对此我从未怀疑，从未放弃过。这也使我后来工作中性格倔强，最恨向无理的强势屈服。这种性格与幼时的经历很有关系。

珞矶

后来原住在安徽老家的奶奶在日寇摧残下也住不下去了，也逃到了重庆，与二叔一家在珞矶汇合。不久我们也离开孤立无助的青木关，来到了珞矶。这是我们第三次搬家。

二叔一家是经营米店的。妈妈带着我们寄人篱下。现在想想，当年妈妈内心的痛苦一定是很深的。

北碚和青木关都守着嘉陵江，到了珞矶，我们就住长江边了。哥哥们常到长江里去追逐大船掀起的浪，我就坐在岸边，看着大江的对岸，看着远处云雾迷蒙的山岭，一个人遐想：对岸是大山，大山的外面，是什么呢？长大了我会做什么呢？

坐在岸边看嘉陵江

我们常常搬家，不断换学校，家里没有人辅导，

大山后面是什么

这样的学校生活让我形成了学习只能靠自己努力的学习习惯。所有在变动中落下的课只能由我自己自学补上来。这种自学能力的养成，决定了后来我整个的生活道路。

抗战胜利回到上海

抗战终于胜利了，1946 年我们又由母亲带领回到上海。这次从重庆返回上海所乘的船，非常巧，又是民熙号。但我们已不是难民，船也是顺流而下，我也从一个死里逃生的小丫头成了九岁多的小女孩。

回到上海后，我们仍然与母亲一起过着很艰难的日子。为了补贴家用，我们揽了放学后给墨水瓶盖里面嵌垫片的活儿。每个瓶盖内要把一个不怕水的圆形硬片按进去。每按进 100 个瓶盖可以挣一毛钱。我的手指关节因此都变粗了。父亲给的抚养费实在不够了，开学前交不上学费时，母亲或姐姐会领上我到他家去要钱。虽然每次都会要来一些，但我觉得父亲养育孩子的钱还得我们上门去讨，非常屈辱，心里很气愤。

学校生活也很不顺利。我从开始学说话就是在四川，所以是一口的四川话。而我上的小学里老师上课只说上海话，我听不懂。最糟的是英文课，老师用上海话教英文，我只听见她在呱呱地说，哪一句是上海话，哪一句是英文，我根本分不出来！又因为在四川我漫山遍野跑惯了，不是城市女孩的模样，家又穷，所以许多有钱家的孩子常常用上海话取笑我这个四川娃子。

幸好我听不懂，倒也少生不少气。

一面学上海话，一面要忍受同学的不友好。对我来说这一时期的受穷与四川时候的受穷不一样。四川时，我小，不太懂什么。只要我不在生病中，就与哥哥们跑跑颠颠玩得蛮开心，孩子嘛。至于吃不饱、穿不暖，我也没什么感觉，来到这个世界上开始懂得的生活就是这样，我大概是想，有时吃得饱有时吃不饱，这就是生活的正常吧？没想太多。

但到了上海，我已十岁了。人间的事我也明白了。我明白，父亲不要我们是不正常的；妈妈常常哭是不正常的；同学们笑我们穷也是不友好的。更由于上海解放前物价的飞涨，一麻袋钞票买不回一袋米，这也绝不是正常的社会，这一切我不再懵懂。我盼着社会变好，盼着妈妈能快乐一点，盼自己快些长大。我盼能有快乐的生活。

新中国成立

这个情形到上了初中完全转变了。1949 年上海解放，我考上了沪新中学。老师和同学们都很友好。并且沪新中学的老师是讲普通话的。

刚入学一个月，新中国成立了。10 月 1 日，我们女生都换上了白衬衫蓝裙子，集会、游行、演节目，一切都那么新鲜，令我们兴奋。

到了中学，我也会说上海话了，很快和同学打成一片，然后也当了班干部。

也就是在这一年，我们的家也发生了大变化。二姐郑学衡大学毕业参加了工作，后来二哥剑雄放弃上大学提前参加工作，他们都把工资全部交给妈妈，这样，吃了上顿没下顿的日子也彻底结束了。在上海我们住的地方一直是不错的，先住在金神父路（现瑞金路）瑞金医院对面的金谷村，后来住在西藏南路南阳新村3号。新时代的新生活，在我眼前充满了阳光。

但是小时候的逃难生活和在四川的大病给我的摧残，让我又病倒了。哥哥剑雄的结核病，先传染了在医院照顾他的二姐，接着我就被传染了，肺结核加上胸膜炎，有传染性，不允许去学校上课。读完初二，我就休学养病了。

病床上自修

1951年正是抗美援朝期间。美帝操纵联合国对我国实行经济封锁，我们得不到进口药品。而针对我的胸膜炎和肺结核，如果有盘尼西林（青霉素）和链霉素，是很快就可以治好的，但是我们没有。

这样，我就只能躺在床上养病了，这里说的"躺在床上养病"真的是只可以躺在床上，不许下地乱动的。妈妈给我加强点营养，一切全靠我自己体内的生命力来对抗那些病菌。

治疗的办法，就是每周一次从我的胸腔抽水。每次看见护士拿着胡萝卜那么粗的大针筒，用挂面那么粗的针管刺进我的胸肋，抽出满满一管浑浊的积水，都令我

病中的学习

十分痛苦。我想着，同学们都在教室里听老师讲新东西，在操场上疯跑疯闹，跳猴皮筋，而我却只能躺在床上发烧。所有这一切，都是日本鬼子侵略害的，美帝封锁又害得我得不到药来医治。

但是小时候的磨难既然没有弄死我，就反而锻炼了我忍耐、坚持、不服输的倔强，同时也让我能忍受躺在床上长达一年的孤独。更要紧的是，这一年里我每天在床上用自学的办法来学习了同学们在学校里学的全部初三课程。我严格按照课本的顺序，一门门一课一课地自习，按课本留的习题一道道地完成作业。妈妈不识字，不能教我；哥哥姐姐都住校也不能帮我。要想不掉队，我只有自己努力。

公立高中

带着病，在床上自学了一整年。1952 年我参加秋季升高中的考试，我居然考上了公立的五爱中学。让我想不到的是，听

说当时班里，只有我一个人考上了公立学校。那时上海的学校多数是私立的，学费贵得多，而且一般来说教学质量不如公立学校好。所以大家都希望上公立学校。我这个初三完全没上课的病孩子居然考上了公立高中，我真是太高兴了。

上海五爱中学高一这一年，是难忘的一年。这个班是一个非常友爱团结的温暖集体，特别是我们班有一位非常好的班主任沈月槎老师。

沈老师很年轻，个子高高的，给我们的感觉像大姐姐，又像一位慈爱的母亲。全班同学在她的组织照顾下成了一个温馨的大家庭，毕业后五爱同学间的相互联系从未中断。

我的肺结核虽然好了，可是胸膜炎积水造成我的肋骨与肺脏粘连了，左肺与肋骨粘在一块，不能自由移动。这不但造成左肺肺不张，影响呼吸，而且这种粘连影响我继续长高。左边长，右边不长，脊椎就侧弯了，心脏被从左胸腔向右挤。后来心脏就跑正中间了。我的心很"正"哦!

那时我才十五六岁，大夫说应该做一个开胸大手术，将肺与肋骨剥离，左肺就解放了。这样可以让脊柱保持正直，身高也会继续长高。老年时我看我的片子，脊柱如拉直，我应该能长到 1.66 米或 1.67 米，身体健康也会大改善。可是当时我们没有那笔钱，那是个大手术，很贵的，所以放弃了。这也就决定了我这一生的身体一直瘦弱。我的脊柱侧歪出 10 厘米多，肺活量只有 600 毫升，而一般女生在 3000 毫升左右。

从高二起，我转学到了上海中学。上中真是一所好学校。学习、生活非常开心。1953 ～ 1955 年正是全国人民建设热情最高涨的几年。我们这些即将考入大学的高中生，个个都对前途抱着一腔热烈的期望。

高三最后一学期，就是我们中学时代的最后阶段了。大家谈得最多的是"考哪所大学""北京的还是上海的"。对多数同学来说，大学不是上不上的问题，而是去投考哪一所名校的问题。

晴天霹雳

学期开始不久，就进行了一次体检，这是升学前的第一步准备。检查结果给了我一个晴天霹雳——健康不合格，不许我考大学！

是透视片子上我肺部有阴影，所以大夫认定我有肺病，不能参加高考。不考大学，我这一生怎么过呢？

同班同学都为我难过，但谁也帮不上忙。于是高考前总复习的关键阶段，我反而清闲了：复习备考对我毫无意义，我是一个连报名资格都没有的学生。时间一天天临近大考，我心里的刺痛越来越深。

就在离高考只剩下三天的时候，我们的教导主任楼博生老师在复查高考名单时，注意到我没有报名。他很奇怪为什么郑学茜不报考大学？楼老师问了我，我说："医院说我有肺结核，不让参加高考。"楼老师问我："那你肺病好了没有？"我说"好了呀，高中三年我不是都读完了嘛。"老师听了很着急，他要为我再争取一下，而且招生办就要关闭，不能再迟了。于是楼博生老师立刻带上我到大医院找医学权威去复查。

这真是我一生命运的根本转折。我一辈子感谢我们上中的教导主任楼博生老师，感谢那天为我复查的中国胸科权威。真是老天眷顾：权威居然就是初中时为我治病的医生！他居然还记得我这个瘦弱的小女孩。他说："是你呀！怎么样啊？"我说："他们不让我考大学！"大夫说："怎么会？你病不是好了吗？让我看看。"大夫认真看了片子，又重新为我照了个透视，然后非常有把握地说："没事！那是你前几年的旧病灶。现在已经好了嘛！你现在没有病，可以考！"

这一下把我乐坏了，可也把我气死了。真害人哪，这段时间多折磨人，心眼小的兴许就跳黄浦江了。幸亏教导主任关心我才有了这次复查。也幸亏遇到的正是医学权威，否定了前面的不正确的结论，让我绝路逢生。

大夫接着问我："那你得快去报名了。想学什么呀？"我说："就是你们这些医院给我弄错了，害得我差点上不了大学，我就去学医，而且就学胸外科！"

大夫笑起来，说："不行不行，胸外科太累了，你的身体根本吃不消。你忘了前几年我为你打石膏，一直弄到晚8点，我那一天十来个钟头，中间只有护士举着奶瓶让我用吸管啜一点牛奶。你学医不行。"教导主任也说不合适。我说"那我学水利"，大夫说："也不行，你的身体受不了。"后来我说"学建筑吧"，因为上海的苏联展览馆非常宏伟，给我印象很深，我觉得建筑学很有意思。大夫说："建筑工地也很累，不如学文科吧。"可文科要考历史、地理，我是在理工班，根本没去背那些唐宋元明清的旧账，而且也不喜欢。我说："我可以读建筑学，只做设计，在屋里画图，不是工地搞施工的。"他说"画图可以，学建筑吧"。这样我选定了建筑

少女时代

回到上海后留影

学，当然要学建筑就上清华，那里有梁思成先生。

报考清华

教导主任领着我直接去上海市招生办报名。招生办的工作人员已经都回原单位了。只剩几位收摊的老师正要封存档案。主任说明情况，给我报上了名。真是再差一点点都不行了。当

与同学合影

时清华建筑就是全国分数最高的校科，而我几个月来却根本没复习。两天后，丝毫没复习的我，拿着一支笔就进了考场。

　　这时，我更切实地感受到一所好的学校、好的老师给我们的教育是一笔多么宝贵的人生财富。我们老师都是很了不起的。后来全国大专院系调整时，上中教我们数学、物理、化学、语文等课的老师多位调到大学任教，而且是去名牌大学当系主任。我们是由他们教出来的，多幸运啊。因此，虽然我没做总复习，这场高考也并没让我感到困难。

　　考完了，听说进清华建筑学要加试美术，我可是不会画画儿。趁着暑假，找了我们班办黑板报的陈孝建同学，他美术好，让他叫我画素描。他教得很棒，给我讲亮面、暗面、明暗交界线、反光等等，暑假很快过去了。

终于接到通知，我被清华大学录取了！真考上了清华。之后美术加试。陈孝建的速成教学起了作用，美术也通过，真进了清华建筑系。

梁思成先生与建一班同学（前排右二为作者）

我的幸运是那么多好人帮助的结果。我感谢这一生中每一位把我送上幸运之途的神奇的手，热情的心。你们都是我的恩人。

我的孩童时代结束了。下一步的目标是跟着梁思成先生好好学习，将来当个建筑师。

（此文章系从其回忆遗作中整理，整理者：刘晓姗、李会珍。）

郑学茜
1936年生，1955年考入清华大学建筑系，一生从事设计、规划工作。

风筝

郭卫兵

近照

　　放风筝是儿时最有趣的游戏，一个地下，一个天上。当风筝飞上天，我不再奔跑，而是喜欢静静地站在乡村秋天的田野里，看着天空中微微晃动的风筝，喃喃地说："那里是北京吧，快到北京了吧！"一根细细的线就这样轻柔地牵扯着，是我放飞着风筝还是风筝放飞着我？

乡愁

　　在河北平原上这个小村子里，按说我是孤单的，没有见过爷爷、姥爷、姥姥，没有姑姑、叔叔、姨，呵护我的只有母亲、年迈的奶奶和一位当家子爷爷，但在远方——北京，有我的父亲，有我的舅舅。因此孤单像肥沃的黑色土地，孕育着我的梦想，像角落里不被理会的瓜秧，攀爬着树木、院墙疯长。我希望有

另一个地方，那里有属
于我的不同的东西。

儿时的孤单或许只
是因为成年后的追忆，
事实上，我的童年因这
样的家庭而拥有了更多
的爱和丰富的体验。我
出生那年母亲已三十多
岁，因这样那样的原因，
母亲不仅辛苦地侍候着
老人，也承受着很多世
俗的压力，所以我的出
生为家庭带来了希望。

童年时期

母亲常说，把我捧在手里怕摔着，含在嘴里怕化了，因为怕风
把我吹病，怕太阳刺着我的眼，我出生一百天后才被抱到室外，
所以，我的眼睛很好应归功于母亲对我的呵护。在我记忆里一
直有个场景：黄昏的时候，我披着一件华丽的缎面斗篷，在人
群中被抱来抱去。长大些做游戏因为要扮演杨子荣需要斗篷做
道具，让母亲找出来却发现只有一尺来长，母亲说那时我很小，
应该不会记事。但我相信那一定是我最初的记忆。

那时候物质匮乏，但并没有阻挡孩子们爱玩的天性，手边
能触及的东西都会成为玩具，比如用树枝做弹弓架，用胶泥削
制小手枪，用秸秆编制蝈蝈笼子，把柳笛上剪出孔洞吹出调来。
我最开心的小制作是在一个木匣子上用螺丝固定几根细钢丝，

竟能拨弄出几个乐音来，这也许是我喜欢乐器的原因吧。我最喜欢的玩具是泥模子，是一种用泥土烧制的圆形"浮雕"，直径约六七厘米，图案有植物、人物等，现在想来那图案应该极具乡土气息。几个小伙伴经常会和些胶泥，拓出一些坯子晾干来"欣赏"，有时会放到炉火中烧制，但多数会被烧裂，当时觉得莫名其妙。直到我做了磁州窑博物馆，对烧制器物的工艺有些了解后方知失败的原因。在童年玩具中最具科技含量的当属链条枪了，制作枪架子就像画简笔画一样，用一根铁丝弯制，再用铝线缠绕让手感更好，这道工序应该是技术与艺术的结合了，找根废链条是不容易的，因此似乎链条枪樘的长短常常是枪级别高低的标志，枪的前端会加上一个子弹壳，胆大的孩子会在弹壳里加火药，因此，这是一个危险的玩具，记忆中曾有个邻村小朋友因此丧命。陪伴我童年的还有一件东西——收音机。那时收音机也是稀罕玩意儿，邻居家有一台，晚上在家门口乘凉时很多人聚在一起听，记得大人们总逗我说里面有小人儿，于是我总趴在后面通过背板上的几个圆洞往这个"木匣子"里张望，希望看到里面又说又唱的人儿。后来家里买了收音机，我非常喜欢听广播剧，比起评书来多了音乐和想象的空间。还有一个小秘密就是喜欢收听那时台湾对大陆广播的"敌台"，黑暗中软绵绵的声音带着几分诡异，也常常害怕地怀疑敌特就在我们身边，为了能听清晰我还自己改装天线，可谓费尽心机。其实我日复一日地等着听的是凤飞飞唱的片头曲：我要为你歌唱，唱出你心中的忧伤，我要为你歌唱，让歌声带给你希望……这被称为靡靡之音的歌声常常冲出破旧的院落，在乡村的夜空中回荡。

上学了，孩子们背着母亲用碎布片拼成的书包，现在想来那书包是很有工艺美感的。学校条件很差，在砖垛上搭块木板便是书桌了，因此总是摇摇晃晃，三天两头地需要把砖垛重新垒一遍。每天上学要带上自家的马扎儿，孩子们一路挥舞着书包和马扎儿，跑闹着在街巷里扬起一片尘土。由于家里穷，上学时竟没有一个像样的马扎儿，那时心里有种委屈但从来没有说出来过。近两年里，曾遇到坐动车出差却没有座位的情形，我却很乐意地买个马扎儿上车，这样的旅程让我兴奋不已，一路上会想起童年，感恩命运。小时候，我长得白白胖胖，有位长者曾夸我是"官模子"，意思是说我是当官的命运。我想我是听懂了，我开始严格要求自己，甚至构建着我想要的尊严。因为学习好，我获得了小伙伴们的喜爱，另一方面，我拥有一些农村孩子没有的东西：玩具枪、小人书、五彩焰火等等，所以我便成为他们的中心，一帮孩子在我的指挥下扮演鬼子进村的情形和样板戏里的角色，上学放学时他们会等着我结伴而行。总有几个小伙伴是调皮的，起初老师只批评他们，后来老师觉得他们这样做是受我指使，至今我仍清晰地记得老师那张生气的脸和咬着牙说"有的同学拉山头，搞宗派"时的气愤表情。那时我的确有些冤枉，也许是处于叛逆期的原因吧，就开始跟老师对着干，把老师气哭了几次。母亲十分焦急，常带我到老师家里赔礼道歉，有时学习退步了，母亲也会带我去老师家，老师们还是很喜欢我的，都会抚摸着我的头叮嘱我好好学习等等，现在想来倒也是一种不错的沟通吧，所以我很感激母亲对我的严格要求。大约在五年级的时候，我狂热地喜欢上了学习，有时会早早关上院门拒绝跟小伙伴们玩耍，在一盏油灯下不顾蚊虫叮咬地看书，我的举动也许有些反常，母亲倒经常劝我休息。那时可供参考的学习资料很少，父亲从北京买了一本蓝色封皮的复习资料，从那里我知道了海淀、朝阳和门头沟，从那时起，我朝着梦想开足了马力。

　　写这些文字时，我努力地回望，试图在我的童年时光里找到一段与建筑沾边的话题。记得那时候村子的街道很窄，也不太平直，但有限的几条小街巷却有着很有意思的表达方位的称谓，比如老槐树、庙那儿、北关儿、武学里等等，这些名称都跟小村子不长的历史和平凡的故事有关，与乡亲们的情感有关。乡村的房子低矮破旧，但却令我愈加怀念。那时的正房多是用青砖跟土坯咬合砌筑，称为"表砖"，门窗洞口用砖发微弧形的拱券，从而有着技术美感，窗棂是木方格，表糊一层厚厚的有韧性的窗纸，只在靠窗台处镶一片玻璃。尽管那时生活艰辛，但人们却不放弃通过装饰表达对幸福的追求。因此，在门楼、瓦口、檐口等部位，通过砖砌、镂空、雕刻等手段表达出质朴的审美观。偏房和围墙多用土坯砌筑，外面抹一层掺和了碎麦秸秆的土泥，我至今十分喜欢这种材料，喜欢它的色调和掺杂其中的泛着金黄的麦秸。如果说建筑师是贵族职业，那是我无法企及的高度，但我也在思考，乡村生活经历对我的工作有着怎样的积极影响。前两年河北省评建筑设计大师，我在获奖感言中说道："小时候，我生活在农村，在那里，一座房子、一栋建筑就是一个家，一个家庭的全部，一个人一生的悲喜，所以，建筑是有情感的。"是的，建筑是有情感的，情感就是我心里这份淡淡的乡愁吧！

梦想

因父亲在北京的缘故，在我的童年里很早就透着一些农村孩子心中没有的光亮，天安门、宽广的街道、高大的楼房、电车、地铁和清晨弥漫的淡淡煤烟味。

父亲的童年是不幸的，他出生时我爷爷就去世了。爷爷是个读过书的人，年轻时不知是因为怎样的梦想去了远方，战争岁月使他变得十分神秘。我曾经问父亲，为什么我们的身上少了爷爷那份激荡的个性，父亲沉默不语。我想父亲并不缺乏梦想，是因这困苦的生活而学会了隐忍吧。父亲就读的中学是河北省一所著名高中，高考前父亲的梦想是考上北大中文系，然后做个记者，但老师说，即使学了中文也未必能从事记者工作，你家穷，不如上个农大。父亲很不服气，既然做不了记者，那就要考上最好的大学，于是父亲把学习重点放在理科上，考取了清华大学，毕业后在北京工作，曾经做过《建筑技术》杂志的编辑，也算在某种程度上圆了记者梦吧。因路途遥远，父亲只能春节时才回家乡探亲，也许那样的年代两地分居并不少见，这样的家庭在艰难中总是会多些故事。

每到春节前后是我家最热闹的时候。那时人们的日子也开始有些起色，村子里的姑娘除了做农活还会抽时间做些手工，攒些钱给自己置办嫁妆，多会托父亲在北京买些布料、毛领之类的，于是节前我母亲就写信告诉父亲东家要这、西家要那，父亲过年探亲时就艰难地背着布料、我爱吃的奶油饼干和北京糕点，还有那时农村没有的五光十色的小焰火回家。父亲刚到家，这个寂寞的小院子就热闹起来了，姑娘们来取布料，会高兴地在身上比画一番，此刻，农村姑娘因劳作而粗糙的脸上泛起了红晕，话题也会转向婚期、婆家之类的而广泛起来。我记得那时人们喜欢的布料里有一种颜色称为"蟹青"，现在想来应是一种很雅致的灰色，在只有学生蓝、军装绿的年代里，人们开始追求美了。一些伯伯、叔叔也会来看望父亲，打听些稀罕事，点燃一根烟。每到这时，我总是待在家里，在大人们身边穿来穿去，那是我最开心的时刻，心中也有着一份荣耀。

　　放暑假时，家里总是设法让我去北京住些天，父亲会带我去上班，带我见朋友，有时会在舅舅家跟表哥表妹玩几天，好心的阿姨也会让他们的孩子来陪我玩。母亲近些年常讲起带我们去北京的一件往事。那一年奶奶重病，母亲来不及给父亲写信就着急地带领一家老小去了北京，到了县城的火车站才知道没有介绍信买不到去北京的车票，后来听人指点买了路过北京的车票上车，到北京下车时是深夜，一家人在车站外等来了头班公交车，下车后还要走一段路。母亲一只手牵着我，怀里抱着弟弟，身上背着行李，重病的奶奶扯着母亲的衣服，天亮时终于出现在父亲面前，疲惫的母亲、绝望的父亲和没有家的北京，这一切是那么愁苦。

　　父亲内心里担忧我这个农村孩子的命运，也许是因为对未来心存渺茫，他从没有正面谈起过我的未来会怎样，应该怎样做，但他总是找些机会让我见见世面。他曾带我去看我国第一颗人造卫星的展览，我也曾骑在父亲的肩上看电动火车模型穿行在山洞里。父亲带我去看电影《斯特凡大公》，于是我便挥舞着木棒模仿那具有英雄主义色彩的台词，父亲带我去看电影《冰山上的来客》，于是在放学的黄昏，一个少年会纵情高唱《花儿为什么这样红》。父亲会买些书给我看，《安徒生童话》让我惊恐于黑夜的海和小人鱼经历的剧痛，《一千零一夜》让我领略智慧的力量，《小灵通漫游未来》让我喜欢幻想，我幻想能坐着气球上学，同学们把各种颜色的气球拴在树上，我幻想街道修成双向的坡道，可以坐在带滑轮的板上出行……还有一个有趣的故事，在我上学的路上每天会遇到一个疯掉的"地主婆"坐在树墩上，她的头不断晃动，牙齿不停地磕碰，一截红色的腰带垂到地上，于是我判断她一定是台湾特务，牙齿在发电报，垂到地上的腰带是天线，我甚至不止一次神秘而郑重地告诉大人，真是匪夷所思的童年。

粉碎"四人帮"以后，全社会掀起了学习的高潮，在北京摇摇晃晃行驶的公交车上，总会看到人们看书的身影，我父亲就是这群人中的一员。因父亲大学时学习俄语，所以他学习英语是从Ａ、Ｂ、Ｃ开始的，经过努力他竟然借助词典翻译发表了许多科技文章。曾听父亲说过，如果晋升了职称也许能解决我们一家两地分居的问题，而身边的同事都很优秀，翻译文章是为了积攒一些业绩从而有更大的希望。为了实现一个还很渺茫的目标，父亲就这样努力前行着。因有这样的记忆，我学英语时十分努力，记得英语第一次考试我因得了八十多分而难过地偷偷哭了，许多年之后见到教我的英语老师他还提及此事，

大学时期

我很感谢他当时顾及了我这个小男子汉的面子。

父亲会带我见他的朋友们，讲他们有趣的故事。有一位叔叔叫周华斌，他曾经和父亲在一所半工半读学校一起教书，他学的是中文，能写会画，多才多艺，气质洒脱。他父亲是我国著名戏剧理论家周白先生，因此后来改行研究戏剧，调往北京广播学院任教。有一次，父亲带我去见他，他随手从桌子上拿起一个牛皮纸大信封给我画了张头像素描。在农村时我就喜欢看工匠画影壁，看村子里的文化人在墙上写标语，但这次应该是和艺术的真正"照面"。从此，课本的边边角角都被我用来涂鸦，有的小朋友也会约我画点东西送给他。这就是榜样的力量吧！以至高考前我的目标是报考北京广播学院——去找周叔叔，去听他讲课！结果那年北广没在河北招生，父亲还担心我情绪受影响而安慰了我几句，后来，父亲帮我选择了建筑学专业，现在想来我其实是喜欢周叔叔身上表现出的艺术气质，从事建筑设计正好实现了我的艺术梦想。我参加工作几年后，周叔叔曾去我家，他看到我画的水粉建筑表现图有些惊讶，接着，他兴奋地拿出一个小本子，上面是他前不久调研时画的傩戏面具速写，他还要我结合建筑研究一下古戏台等等，我也小心翼翼地向他请教布莱希特戏剧理论体系里的"间离法"与建筑学之间可能存在的理论关系。兴奋处，周叔叔脱掉鞋盘腿坐在沙发上，一缕灰白的长发在额头上颤动，眼神时而天真时而坚定,这一刻，我们也许都有一种隔世离空的感受吧。一旁，父亲眯着眼睛笑：这孩子长大了。

童年的我是一只风筝，牵引、放飞我的是母亲，从她心里抽出的线是那么轻柔、坚韧。父亲是我翅膀下的那缕微风，不停地向我耳语：高些、再高些。如今，我仍是那只风筝，一端是乡愁，一端是梦想。

郭卫兵

1967 年出生于河北晋州，1989 年毕业于天津大学建筑系，现任河北建筑设计研究院有限责任公司副院长、总建筑师。获河北建筑大师、中国当代百名建筑师等荣誉称号。中国建筑学会理事，河北省土木建筑学会建筑师分会理事长。

记忆之湖

薄宏涛

小时候的我是个胖子，脸胖得像个小南瓜，据妈妈说 4 个月的时候我已经有 21 斤，衣服也要穿 50cm 的。在父母同事圈子里一岁多的孩子中，我的体重使我有资格成为绝对的"重量级"选手，以致长大后，对着早已变成瘦子的我，还有很多父母的同事仍改不了叫我"小胖子"的昵称。

"小胖子"的辉煌历史结束于唐山大地震。据说震后从小平房的家里搬到临建棚的我不知是受了惊吓还是着凉，开始拒绝吃饭，父亲只好冒着余震的危险带我回家住高低铺。家是回了，饭也开始吃了，不过小胖子却慢慢变成了小瘦子。当然这些危险的往事在我的记忆中统统是零，儿时最模糊的记忆是伴随着居住的小平房展开的。

一花一世界、一叶一菩提。北方的机关大院都是一个个小世界，我从小生活的天津大学的家属大院，更是个丰富多彩的"放大版"小世界了。有趣的是，这个世界里除了有学府大院的书卷气，还完美融合了一派田园风光，最适合爱玩的小孩子。学校的家属区在教学区的西面，分别以大写的阿拉伯数字命名

为"一村"到"六村"，
这带着些乡野气息的称谓
就是我们家属区环境的真
实写照。在这里，家家户
户都是小平房，都有一个
小院子，尽管面积是极小
的，房间不足 12 平方米，
院子不足 5～6 平方米，

1975年天津

但这是一种最接近自然的状态。记得在自家房门口吃饭的时候
经常会有树叶落在碗里，为那因简单而略显清寒的、只有摆放
一个菜、几碗饭的方桌平添了一分色彩。

后来人长得大些了，活动范围也慢慢从小平房的几排扩大
到了十几排，进而扩大越出了"村子"的边界。大院向西，是
一片鱼塘、麦田、湖泊河道交错的沼泽地，这里是我童年嬉戏
的天堂。"天堂"的名字很土、但很实在，叫做"西大坑"。
天津的地下水位高，掘地一尺就是水，大坑小坑变成大湖小塘
易如反掌，那时人们心中对"沼泽"的印象往往也就是芜草丛生、
一派蛮荒。后来不知什么时候，这沼泽改换了很文气的名字——
"湿地"。2008 年的冯氏喜剧《非诚勿扰》捧红了杭州的"西
溪"，更把"湿地"的社会地位提高到了空前的高度，少了野气，
多了风雅。其实，这原本就是我小时候早已熟识的"沼泽"嘛，
唯一的区别是，南方的"湿地"比北方的"沼泽"多些水罢了。
"西大坑"这个名字就像北方很多地方为了孩子健康成长起出
的类似"狗剩""铁蛋"之类的贱名，对于我，它就如同我儿

时的玩伴。"发小"的名字，还是单纯一点更亲切。

记得四五岁的时候，每天清晨父亲都会带我出门去遛早，目的地也多半是西大坑。他随身总是带着英文单词本边走边读，现在回想起来估计是因为家里太拥挤，没法静心坐下读书。想来大学读俄语的父亲当年初学英语时已是 40 多岁的人了，每天坚持，从一个个最基本的单词学起，直到达到能熟练阅读英文资料和文献的能力。身教胜于言传，这样持之以恒的治学态度一直是我成长路上每每疲惫懈怠时鞭策自己的动力。不过，当时的我可没有这样的认识境界。我并不关心父亲背诵的单词，我感兴趣的是头顶掠过的海鸥橙红色的嘴巴、空中飞舞的白色翎羽和湖面上雪白的倒影。不过，每天清晨蹦蹦跳跳地走在路上的我也还是顺便学会了人生最早的几个英文单词。嗯，印象最深刻的是 watermelon、tiger 和 lion。估计是因为爱吃，所以先记住了西瓜，老虎是因为我生肖属虎，至于狮子，约莫是当时正在看动画片《森林大帝》的缘故，里面的主角是一只叫雷欧的小狮子。

春夏的西大坑的景致是姣好的。湖岸边的垂柳刚刚和着微风悄悄用柳枝拉皱一池春水，才褪去尾巴的小青蛙就成排地列队在柳荫下的岸边，一待有人走过便像多米诺骨牌一样纷纷跃入水中，旋即又复跃上岸来打湿路人刚刚留下的脚印。树上的啄木鸟总是"笃笃笃"地敲啄着树干，偶尔停下来扭头张望，我总觉得它是在打量青蛙们的身姿。水岸交叠之处水草葱郁，一人多高的芦苇围合成扇扇翠屏，一个个池塘就是屏风后的神秘花园，那是鱼虾们的天堂。后来读范文正公《岳阳楼记》"沙鸥翔集，锦鳞游泳；岸芷汀兰，郁郁青青"的句子感触颇深，这不正是我熟识的场景么？

小孩子都是贪嘴的，西大坑的夏日风光固然引人入胜，但满湖的鱼虾对于小朋友而言才真正是巨大的诱惑。同学们分头从家里偷出来塑料盆，蒙上塑料布，扎好，戳上洞，再丢进一些馒头、羊骨头之类的诱饵，就算成功自制了捕鱼大杀器。下午放学的时候找个鱼塘，把浸满水的盆扔进去，当夜就可以做着美梦去见周公了。第二天就是收获的时候，放学后去塘边把盆捞出来，那可真是盆满钵满的大丰收啊！捉到的多数是黄鳝，也有一些鱼虾混杂其间，总之一盆收获的分量对于几个十来岁的孩子来说常常是不能承受之重了。其实，这些养鱼塘基本都是有专人看护的，我们戏称他们为"老鱼头"。小朋友的所谓"捕鱼"其实就是"偷鱼"，所以一场场猫抓老鼠的戏剧经常在田间湖边上演。就像舍不得丢掉手里的东西、被罐子卡住而被抓的猴子，我们常常是舍不得一盆的战利品，拖着盆子逃窜。结果可想而知，多半是被抓住狠骂一顿，顺便赠送几巴掌。最凄惨的一次是被扣了书包，还罚了五块钱。五块钱啊！那可是我在存钱罐里用无数个一分、两分和五分钱积攒出来的啊！不过，岁月的脉脉流去，让我早已忘记了当年"老鱼头"们凶神恶煞般的面孔，但掀开塑料布看到满盆鳝鱼涌动的场景却伴随着难以名状的喜悦深埋心底了。

湖边也不尽是旖旎的自然风光和美味的诱惑，还有些人文

2002年在荷兰

印迹。湖边的田野间，或"躺卧"，或"伫立"，或"躬身驼背"着各种姿态的炮楼（碉堡的别称）。这是我小时候见过的除了锅炉房的大烟囱之外形状最特殊的房子，应该是平津战役时留下的"历史建筑"。作为和平解放的北京的对立面，天津是激烈交火的战场，这些遍布岁月斑驳印记的"混凝土胖子"就是那段烽火历史的无声见证者。好笑的是，这些炮楼曾经是国民党固守天津城防的重要组成部分，硝烟散尽多年后却成为湖边钓鱼人的五谷轮回之所，这恐怕是陈长捷将军没想到的。

冬日里的西大坑就是一派萧瑟的景象了，湖边的垂柳褪去了葱郁，褐黄色的柳条清冷地在寒风中摇摆，湖边所剩的只有一片焦黄色的草地和大片枯折的芦苇。生机盎然的景致要么是被凛冽寒风吹散得无影无踪，要么就是都封冻在了银色的冰面下。

刚刚入冬，湖面薄冰初上，好多鱼儿就被冻晕了头脑，尤其是一些游到浅水区的笨鱼在吹了一晚的北风后往往就已经冻得失去了逃跑的意识。我们这些小朋友就仗着个子小、体重轻，涉冰而走去抓薄冰里的冻鱼。抓到鱼后的欢呼雀跃和熬汤时弥漫在房间里的香气是对这种冒险最佳的褒奖。不过现在想起来，初冬的薄冰危险系数还是很大的，一不留神掉进

2011年在北京

湖里就有彻底变成冰棍的危险，想想有些后怕。不过到了农历十一月之后，湖面的冰层的厚度就已经完全达到行走无虞的状态了。尤其是雪后，银装素裹的湖面总会留下一串串俏皮的脚印，踩乱冬的刻板。放了寒假我时常缠着父亲带我去湖上滑冰，不是穿冰鞋，而是坐父亲自制的小冰车。在固定了的小板凳的松木板下面钉上两根角铁，再配上家里通炉子用的两把火叉，就可以在冰上驰骋啦！在那个物质相对匮乏的年代，冰车自然是无处可买，估计即便有得卖，家里也负担不起，于是小朋友们坐着的各色冰车，都是爸爸们"DIY"的杰作。

上大学后和很多同学聊起来，发现我这个城里学生的童年居然是最贴近自然的一个，以致有同学笑我实际是农村来的孩子。其实，从中学后，有如儿时天堂般的湖泊们就在陆续消失，纷纷被填湖造地盖上了房子，直到大学的某个假期，我发现在

2012年在上海

2013年在上海

大院周边，居住区已经完全取代了曾经银盘般的湖泊，我记忆中的自然已经在高速的城市化进程中被无情地从视野中彻底抹去了。带有讽刺意味的是，大院周围的这些小区被冠以了"风湖里""光湖里""照湖里""学湖里"和"府湖里"的名字，连起来就是"风光照学府"。在我看来，学府周围的小区略带风雅的名字是否有别样的风情不得而知，但独独这一个"湖"字有资格占据我心底。曾经的美好、曾经的感动、曾经的陶醉在自然中的画面总在温暖着我，让我心底最柔软的一隅能够宁静地谛听天籁，让我有能力去感知微妙率真的自然之美。

现在已为人父的我，常常看着小女儿捧着 iPad 兴高采烈地玩游戏的身影，或是听着她嘴里不停叫嚷着"派派"的稚气的声音出神，恍惚间又看到当年我在湖边雀跃的身影。时代进步了，她随手可以拿到的 iPad 和品种繁多的玩具对于儿时的我来说样样都堪称神物，但是她也同样未曾拥有过我儿时一直随时可以触及纯真自然的条件。

于是我选择搬家，搬到郊区可以更亲近自然的地方，尽管为此我要多付出近一小时的车程在上班的路上。但是，每每我回家看到自家小院里满手泥巴、一张花猫脸的小女儿，我总是禁不住会在心底微笑，因为在我看来，这样的童年才是真正能够温暖内心的。只是不知道现在每天抢我的画笔、在我的草图上随意批改的小妞妞，在她长大之后是否也能感悟到类似父亲给予我的身教，但我希望这会是一个周而复始的圆。像《狮子王》中唱到的那样：This is the circle。人、社会和自然的关系，本来就应该是一个和谐的圆。我真心希望，长大后的她同样会在听到"落霞与孤鹜齐飞，秋水共长天一色"这样的佳句时感动得热泪盈眶，至少，不要为完全没见过野鸭子而无法体察通感的心灵震撼吧。

薄宏涛

1974 年生，CCTN 筑境建筑董事副总建筑师，中国建筑学会青年建筑师奖获得者。

童年的怀念

王小工

　　"再淘气就把你放到车厢的行李架上！"随后，我当真就被一位解放军叔叔举上了绿皮火车的行李架⋯⋯这是留存在我儿时早年记忆里的一段场景。

　　由于父母不在一个城市工作，所以我的童年是在几个不同的城市度过的，每年几次火车上的往返便成了我童年记忆中挥之不去的场景。以至长大之后，无论出差或旅行，火车中的时光都多出了一份亲切和自在，而座位头顶上的行李架冥冥中也成为车厢里让我目光多停驻的一个地方。

　　1968年的除夕子夜，伴着响彻京城的鞭炮声，我降生了，异常的热闹声让我急于想看看外面的世界是什么样子。出生时体重虽只有四斤八两的我依然哭声震天，生怕这个世界因为震耳的炮声而忽略了我的到来。随后的十年间我便在几个不同的城市间游走着，从出生时的北京，到陕西的潼关，再到河南的洛阳。童年的记忆便与这游走中的不同场景绑在一起了！

　　我出生时住的地方在今天北京什刹海附近的帽儿胡同45

号。那里之前是京城清府军机处的办公地，日本占领北平时被占用，作了宪兵司令部，新中国成立后成为国家青年艺术剧院的办公和居住地。父亲当时刚从中央戏剧学院毕业成为青年艺术剧院一名年轻的舞台美术设计。记忆中的 45 号院只能从后来父母的讲述中依稀回忆起一二，但大院共有几进几跨已无从忆起，只知道那

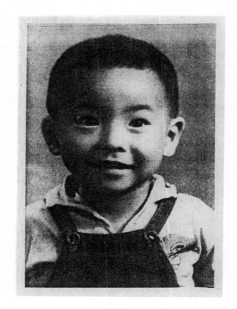

小时候

时我家住在一个跨院第二进的正房。大院正门台阶两边的一对大石狮子，多年后在大院被拆规划建楼时被披红挂绿抬离原地送走了。儿时我咿呀学语和之后的蹒跚学步便是在这院子套院子、如同迷宫般的檐廊里的穿行中完成了！

最初的大院时光中，父亲由于工作的关系，有机会求教到我们国家建筑界的梁思成和汪国瑜两位泰斗前辈。梁先生的夫人林徽因早年在美留学时曾学习舞台美术，而汪先生留学苏联时则专攻剧场设计。也许只因当时梁先生对父亲说的一句"舞美设计是在舞台上搞假建筑，而建筑师是在大地上搞真建筑"的玩笑之语在父亲心中传承下来，以致多年之后我考学选专业时父亲对我学习建筑的建议是如此的坚定。

两岁半时，我被送到了陕西潼关的奶奶处寄养。"秦山洪水一关横，雄视中天障帝京"便是对潼关的写照。潼关时光留在脑海中最深的记忆便是山坡上、家门前那条长长而又陡峭的斜坡土路了！起初自己是被年轻的小姑姑每天抱着游走于邻里之间，但在京城早已学会走路的我来到这广阔的山水之间，便急急地向往着自由，开始无拘束地疯跑了，而家门前那段长而陡的土坡路便也注定成了我连滚带爬的练习场……

　　四岁时，我终于来到了母亲身边！那时的母亲工作在古都洛阳——一个从中国第一王朝夏朝开始，先后十三个朝代都在此建都的城市。童年的回忆便真正从此启程了！

　　母亲的家族是从外公这一辈由浙江的萧山一路北迁最终落脚在牡丹花城洛阳的。作为禁烟局的局长，外公的生命最后却丢在了大烟本身上。而外婆这个坚强的小脚老太婆，愣是带领着舅舅、舅妈和母亲等一家人在举目无亲的异乡扎下了根。

与母亲

1972年我从潼关到洛阳，家里表哥表妹也早已满屋乱跑了。生命中一下子多出了这许多至亲至爱、朝夕相处的人，作为独生子女的我那个时候也算是高兴到天上了。

　　母亲和我住在她单位筒子楼二层的宿舍里，楼的后面便是外婆和舅舅家居住的院子了。长方形的院子约有两三亩大小，外婆家和另外一家人各把着院子的一头，中间的地方则种满了不同种类的树木。老槐树飘满了槐花香，老榆树长满了一串串的"榆钱"，速生的泡桐开满了紫色的喇叭花……我家门前还有一片篱笆围起来的小园子，那是外婆每天耕作的自留地。每年，不同季节的果实成熟之际，便是我和表哥表妹开战之时，常常为一两个果子的归属吵翻了天，而院子里的树木花草便成了我们是是非非的见证者了。这里是我儿时的百草园。

　　童年，如山的父爱常常远在千里之外。记得有一次半夜我拉肚子高烧去急诊，母亲拖着病弱的身体一步一停歇地背着我，望着满天的星星我委屈地对母亲说："要是爸爸在多好啊！"于是此时对爱的回忆便更多地浸润在母亲慈祥的眼神里，初到母亲身边的陌生感很快就被浓浓的母爱溶化了。从寒冷冬夜睡觉前母亲坐在我小床的被窝里，一边和我拍手游戏讲故事一边用体温给我暖床的余温里；从每天熄灯后躺在母亲身边的小床上，听她逐字逐句教我背诵"床前明月光……"的吟诵里；从每天清晨当我揉着惺忪的双眼，望着母亲年复年日复日、无论冬夏披着外衣蹲在门口的小煤油炉前给我准备早饭的背影中；更从每次外面疯跑回来，满头大汗的我喝着母亲早已为我准备好的自制樱桃饮料，直到准备仰脖一饮而尽时才发现母亲还一口未尝的歉疚中……我，感受到了自己童年时爱的富有！

而今，早已为人父的自己从遥远童年中的主角变成了现实中儿子童年时光的配角，记忆中的童年景象也已被眼前儿子变化万千的童年现实替代了。看着这一切，我常常想问儿子：你感到幸福吗？而什么是童年真正的幸福呢？童年时的自己知道如何回答这个问题吗？

物质的富有不等于爱的富有！对童年的追忆中也许更多地包含着对爱的追忆和感恩。"弟子规，圣人训，首孝悌，次谨信。泛爱众，而亲仁……"多年以后与儿子一起诵读《弟子规》时，突然间意识到这些年来自己人生中许许多多的坚持与期待，都源于最初儿时感受到的那个"爱"字！

此文献给已离开我们 15 年的母亲！

2014 年 3 月 2 日于北京

王小工

1968 年生，北京市建筑设计研究院 6A6 工作室主任、高级建筑师，代表作有北川中学等。

那些年

倪 阳

　　在广州住得时间长
了，慢慢自己都当自己是
一个岭南人了。但每当有
新朋友闲聊，他们都会因
为我的标准普通话质疑我
的来历：你从哪里来的？
你的籍贯在哪儿？关于我

个人照

的背景还真有一点复杂，我出生在北京海淀区五道口北京石油
学院大院，父母都是学校的老师。"文化大革命"中期，我和
父母随石油学院下放到山东东营，大学改称华东石油学院，后
由东营考入华南工学院建筑学系，从此来到了广州。要说籍贯，
父亲是上海人（祖上是浙江湖州菱湖人），母亲是广东汕头人。
都说一方水土养一方人，中国不同地方的人性格差异很大，如
北京人的大气，山东人的豪爽，上海人的讲究，广东人的平和，
这些特质在我身上都兼而有之。呵呵，有点王婆卖瓜了。

　　父亲有江南文人的做派，琴棋书画样样能来几下，此外他还
是运动健将！相比之下，我只继承了他绘画方面的爱好，真有点

和妈妈

幼年肖像 一

幼年肖像 二

惭愧。我学画画这事还要从一个
故事说起。我大约三岁的时候，
住在上海奶奶家时生了一场大病，
在医院昏迷了多日才被救醒，病
好后就一直在上海调养。看我情
况稳定后，父母决定接我回北京
住。因我长期未与父亲见面而过于生疏，在回京的火车上，我上
演了一出"夺路狂奔"的闹剧，父亲则边追边向周围面带狐疑的
乘客解释说："这真是自己的孩子！"想必当时相当狼狈！在把
我拖回座位后，他试图用一些方法如讲故事、唱歌等来缓解我的
情绪，但似乎都不见效，这时他无意间拿起一支笔在一张报纸的
空白处画了一个背着刀的战士，突然间我停止了哭声，目不转睛

地盯着他画。就这样，老爸把我"画"回了北京。自从他发现了我的爱好之后，经常有意引导或请人指点，使我在这条路上越走越远。记得一次他给我讲绘画意境时讲的一个故事对我影响很大。他讲的是古代一次命题绘画考试："深山藏古庙"。拿到这个题目后，当时大部分的考生都是在"深山""古庙"上下功夫，而胜出的前两名则在"藏"上做文章。老爸说获第二名的考生在一个云雾缭绕的山中只画了古庙的飞檐一角，而第一名则根本没画古庙，画的是一个和尚沿山路向山中行进，而深山中的一处已炊烟袅袅。通过这个故事他向我解释了如何破题、解题，如何从表象中抽取有价值的东西，剑走偏锋，出奇制胜！这对我后来从事建筑设计影响颇大。在一些重大国际建筑竞赛中，我也按照老爸所传授的那样，很少按常理出牌，却屡有斩获！如做侵华日军南京大屠杀遇难同胞纪念馆时，我有意压低建筑体量，将建筑做成地景式的斜坡状，收到了很好的效果。

那时候画画的内容相对单调，大多是政治宣传漫画，记忆最深的还是出黑板报。当时我和另一个同学梁进（后考入清华大学建筑系）包揽了班级及学校的墙报，由于效果好受到了广泛赞誉，出了不少风头！也许很多建筑师同行都有过相似的经历吧。正是那时候在绘画上打下的基础使自己走向了建筑设计这条路。也许还应感谢那场病，它让我"病"得不轻———直到现在。

小时候的另一个爱好是踢足球，这要得益于班上有一群足球发烧友。因为我们是大学附中，班上的同学从小到大都在一起踢球，配合非常默契。由于我们这批人是从北京过去的，在东营当地显得比较特殊，在当时我们这个班样样全市拿第一，足球也不例外。我们班队代表校队得了东营足球冠军之后，又代表东营市参加了山东省青少年足球比赛，最后拿了第二名。要知道得第一名的那支队可是赫赫有名的"青岛铁中"专业预备队，也就是后来八十年代一直保持在全国足球前三甲的山东省队那批人。虽然当时输得很不服气，也算是虽败犹荣。至今同学们聚会时还津津乐道这件"牛"事——以一班之力抗衡专业队！对大家来说，这是一次团队精神的胜利，相比之下，个人的成功与失败都显得无足轻重了！踢球这一爱好一直伴我到现在，虽然因体力问题踢得越来越少了，但是每当有大型的国际足球赛事转播，其他的事情还是要让位的！

小时候物质非常匮乏，父母为了孩子的健康成长都千方百计地寻找出路。母亲生我的时候，正赶上困难时期（中国还苏联债的时候）。为了给我补充营养，她托人到北京乡下去找鸡蛋，

少年时全家福

当时鸡蛋的价格达到了惊人的一元一个，而当时他们每人每月的工资才四十多元，还要给老人们寄生活费，可见有多么艰难了。后来在迁去山东东营时住上了平房，从城市到乡镇，生活质量突然间下降了许多。为了改善生活，家家户户都圈地养鸡，我家也不例外，多的时候养了7只母鸡，有一次一天共收了八只鸡蛋，全家都兴奋不已！养鸡可以改善生活，养鸡的任务自然也交到我的手上了。夏天鸡菜还好办，但到了冬天，就只能去饭堂后门捡剩菜叶子了。再后来到了70年代中后期，父母的国外亲戚知道国内生活困难，有时会寄些东西给我们改善伙食，记得有一次给家里寄了两罐花生油，母亲很高兴地说给大家改善伙食——炸油条（这事儿一般在过年时才有）。等大家美美地吃了一顿的第二天，妈妈就被人告到了工宣队并被叫去问话，说国家这么困难，你们还吃炸油条，影响很不好！妈妈很委屈，说是看孩子们营养不良，又用的是自己的油（写到这儿我都想哭了）。就这样老妈为了我们还被工宣队训了一顿。其实当时的情况大家都差不多，虽然生活简朴，但都通达乐观，积极去适应或改善之，这样的小故事还有很多。说到吃这一点，我打小就有一个与众不同的习惯——偏食，其实是挑食，而且是非常挑！人家挑食时是说不吃什么，我必须说反着说我吃什么，否则数不过来！总结一下，水里面的（包括海里）除了蛇都吃，天上飞的（有翅膀如鸡、鸭……）都不吃，地上跑的只吃猪肉，后来好些，偶尔吃一点牛肉。很多人都以为我是信什么教。开始我也以为是因困难时期没肉吃留下的后遗症，到后来我才明白为什么。原来我外婆家有吃素的习惯，外婆更是终生吃斋，可能到我这儿就养成不喜肉的习惯了。记得小时候寄宿的时候

全家福

西班牙毕尔巴鄂古根海姆博物馆

过年、过节吃水饺，我经常用饺子馅去换别人家的饺子皮吃，为这事，老师还到我家夸我，说我总把好的东西让给别人吃，有雷锋精神！其实我根本就不是这样想的，你懂的！

回想起小时候的事，许多情景历历在目，但似乎记忆深的都是些调皮捣蛋的事儿：抓知了、逮蚂蚱、打沙包、跳工程等，那时似乎总有使不完的劲，有时还约着去干打路灯、偷鸡蛋、赌弹球之类的"坏事"，电影《阳光灿烂的日子》里那批人的生活就是对我们当时情况的真实写照！真的很感谢那样一个时代，可以让我们无忧无虑、率性成长；也很感谢自己的父母，在艰难的环境下培养了我积极的人生态度，还将顽皮的我送上了大学，让我可以继续开心地做自己喜欢的事。

倪阳

1963 年生，全国工程勘察设计大师，华南理工大学建筑设计研究院副院长、博士生导师。

画书 · 天花 · 草图

崔 彤

"画书"

偶或念及童年时光，恍若前世，唯独"画书"和"天花"记忆犹新。也许，他们要伴随我一生，使我时时反顾。

"形"之过敏，或许与生俱来，"形、神"兼备想必后天赋予。此刻想来，要谢那个年代才对。儿时，正值"文化大革命"，右派父母依然为革命对象，我年幼无知，只晓得他们每晚于大房子"开会"，言谈中隐约其词，令我惴惴不安。无奈，夜晚只能享受孤独，好在斗室多有图书相伴，也算聊以慰藉。无聊时，扑到床下，竟有意外收获。寻到带画的书若干，相遇吃书的老鼠一只，抽书时竟将床板弄斜，险些未能从床下逃出。父母回家，我难免受皮下之苦。翌日，我被红卫兵抱到主席台，险些被当作"狗崽子"摔死，还好，未遂。却见父母"负荆请罪"，游斗于人群……之后，好多书被装入筐中抛到火里，还有些书被人拿走，他们躬着腰，双手托书一直顶到下颚的样子，我永远不会忘记。那时，我明白"画书"好看、能惹祸、老鼠喜欢吃，还能支撑床、像砖……后来，还是有一些带画的书保留了下来，

我把它们称为"画书"，有几本是我的至宝。看到那些奇怪的画，就觉得兴趣盎然，从此，它们成了我孤独中的朋友。从书中我明白了黑白分明的是版画，像照片的是油画，还知道了红军、高尔基、"大跃进"、蒋介石、毛主席、天安门。不久，看图识的字也就越来越多了。

童年肖像

"天花"

那几本心爱的"画书"一直"鼓励"我入睡，可就是不能奏效，眼睛不停地在天花板上游移，辨识着雨水浸透的水印花纹。天花有时像山、像河、像云，说不出是怎样一种凄凉的喜悦；它有时又长发獠牙，面目狰狞地向我扑来，宛如目睹地狱之所在，我感到害怕，近乎绝望，又在绝望中变得勇敢。我尽力让可怕的景象变得美好起来，一遍遍用心矫正，直到像"画书"一样好看。凡这些，仿佛是拼图游戏一般，引人入胜。那时，"天花"也和"画书"一样，是我寂寞中的乐趣。我每晚都不厌其烦，"设计"着各种可能的景象，幻化出离奇和荒诞的图案。直到现在，我还是不晓得天花中竟有这样的奥妙深意。

无论如何，天花！我儿时的"天顶画"，无数个夜晚，她

带我穿越天花、穿越夜空。

　　仰望天顶的"不良"习惯一直保留至今，我也终于明白为什么从小就神经衰弱。还好，小学画画时，已经"在人间"了，只是恶习不改，乐于夜间思想。白天的石膏像依然浮现在眼前，一遍遍于杳冥之间画个没完，片刻，又是一遍调子。接下来，心源为笔，雕像群形。然后，眯着眼睛，想着、乐着，好不得意，稍一停顿，又是一遍线条，直到满意而睡。白天再画，心术回放，果然神奇。老师追问可曾学画，答曰未曾，老师兴奋而不解，当众表扬。此后，便知晓画在画外的另一层含义，即用"心"感受。用"心"去画，悟解和品味，便会境生象外。久而久之，"唯心"式的思辨成了我的方法论。

"草图"

草图也无非是这样，当夜晚的天空变得深邃，望去显得遥远而无限时，孤思默想者辗转于心神之间，虽寄迹翰墨，以求建筑意匠……玄妙出于营造之表，幽深伏于"天花"之间，岂常情之所言？彼哉！尽是童年意趣。

喜夜厌昼，纯属无奈。惟有夜朦胧时，心智清纯，看似穿透夜空。遥想混沌太初，先哲以为，道生一，一生二，二生三，三生万物，宇宙也就诞生于爆炸之中，此刻想来构思源于天花也算是个交代。

"天花"草图提法是否适宜，或许属个人偏爱，自以为是儒道释传统。其实是"封资修"黑货，最多算是智力游戏罢了。不过，还算有趣——双眼朦胧，仰观天花，即尽可能让自己遥远，宛然幻境探险一般，路途遥远多变，景象万千，如若寓目不忘，必有名迹；有形的、无形的、熟悉的、陌生的、连续的、间断的，凡这些，都依稀可见，顷刻间，彼此相摩相荡，氤氲化醇，直到诗一般的境界。

崔彤

1962 年生，中科院建筑设计研究院副院长、总建筑师，中国科学院大学建筑中心主任、教授、博士生导师。

建筑童年

赵元超

我是一个土生土长的西安人，出生于号称西安"原始森林"的城隍庙庙后街，我所居住的环境应该算是一座具有三重门的深宅大院中的一个偏院。在物质极度匮乏的六七十年代里，我在这里度过了快乐、有趣、自由的童年时代。

我所居住的院落是一所破败的关中传统民居，至今格局还算完整。临街是一座朝北的大红门，两边分别是单独的小院落。从大红门走进去十几米才是二道门，进入二道门后还有三道门，从第三道门进入后才是前院，由三座平房围合的一个三合院落。整个院落布局并非对称，前院西侧有一个过道可进入后院和偏院，后院是一个较为对称的三合院落，套在后院的南面还有一个后花园。我们家所居住的是这个深宅大院的偏院，一个坐南朝北的三合院落的东厢房，由于产权属于私人，儿时也被鄙称为"私人院"。后期在院子中间又插入了一个房子，我家因此几乎常年不见阳光，只有屋前不到三十平方米的院落才能看得到天空，那是我小时候仰望天空、呼吸自由空气的地方。

整个大院中有一棵大槐树和一棵大榆树，每到春天我都能看到榆树的绿芽和闻到槐花的清香。这里的一切我都能如数家珍地悉数回想起来，但我却很少从建筑的角度来审视这个被人遗忘的大红门，也从没有考证这座大院来历的兴趣。在我看来它就是承载了我童年生活的房子而已，生动的生活远远大于僵硬的背景。现在看来这座大院应是一座极其讲究的府邸，它虽然没有完整的形制，但它因地制宜所形成的院落却空间丰富、高低错落、不可复制。可惜，这种有趣的空间体验却被一个标准化的居住模式所替代。

现在回忆起来，对室内空间我没有太多的印象，我几乎没有在室内看到过明媚的阳光，好像总是在一种阴暗、潮湿和诡异的氛围中苟活着，相比房屋的破落和陈设的简陋，院落的外部空间则显得那么有趣和丰富。后花园那个 20×30 米左右的院落就是我们孩子的大舞台，入口处的大门道则是我们玩乐的风雨操场，而最使我着迷的还是我家门口那个不足 30 平方米的小院落。中间有一个渗井（传统院落中排雨水的下水道），北边是界墙，靠西边有一个单位的后门。那时物质极度匮乏，在寒冷的北方每家每户在冬天到来之际都要集中买萝卜、土豆和大白菜等过冬的蔬菜，自然也需要储藏它们的地方，一般就在院子里很随便地用黄土和砖头砌一个简单的菜窖。所谓菜窖，其实只是一个四周用砖砌成的中间用来堆土的小土堆。但这个土堆却是我儿时的乐园，是我儿时的建筑积木，它成了我建筑启蒙的小天地。在冬天，我不断变换着土堆的形状，用最简单的方法尽可能储存更多的蔬菜，要命的是刚落成的"工程"又被新的想法所替代，一个冬天总要折腾多回；到了春天，这里生长着我精心栽种的各种植物——丝瓜、葫芦、向日葵等；夏天来临时我用铁丝和竹竿搭出凉棚，享受与大人们坐在树荫下谈天说地的乐趣；秋天则收获着自己并不算丰硕的成果。那种小心呵护，充满期待的美好心情至今令人难以忘怀。除此之外我们还一起养蚕、斗蟋蟀、玩弹球，一年里总有说不出道不尽的快乐、乐趣，无忧无虑。

在那个"深挖洞、广积粮、不称霸"的年代，全国各地都在修防空洞，自然街头巷尾堆的到处是砖。记得一次下暴雨，雨水倒灌院子，我们小孩子就帮着大人一起搬砖"抗洪"。小孩儿哪管这是修防空洞战备使用的砖，等到防空洞修完，我的搬砖的义举反而成了破坏战备的"反面"典型。原来洪水过后邻居家顺便用砖垒了鸡窝，而搬砖的我也最终被"认定"成了"帮凶"。当时"左"得出奇的少先队辅导员竟让我把砖搬到学校，大有"游街示众"之势。一向温顺的我这次却毫不让步，哪怕不上学也不搬砖到学校！虽然这件事情最终不了了之了，但每每回想至此，却总有一丝苦涩。不过转念一想，我现在从事的职业不也类似儿时的"搬砖"吗？！密斯曾说过建筑学实质上就是如何摆好两块砖。我从小就与泥土、砖瓦结下了不解之缘，哪曾想已过天命之年的我还在摆弄着"秦砖汉瓦"。

院落以外的老街深巷是我的另一片天地，最冒险的远征是上城墙和下城河。庙后街地区是唐代第三条横街，现在回访，那里也还是西安历史街区中最为丰富多样的活标本。我每天游走在有数不清美食的麻家十字，中学每天的早操围着高墙窄巷、散发着闲适气息的西仓跑步，常常为了买文具穿行于都城隍庙边的宽街窄巷；大学习巷的清真大寺是我儿时的青少年活动站，在没有几本书的活动站里，我常常坐在充满伊斯兰风情的清真寺院里发呆。我们所在的社区——过去叫公社，也设在城隍庙的大殿内。我的小学更是一个传统的中式学堂，与充满书院气息的中学仅一墙之隔。在上学、放学的路上，我穿梭于老街的房屋之间，丝毫没有体会到这是我最初的建筑与城市教育。

走出寂静的深宅大院，跨出三重门，当时是寂静的街巷，仅仅有零星的夜市，穿过西羊市，再拐到北院门就能远远看到鼓楼。在我儿时的心里鼓楼就是最雄伟的建筑。穿过鼓楼再往东拐，就是最具标志性的建筑——钟楼。当时钟楼邮局早已矗立，西南侧的钟楼饭店则永远是个大坑。记得刚上中学时，我经常到东大街具有民国特色的老邮局里买《语文学习》和《数学研究》。至今还记得一期《语文学习》的封底上画有阿房宫复原图。回来的路上会经过人民剧院、报话大楼和一直没动工的陕西省中医研究院。在我儿时的印象中，这种景象几乎从没变过，以致在我上大学时还能清晰地把这些景象画在一张西安城市印象图上。

我的童年还有一个经历，就是走出民居，寒、暑假里到舅舅供职的大学里玩耍。校园中各类从未见过的现代化设施常常令我流连忘返、乐不思蜀。学校外面当时还是一片麦田，麦田再往西就是西安老机场。我们常常钻过围墙的洞口去看飞机的起降，一看就是半天，我大学报考志愿时的另一个选择就是飞机设计师。

记忆中，那时似乎没有太多的学习，学习的内容也确实简单。我几乎没有做过家庭作业，因为做了也没人检查。小伙伴们都是在做完了作业后才开始玩，而我则一开始就玩，但在最后的考试中却还能名列前茅。

记得儿时的学习小组在同学家的小院中，他的爷爷是一名老中医。相邻而居的是一位著名的画家，我们常常站在旁边看他神情自若地画金鱼。在那个时代，最简单的业余爱好就是画画，画画也逐渐成了我和其他同学的共同爱好。记得小学一年级的美术课中，老师让我们画红旗，我自己画了一张，也替我的好朋友画了一张，结果两张同时得了最高分。依稀记得当时美术老师点评时对着我龙飞凤舞的签名说了一句"不会走路还想跑！"，我的画也因此屈居第二。

在小学我们常常办板报、画漫画，参观各种大批判展览，也名正言顺地聚在一起学画。就这样，对画画的热情几乎伴随了我整个童年，它至今仍是我的爱好。我是那种兴趣广泛，但并不较真的小男孩。除了画画的特长外，我的理科和文科也还不错，在中学的各种竞赛我都能进入前六名，但最终我选择了包罗万象的建筑学。小时候一起画画的伙伴，也只有一人坚守着，我们的友谊也一直持续到现在，大学时我们还常常一起外出写生。现在他已是很有成就的画家，可以随心所欲地走自己的路，享受陶醉在画中的乐趣。

初中

高考前

在当时政治活动的大背景下，我们总要参加各种社会活动。我们在农村分校拾过麦穗，甚至要步行到浐河背一书包沙子回学校供盖大楼使用，停课闹革命对我们而言都是家常便饭。我当时还参加过学校的合唱团，各种演出活动从不间断，但唱的歌总是那首《社会主义好》。

记忆中，儿时我最喜欢的游戏是放风筝和打"陀螺"。当时有一种最受欢迎的玩具叫"猴儿"，是我们手工制作的一种类似陀螺的小玩意儿。我总能根据各种材料制作出不同特性的"猴儿"，深受大家喜爱。亲手制作的"猴儿"也常常是我们相互赠送的小礼物。小小的我早已是制作风筝的高手,什么国旗、

飞机、燕子等等都不
在话下，而把它们
放在高空中的往往是
那些比我们还大的伙
伴们。我最满足的就
是抖一抖天空中自己
制作的风筝。当然也
有出师不利的时候，
风筝还没有升到空中
风筝线就被电线缠住
了，因此我们常常寻
求更广阔的空间，我

和我的大学同学

家附近的二十五中操场就成了我们理想的场地。我记得最后一
次放风筝是在 1976 年的 1 月 8 日。那天我们欢快地跑向操场，
却被一位老师训斥："都什么时候了还放风筝？！"说来也巧，
似乎从此我们再没有放过风筝，也由此告别了我的童年时代。

后来，过了不到八个月的光景我就升到了中学，坐在教室
里和大家一起十分沉痛地悼念毛主席逝世。那时的我似乎渐渐
地明白了一些道理。我的人生轨迹好像就是在那个时候忽然转
了一个大弯，童年的稚嫩也是在那个时候渐渐地隐退了。

在我的记忆中童年是无忧无虑的，自由自在的。现在的许
多想法和灵感无不与这段丰富的乐园和童趣生活有关。对西安
城的理解、对庭院的偏爱、对创作的醉心和动手的能力，也许

正来源于童年时的经历和破碎的片段。美好的记忆总是让人难忘，当我们回首往事时常常是回忆最美妙的、最耐人寻味的那段，而忽略了它的种种不足和不幸。好在社会总是发展的，前进的，人的认识也会从片面到全面，从极端到中庸。

余秋雨曾为小学生题词"在这里我几乎完成了我一生的教育"。而现如今我也已年满五十周岁。每年在给新生讲课时，我最常讲的一句话就是建筑师要"童心未眠"，而这种天然的好奇心和创造力真的不是通过正规的职业训练就能一蹴而成的。同样，建筑和城市承载着人类历史和一个人生长的环境片段。关中是中国的院子，西安是中国历史的童年和青少年时代，能在这一时空生长、学习和工作是一种幸运和幸福。

现在的庙后街我很少回去了。我的中学、小学和大红门以及儿时的伙伴们，你们到底变成了什么样子？我现在能随手画出它们的总平面图来，但不知为什么我却从来不愿去再回首，是怕美好的回忆被现实打碎，还是怕勾起一段不愉快的回忆呢？说不清，道不明。虽知天命，尚不知自我。

赵元超
1963 年生，中国建筑西北设计研究院有限公司总建筑师。

辛酸岁月

高介华

纷吾既有此内美兮，又重之以修能。

日月忽其不淹兮，春与秋其代序。

——屈原《离骚》

湖南省会长沙市河（湘江）西四十五里沩水之滨的宁乡县城东北郊，有一条丘陵夹着的冲沟——"六十里长冲"，是为一条宽约 200 米的稻田带。"冲尾"之东有一座小山名"长乐山"。沩宁高氏族系始祖孟宗公的第 16 代孙高海连是一名乡里裁缝，平生勤劳克俭，在此建有一座一进二厢的土坯茅屋民宅。在宅西的山边又开辟了几丘良田和一口小水塘，加上购置的"冲"里的一些，合起来有两石八斗田地（每石合六亩三分）。

时值晚清，海连公深感自己是文盲的遗憾，处心积虑，让独子钖奎读了私塾。钖奎幼读经史，未第，便改攻医术。

钖奎妻范桃秀贤淑持家，生活克俭，生有三男二女。（大女秀桃嫁与本乡张福才，早逝，我未曾见；三子五岁时在上屋游玩，落水塘溺死，我亦未曾见；二女秀莲——我的二姑妈，嫁周梅梓堂明德，我小时即被带去她家常住，全家对我十分爱护。秀姑已故）旋将旧宅改扩建为一进三厢内有天井的新宅，但原有的两厢茅屋袭旧。钖奎公命此宅为"高廉忠堂"，廉者清正，忠者忠信，是人立身处世的根本。他的炉边警言是："不求今日重重贵，但愿儿孙个个贤。"从而树立了严格的廉忠堂家风。

钖奎公医术精湛，内、外、儿、妇科皆通，为乡里贫苦农民救死扶伤，不分昼夜，不计酬报。鉴于病号缺钱少药，乃开设了"高天泰药号"，便于病号即时取药。

钖奎公长子希元公幼务农，旋去沱市"骆天盛药号"学药剂学，出师后，回家经管高天泰药号，还带了一名徒弟陈林生协助。

嗣后，又在高宅创办了"高廉忠堂私立小学校"，供贫苦农民子弟免费上学，钖奎公与二媳胡淑徽任教。

长乐山，满目青山秀水。高宅槽门内外为禾场（晒谷场），场前是一片菜地，菜园内有李、桃（记得当年二婶的内侄女胡庆龄带着她胡家的一个觉妹妹常在桃花树边玩，真是"桃花如面柳如眉，忆此如何不泪垂"。庆龄姐比我大七岁，对我亲切爱护，她终身未嫁，后来在湘潭一家工厂工作，早已病故。）、橘、枇杷等果树。菜园东是一片楠竹林，宅西是一片斑竹林，竹林外及宅后都是山林，其间有不少株树，结下的苦珠可生吃、炒吃，又可作苦珠粉丝，小时常去捡苦珠。菜园南有一片旱作地，栽植土豆（我们叫"洋芋"）、红薯等根茎作物。这片旱地的东、南是大片丛树林，其间有一株很大的酸枣树，自然是小时爱去的地方；还有两座立碑的土坟，分别葬着海连公和他的母亲（我的太祖母）。长乐山的周边有土堰围护，防止别人砍伐。

在这片山环水映，环境清幽之高宅的第二厢茅屋中，"民国"十六年，亦即丁卯年九月初五日未时（1927年10月17日下午二时），希元公原配农家女许桂莲生下了一名婴儿，便是我，锡奎公的长孙、希元公的长子高介华。

我的祖母最喜欢我，我待祖母比妈亲近。待我稍懂事时，祖母便常讲到家里的一些事，她告诉我，我下面的大妹妹曾妹子、曾妹子下面的大弟弟美伢子都夭折了。我对于这两个妹、弟竟然毫无印象。据妈说，我的第三个妹妹觉妹子是带去外婆家里，拉肚子，没治，把她带了回来，气息奄奄，竟然没能进屋抢救，就让她躺在水塘边酒灶一侧死了，那时只有七岁。这个小妹妹我带过，她死时，我在县城上学。每每想起她死时的惨景，我至今也难免痛心落泪。

小时，祖母叫我的乳名——"锭宝"，我特别不爱听这个名，在我的心目中，"锭"是愚蠢的，我怎么成了"蠢宝"呢？

我是长孙，受到祖母的特别优待，在俩老的餐室一起吃饭，自然，俩老吃得少，饭菜要好些。可我不忍心看到的是，妈、婶和诸多弟妹吃的是什么啊！一年到头，无非是一钵干萝卜菜或干红薯叶菜。那些干菜里哪有什么油呢？一家人一年就靠十二月十九日杀岁猪剔下的那点猪油，可这点油首先得保障俩老、长工及来客人的做菜之需，不可能轮到他们。他们连青菜也少吃，因为炒青菜既需要柴火又需要油，这些干菜是连饭一起蒸熟的。长工一般中饭得有一碗蒸鸡蛋和青菜。为了节约粮食，妈、婶和弟妹晚餐则只吃稀饭。除了过年，或特别的节日，他们哪里能嗅到肉味！生活的清苦，远超贫下中农。经这样的积累（妈、婶还织布卖），加上山林收益，最后已拥有了14石良田。日寇投降后，因支援希元公在县城店铺的重建（在县城所租店铺及自有的房屋都被日寇炸毁），卖掉了在朱良矼的三石六斗田，剩下了十石四斗田，因而在1949年后获得了"地主"的名分。

我小时好玩，不怕鬼，一个人睡在祖父母住房隔壁的夹正房内。有一天深夜，我忽然听到堂屋内有响声，便赶快起来，手执一柄鸡笼扫把去赶贼，没发现有贼，又悄悄地回到床上，家人没发觉，当时我只有四岁。

1931年，我入家中的小学校启蒙。祖父极为严厉，一听到他的声音，我立马捧起书坐到显眼的地方，或则高声朗诵，让他听到，真是人小鬼大。也常习字帖，可是我与书法无缘，小时就受过叔父的批评。

若在除夕，我便拎着竹箕跟着祖父挖一些红泥，抛撒在宅周，据说，这样可保家中平安。若到了元宵、清明、七月半，往往是我拎着香烛、鞭炮去曾祖父、太祖母的坟前拜奠。曾祖母、外曾祖母去世时，我都在床前送别，那时，也就三四岁，但印象却深。

祖父有许多线装书，多是医、药、经、史之类，我还不敢问津。二婶房内藏有叔父运回的书刊，我则常去翻阅，有著名的期刊，如《东方杂志》《生活周刊》……文史科学书籍中，特别是那些历史、科普读物，使我大开眼界，如林肯、富兰克林、爱迪生、牛顿、达尔文……我早就知晓。

希元公为了开拓自己的谋生之路，离开了长乐山，去县城从师于夏福希，改学照相、镶牙业务，且自立门户，开设了宁乡北正街"天天有照相镶牙馆"。后又兼设修理钟表，鞋店和"上海爱华制药社经销处"，雇有员工。由于他坚持诚信经商，迄今，"天天有"已成为宁乡知名的老字号，由弟弟们经营。

我小时也常干农活，如砍柴、放牛、插秧、扯草、捉虫，特别是扮禾后，便去捡禾线，又随妈到田里挑稻草回家，肩头上压得够呛。

1934年，我近七岁时，父亲把我带到县城，走了四十多里路，父亲拿了一根专制的厚竹篾片，在后面像赶小猪似的。我乃转读于"宁乡简易乡村师范附属小学校"（初小）。校址在凤凰山文庙内。班主任是刘星斋，还有李福斌老师，都是父亲的朋友。我一回到长乐山老家，就经常会听到祖母说刘老师如何喜欢我。其实，我在学校顽皮，不好读书，刘老师打我并不留情，我当时很恨他。

当年，母亲一度到过"天天有"住留，我便能常吃到为我做的饭菜，妈对我关爱备至，我感受到了亲切的母爱。但他们夫妻并不和谐，常处于家庭暴力之中，使我的小小心灵受到极大创伤。在这种状态下，她只好仍回长乐山老家侍候公婆，撑持家务。母亲心地耿直淳朴，不善逢迎，不得公婆欢心。有一次仅因烧了一点枥子柴（这种柴火一般都是留着出卖的，自己烧的柴火必须到山里去捡或抓树叶，我就经常去抓），祖父去到厨房发现了，大声斥责，母亲回复了一句，祖父用木棍在她的脑袋上猛击，当即血迹斑斑，我亲眼所见。母亲生有四男三女，其中一男二女早夭。她背负着极大的生活、精神压力，一生勤劳艰苦，凄凉辛酸，我从小出外，难可尽述。1984年，母亲因脑梗死不治，病故于巧云家，我未能送终。介钦弟后来写下了《妈妈生活的日子里》一书，反映的是一个典型农村苦妇的实录。

1936年夏，我从简师附小毕业，即考入宁乡著名的玉潭小学（后改名为"宁乡县立第一高小"，据说，谢觉哉就曾在该校毕业），玉潭小学在文庙一侧的化龙溪畔。

在玉校，因为家中并未为我备办卧具，只好与族侄高继青同铺（继青比我大。1949年在克强学校学生自治会理事长期间参加了地下革命工作，被国民党特务残酷杀害，身中九刀，成为湖南著名的烈士，毛泽东亲自签发了证书）。有一次夜里，我拉肚子，把有粪便的裤子换下，纳入到垫被下，后被继青发现。

我感到没脸面在此睡，晚上便一个人躲在礼堂内。

玉校校长是北大毕业的杨文冕，他参加过五四运动，颇有风采。我所在的第五十班，班主任是地理老师廖雨霖。玉校教学严格，课程完善。那时的作文竞赛就写文言文，可见当时小学生的国文水平。我虽然学习成绩不佳，却学到了许多历史、地理的基本知识，至今仍念念不忘。记得同班的郭汉元能画出毕真毕肖的连环故事图画，我画不出来，却很羡慕。

每周星期一的第一堂课，得在礼堂中举行中山纪念周以纪念中山先生，唱国歌、校歌，背诵"总理遗嘱"。

玉校的校歌，我至今能唱，歌词只有 52 个字，高度概括地指明了人生的方向、道路、目标，这短短的歌词刻入了我幼小的心灵：

高山仰，飞凤兮，清流钟化龙。惟我玉校兮萃群英。萃群英，一堂兮，日日新。如切、如蹉、如琢、如磨兮乐无穷。促进德智体育兮，共起挽国魂！

前四句是描述校址所在的凤凰山，山上有文庙和文昌阁，自当是"高山仰止"。我玉校是群英聚萃之所，给予孩子们一种自信、自豪的心态。语云："周虽旧邦，其命惟新，苟日新，日日新，又日新。""日日新"，乃教育孩子们不断学习，日后在工作、事业中都要创新，方能出色。切、蹉、琢、磨，这才是虚心问学的方法。要孩子们在德、智、体方面全面地发展，为国家、民族、人民做出贡献。在那个年代，最最要的是拯救民族的危亡。这52个字，从本体论到认识论、方法论给孩子们一生的奋斗追求都讲得明明白白。这首歌词奠定了我一生立身、立业的根本思维。

锡奎公次子希恺——我的叔叔，生于1910年11月，幼亦务农。他小时读了两年私塾，才思敏捷，勇于进取，气度非凡。一次有族人来访，命他当场赋诗，所作诗句中有云："两载何能八斗才，博学之儒应久来。"表明了自己的求学抱负。族人受了感动，诺予支助，从而得以继续升学，得入双江口镇丁山庙高等小学堂。其时正处于共产党领导的第一次国内革命时期，校长胡五廷即是共产党员。当时希恺团结同学进行了一些革命行动，得到校长的器重，尔后介绍希恺加入了中国共产党。

在高等小学毕业后，希恺考入了湖南省化工专科学校。毕业后，考入常州航空高等专科学校，就读飞机制造专业。由于缺乏学费，得贺耀祖将军予以支助。

希恺公在常州专校毕业后，并未从事专业工作，而是全身心投入革命，在南京创办了《建国日报》，宣传抗日图存，唤醒民众，他还经常到处演讲。后来报纸被国民政府查封。中华人民共和国驻联合国第一任常驻代表安致远就是他的战友。此后，他一直在中国农民银行工作，以之为掩护，进行农民运动。曾辗转于绥远、山西、河南（希恺公之子介伍就是在开封怀上，故其乳名为"开伢")、湖北各地深入农村工作。

1936年，希恺公调至桂林分行任农贷部主任，积历年农村工作所得，写有《农村考察报告》。"百色起义"后的1938年11月，他去广西天河考察，12月2日死于天河，时年仅28岁。他的死是一个谜，有许多疑点，近在桂林的妻儿竟然没能去探视，虽已入殓，也未见到其遗体，很可能是被国民党特务暗害，在他牺牲15年后的1953年，忽然收到组织上给其遗孀颁发的一笔不菲的抚恤金，从而能使其子介伍顺利地继续升学。

希恺公牺牲时，介伍只有一岁，他哪里能知乃父的事。迄长，经过从亲友们多方收集资料，终于写出了《魂兮归来》一文，简略却切实地记录了乃父一生的事迹，难能可贵。

希恺公对我十分爱护，至今感念难忘。

1938年，我在玉校毕业后的秋天，忽然收到叔父于8月25日在桂林所寄手书，是他牺牲前97天所写。此信只有一页纸，合计522字。不但对我日后的求学深造做了全程考量和精心安排；对于我该怎么做人、做事亦作了训诫。这页信随我经历了76年的南北播迁，始终在我的案畔，不妨摘记其要：

介华吾侄：

来信收到，知道你的文章很有进步，思想也很好，并且经已毕业，甚慰。

不过习字一科……你要特别用心练习，每天要习寸楷字一张，小字三十个至五十个。……你升学的问题，我主张你到年满十二岁的时候，投考公立中学，……

你如愿来桂林的话，本期我当找先生补习你的功课，下期即可考初中。……二十四五岁已国外归来，……你该努力报效国家。……我已开始为你储备，中学每年柒拾元，大学每年壹佰伍拾元，……出洋每年壹仟元，这些我都早有预算，……出国又考得公费生，那就更好。

……以后你要多找苦吃，不要图舒服过日子。要有孝心，要有忠信。

对农友们更要恭敬。

即希努力。

希恺手泐
廿七年八月二五日

后来我终于去了桂林求学，不过不是在他生前，而是在他身后，原因是为了去读不要钱的书。

52字的校歌和这页522字的信成了我一生的指路明灯和思想行为准则。

我们的童年是国家、民族灾难深重的年代。由于西方列强的肆意侵掠，特别是1937年卢沟桥事变以后，日寇的大举侵华，残酷迫害，全国人民处于水深火热之中。在我们童年的心灵里就深刻着巴黎和会、八国联军、义和团运动、五四运动、"九一八事变"、"一二八事变"、"五三惨案"、"五九国耻"、"五卅惨案"等一系列国耻印记。在玉校教学楼二层走廊墙壁上挂贴的那些民族英雄——班超、岳飞、史可法、文天祥等的画像会不时涌起孩子们报仇雪耻的激情。

上初中以后,国文课多了,像正气凛然的史可法《复多尔衮书》,文天祥在菜市口临刑前的壮语:"人生自古谁无死,留取丹心照汗青。"以至南宋末,陆九渊抱幼帝在蛇口投海,壮烈牺牲的图景,都在童心中种下了报国的种子。

那时,我们喜唱岳飞《满江红·怒发冲冠》"壮志饥餐胡虏肉,笑谈渴饮匈奴血",又如《流亡三部曲》。当这些悲愤的歌声唱遍了中国大地的时候;当南京大屠杀的噩耗响在耳际时,幼小的我们也会梦想自己长大后,不就应当成为"饥餐、渴饮"倭奴血的报国战士吗?

当我们唱着《中国不会忘》时,在以谢晋元团长为首的八百壮士在四行仓库猛击日寇的辉煌时刻,小小的初中女孩杨惠敏竟然泅渡苏州河,向壮士们献上了国旗,当这面鲜红的国旗飘扬在仓库塔顶时,全世界的正义人士都在喝彩孩子们带着国仇家恨,对日寇的痛恨是何其强烈!只是我不了解,现在的中国,小、中学的孩子们知不知道"八百壮士""南京大屠杀"这样的史实?

玉校毕业后的1938年下期,我就读于宁乡西冲山洪兆康(中山先生部属陆军上将洪威将军兆麟之弟）宅内、由长沙迁来的衡湘中学初中一年一期。虽然家中给了我这样好的读书机会，但十岁多的我十分贪玩，同学们在教室上课，我一个人跑到农民的田里去抓鱼。我的学习成绩自然差，怎能继续读得下去呢？

1939年上半年，转到双江口镇丁山庙内、由长沙广益中学老师李彬所办的培英补习班。有一位张老师教大代数，我哪能听懂！读完一期便又去族上高利生家，从其补习英语。可见祖父母、父母"望子成龙"的心切！

那时听到一则信息，说是桂林有一所战时儿童教养院收留难童，读书不要钱，我心中十分冲动。为了减轻家庭的负担，邀约了高姓的几个孩子，请了一位戚友送我们到桂林。芙蓉路八号院办事处的汤主任热情地接待了我们，其中的高凤章因年龄偏大没收，其他几个孩子全留下读书。教养院院址在两江圩的宝山脚下，由李宗仁夫人郭德洁院长一手创办。难童有一千多名，小的只有五岁，就得自我照料。该院已属学校建制，比较正规。郭院长十分关爱孩子，每每听到她来院的汽车声，我们就高兴，一是她会骂老师，二是食堂便有肉吃。

院训育主任梅为藩，比较严厉。童子军教练也很凶，常打小孩。院里常演"文明戏"，我真惊叹那些小孩的演艺，动人极了。我上不了前台，就在后台搞搞道具。不过，我参加过五四运动纪念日的演讲比赛，是自己写的讲稿，讲时声音洪亮，还抑扬顿挫，蛮动听。

每天晚饭前有晚会，设故事讲坛，老师给孩子们讲故事。其时有一位莫非老师连续讲历史故事，我们很爱听。莫老师喜欢我，我回宁乡后，还给我写信，文笔好极了！

院里办了农场，开荒种菜，孩子们都要去劳动，我从而知道了一些菜名，如芥蓝、西瓜……

1950年夏于长沙

高小毕业生算是高学历，院里设了一个初中预备班，班上学生可以去考桂林的德智中学，由院保送。记得只保送了一名学生，他算是佼佼者。预备班的班主任杨裕五老师，兼教国文，朱自清的《背影》就在这时读到。后成立了初中第一班，有约20多个学生，我最小。班主任宋刚是共产党员，宣传共产主义思想（当时的桂林被称为"文化城"）。

1942年，在院读完了初中三年一期，为了能很好地升学，我果断地申请离院，被批准，与同班的张笃敬携手同归。这年夏，锡奎公亲自送我到长沙市河西维梓屋场（当地著名的"大夫第"），转学于孔道中学，读初中二年二期。孔道中学校长是著名的国学家任福黎，其子任爱国任教务主任。

"三气周瑜"饰赵云

"孔道"的教学条件很好，师资力量强。从这时起，我方懂得了要奋发读书。化学老师左曼仲讲得特别好，我的化学考分最高；国文老师讲得详尽入神，也使我有了提高。班上的易成蹊（又名绍裘），颇有文才和文史知识，成了我的知交。我还专程去过他在长沙河西白箬铺的家。还有瞿文述，课余就在黑板上画画，人物、山水样样皆能，使我对于绘画继羡慕郭汉元之后又有了

"余音绕麓"湖大乐队，1950年夏于岳麓山

兴趣。我把鲁迅的杂文也读遍了，在一定程度上，影响了我后来对鲁迅杂文风格的倾慕和仿效。

在"孔道"读到初中三年一期（实际上是重读了两期），我感到务必要把重读失去的时间抢回来。1943年夏，我以同等学力，考入了著名的湖南省立第九高等职业学校，有趣的是，与同时离开教养院的张笃敬又同时就读于九职的水利科第三班。

九职的校长是湖南《新潮日报》的总编陈云章，他是湖南著名国学家"三藩"之一——陈新藩的第四子，湖南大学土木系毕业，对于国学亦具素养，办学很严。九职的师资力量是第一流的。第一学年就把普通高中的全部数理课程学完了，还加上一门微积分。九职培养的人才遍布高校、科研、设计领域，多拔萃有为。

陈校长的五弟陈述元，毕业于西南联大，教我们班的国文，他讲课生动有趣，正是从他，我接触到了世界文学中独特的汉语诗词，且产生了兴趣。在九职一年紧张的学习中，我读遍了《芸兰日记》及无名氏的《塔里的女人》《北极风情画》等力作，也结识了陈校长的六弟——富有诗才的陈述之（当时他任校图书馆管理员）。还有同班的刘绥民，他经常给我讲一些诗词联趣闻，结成了知己。不幸他当年即病故，至今我的"击水笔记"中还留下了他的趣谈。在水三班，我的成绩名列前茅，获得了奖学金。

由于当时教育部门规定，凡高职毕业的学生必须就业两年后方可投考大学。为了把我浪耗的年华补偿回来，且我有了九职这一年基础课程的优势，乃下决心转读普高。

　　事有凑巧，正是这 1944 年之夏，宁乡沦陷，生活来源断绝，无奈，将自己可不留的一切东西摆摊变卖，约了同班的张笃敬、陈晋益、陈冠群奔赴设在溆浦的"战时青年招训所"，试图报考公费的"国立战时第九中学"。在溆浦，我们住入了当地的宗祠，饭能吃饱，菜则是魔芋豆腐一样。冬天冷，便将祠中精美的牌匾取下劈柴取暖。溆浦的宗祠很多，大多住了"战时青年"，诸多如是。想想，人到了无奈之际，便本性毕露，管你什么"文化"！

　　1946 年夏，我毕业于沅陵中学高中后，考取了青岛海军军

1952年冬于海口市五公祠（前排右一为作者）

官学校。当时湖南录取四名。陈晋益是其中之一，后来他加入海军，去了台湾。而我由于在乡接到录取通知时已过了报到日期，只能放弃。这却是我一生的大幸，没有跨入这一行列。随即，我考入了湖南大学的工学院土木工程学系。当年考生3000多名，全校录取了300名，土木工程学系有64名。该系有建筑、结构、路工学三

1952年夏于武汉

个专业。只有我一名学生选学建筑学专业。为什么我选定这个专业呢？因为我有"实业救国"的观念，学了建筑，便可开设营造厂，为祖国的建设事业效力。

没想到这一选择是个机遇，当时湖大有文、法、理、工、商五大学院，教学设备条件及师资力量都十分雄厚，校长就是著名的冶金专家胡庶华。建筑学专业学生一名，教授可不少，多是海归的权威学者，一个教授只许教一门课（只有建筑专业课教授例外）。当时采取的是培养通才式专才的美国教育模式，教材亦大抵来自美国。

四年的本科学制，我学的基础、专业课程多达数十项，

160 多个学分。当时求职，可不限于建筑学专业。使我铭感的是，近 20 位老师的谆谆教诲给了我十足的技术底气，终身受益。

　　一个人一生的观念及工作事业成败的因素，其渊源无不可追究到童年时代栽植的土壤。至于建筑师，是不是童年就种下了"建筑志趣"的种子，各人有所不同。我们那个时代的童年，辛酸，却也自得。

2014 年 3 月 24 日　疾书

高介华

　　1927 年生，1950 年毕业于国立湖南大学工程学院土木工程学系建筑学专业，教授级高级建筑师、原《华中建筑》主编，曾任中国建筑学会建筑史学会分会理事及建筑与文化学术委员会主任委员。

未尽的建筑童年

邹德侬

　　1956 年秋季开学了，进入毕业班的山东省实验中学高三二班，正在班主任胡宏志老师的主持下，举行"二十年后的相会"特殊班会。老师要求，每一位同学，都要以 20 年后的"身份"参加聚会，说说自己 20 年来都作出了哪些成就。那会开得新颖、欢快、刺激，每一个同学都想亲耳听听，身边的这些人，20 年后会变成啥模样。

　　轮到我发言了，有点儿紧张，因为我首先要假装送给每人一件"礼物"，说是我设计的可以装在口袋里的"半导体收音机"。我的理想是当一名无线电工程师，在那个"学好数理化，走遍天下都不怕"的年代，那是我心中最尖端的专业。

　　我没有兄弟姐妹，没有叔伯姑嫂，从小养成独处的习惯，自己跟自己玩儿。上小学时是扎风筝、扎灯笼、叠手工；初中时画小人、刻人像，制作飞机模型。我和美术的初次握手，是在育英中学的初中美术课上，有两位美术老师教我们这些啥也不懂的孩子画画。

一位是张茂才老师，当时年届60，花白头发，总是乐呵呵的。上课了，他说："今天你们画张老师的表情，看谁画得有神！""好，现在画张老师哭！"于是他就一边"哇哇"地放声"大哭"，一边说："张老师哭啦，快画，快画！"过了一会儿他说："现在画张老师笑！哈哈，哈哈，张老师笑啦，快画，快画！"很快就下课了，张老师收起作业，乐呵呵地看着他的教学成果，我们这些嘻嘻哈哈、顽皮的、从未画过画的孩子，简直就在借画张老师寻开心。作业发下来了，每人都有红色毛笔的批语，张老师在我画旁批道："笔下大方！"我可高兴了，以后总是盼望上他的美术课。

到了初二，美术课由黑伯龙老师教图案，从单色的"单独模样"画到带颜色的"四方连续"。我感觉调颜色十分有趣，加上有规则的图案，好看极了。第一次作业我就得了90分，以后就更加认真，分数也随之增加，竟然总得100分。我多次去过黑老师的家，现在想象不出，黑老师竟然允许一个初中的孩子到自己的住所，这得有多大的耐心和爱心。

在十多年之后的一次"张茂才先生绘画展"上，我才大梦初醒，原来他是山东国画界的泰斗，许多名家包括黑伯龙都是他的门生。最让我敬佩的是，一位国画大师，竟然用"自毁形象"的方法，教初中的孩子"现场写生"，他绝对是一位卓越的美术教育家。

大约在升初三前的暑假，我被选中参加"无线电夏令营"，

在无线电夏令营，1953年

学生们集中在一个美丽的校园里，由部队来的老师教我们"发报"和"抄报"，就像电影里的电报员一样。这个活儿有些枯燥，我并不喜欢，但是我经常得"第一"，我的一幅放大了的发报照片，挂在成果展览会上，很是风光。真正让我兴奋的是，我看到一些小朋友在玩"矿石收音机"，我也玩起来，一直玩到高中，和杨君度同学买电子管学装真的收音机。

那时的高中生也有升学的压力，但不是来自社会或家庭，而是自己，考不上大学是个很丢面子的事儿。要学好数理化，不玩儿收音机了！山东实验中学的教师，真是一支传奇式的队伍，他们各有各的奇特教法，教学风采令我至今不忘。也许还是和玩收音机的兴趣有关，加上两任物理老师的精彩授课，我

山东省实验中学校门，已被拆除

对物理产生了浓厚的兴趣。课本的习题已经不能满足要求，我买了《物理学报》，做一些习题。

说来很是新鲜、有趣，实验中学竟然设了制图课。教制图的叶景臻老师，画得一手精彩的炭画人像，和放大了的照片一模一样，真让人羡慕。我曾请他教我，他痛快地答应了，但始终没有时间去学。课堂上，叶老师领着我们测绘校园德式的教学楼，把许多尺寸变成线条之后，纸上竟然出现了我们上课的大楼，太神奇了！

1957 年，我参加了当年的高考。报考的第一志愿是成都电讯工程学院，第二是北京邮电学院，都是无线电专业。叶老师说，你可以报一个加试美术的建筑学专业，多条路。于是，我选了两个学校的五年制建筑学专业：天津大学和南京工学院，作为第三和第四志愿。清华和同济要读六年，太长了。高考的最后一天下午，在山东师范学院加试美术，那天正赶上下雨，我对班主任胡宏志老师说，我觉得我考试的分数录取前面的志愿问题不大，不想去加试了。胡老师当即严厉批评我说，你也太盲目乐观了，下雨也要去！

美术加试要求素描一只带葡萄图案的石膏罐子，我从未正规画过素描，有些心猿意马。用铅笔勾完罐子的轮廓之后，懒得涂背景，鬼使神差我带了一块黑墨，在小碟子上研过之后，用毛笔在罐子后面涂了一片黑暗，强烈衬出了白罐子，早早交了卷。出门时，回头看监考的老师正在我的画上指指点点，我想，肯定"画砸了"。

发榜了，我怎么也没想到，录取在第三志愿天津大学建筑学。当时虽然感到很没有面子，但也很是庆幸，亏了胡老师赶我去加试美术，否则就落入第五志愿以后的师范学院了。多年之后我才知道，无线电是军工专业，不是什么人都可以进的，像我的家庭出身，有学校录取我，已经绝对是苍天厚恩，何况是天津大学。我感恩天津大学，我全身心地热爱我的母校。不过，直到如今我也想不出，为什么建筑系能录取我，难道就凭我那幅涂满了黑墨的丑罐子？

我们 1957 年入学、1962 年毕业的学生，在校的五年赶上了这个时期所有的"国家级"政治运动。一进校门是"反右派"，1958 年"大跃进"，1959 年"反右倾"；1960 年、1961 年和 1962 年"三年自然灾害度荒"，可以静下来念书了，也到了毕业的时间。

毛主席的教育方针是"教育为无产阶级政治服务，教育

在天津大学图书馆前，1961年

与生产劳动相结合"。大学三年级前，专业学习好像是在政
治运动和劳动之间的空隙里进行的，"度荒"的四五年级，
才算恢复了正常的学习秩序。尽管学习断断续续，我们丝毫
不觉得比别届学生能力差，相反，政治运动和劳动锻炼，让
我们树立了坚定跟党走的决心，绝少无视工农、讲究排场、
好逸恶劳之辈。

不过，我学步建筑，还是有点儿自己的"特色"。

运动劳动炼思想

刚刚入学的"反右斗争"，可以说是惊心动魄。亲眼看到
"右派"与"左派"在食堂门前的"大辩论"，亲历过那件不

堪回首的建筑系命案，还看见"校级"两个女"极右"分子邓、黄一起喊着雪莱的名句被卡车拉走的情景。严酷的现实警告我，像我这样家庭出身不好的人，一定要彻底改造资产阶级思想，靠拢共青团组织，除真诚交心外，还要积极参加劳动，争取早日加入共青团团。我敢说，我算劳动中最卖力的一个。同时，夹起尾巴低调处事的作风，也从此开始。

大字报里学艺术

建筑艺术是个禁区，而我最想知道的就是建筑艺术。建筑系的"运动"许多时候指向教改，而矛头的中心对准徐中老师的"构图万能论"。批判"资产阶级设计思想"的大字报挂满八楼走廊，从天花板到地面。呀，这里面竟有许多有趣的建筑艺术问题。我和同窗好友李哲之用小本抄下了来，一起讨论。有一天，我偷了贴在大字报上被批判的两张示范图（这是不良的学生行为，我很羞耻），其中一张是彭一刚先生设计的《自然博物馆》，保留至今。

设计课上求唯一

徐师领导下的建筑系十分重视设计课，教师都要试做课题并画示范图。课堂上教师手把手为学生改图，因而学生视设计成绩为水准的标志。题目下来之后，我很长时间不动手，到处跟着看老师改图，看得差不多了自己再动手。这期间，只要发现自己的方案和别人一样，就马上推倒重来，追求和谁都不一样的"唯一"，有时逼出一些谁都不喜欢的方案。我在《不弃愚钝，点化成形》一文中写过，曾有把火车站设计成工业厂房的囧事儿。

水彩内外勤修养

进了建筑系，我才开始接受正式的美术教育，美术教师是一群各有特色的艺术家。对我最有影响的老师是呼延夜泊（王学仲）和杨化光先生。呼延先生是徐悲鸿的得意弟子，杨化光先生则是徐悲鸿留法的同学。因为仰慕他们的学问，我几乎每周都去画水彩，然后到两位先生家中求教并读画。离校后，"文革"中返校任教后，这一过程似断还连，我大大提高了水彩画内外的艺术修养，使我受益终生。

我爱外建现代史

在"大字报"里，把为资产阶级服务的外国现代建筑及四位大师批得"体无完肤"，但我并没见过这些"敌手"的刀枪。留美的沈玉麟先生讲授现代史，内容十分精彩。那时不发讲义，每次下课我都到讲台前借他的讲稿，回去用极小的字体抄在笔记本上，第二天归还。张妲苓老师有来自美国的英文书，我们到他宿舍去看，看图不识字。偌大的中国，竟没有一部可供学生阅读的外建现代史著作。手抄同济大学编印的正规讲义，已经是在等待毕业分配的 8 月份了。我与外建现代史，情未了，时至今。

翻译活动启理论

苏联建筑科学院出版了一本《构图概论》，在那个封闭的年月里，可算得一部建筑艺术的"天书"。思想活跃的顾孟潮同学，发起了一个小组翻译此书，我被分配翻译第四章"建筑的空间体量结构"，翻译一个阶段，大家讨论交流，可以提前知道全书大概，沈玉麟老师耐心为我们这些半生不熟的译文校稿。书没译完，大家就毕业各奔他乡了。这活动引起我读外文书的兴趣，一些建筑理论问题的答案也令我向往，如吉甸的史论，形式美，审美的心理学等问题，越是"禁区"，就越是令人向往。

毕业前，徐中老师要招收一名硕士研究生，有个"预报名"，

在青岛海边写生，1970年

批下来只允许 4 人报名，没有我，我很伤心，也很愤怒。我在 1962 年 5 月 14 日的日记中写道："我遭到了一刷，也是在所意料之中……四十岁后定要见高低……"愤愤之后，这事儿也就忘得一干二净了。

1962 年 10 月，我被分配到青岛铁道部四方机车车辆工厂，建筑学专业的学生进入机械制造工厂做机械产品设计，可以说"前无古人，后无来者"。我在这个万名产业工人的大厂里，寻老师、交朋友、搞美工、搞建筑、当木匠、当油匠……经历了"文革"的惊魂和逍遥，故事一箩筐……生活窘迫但工作快乐地生活了 17 年，尽管不时怀着归队的"乡愁"。1979 年，在恩师张蒵岑老师的热心帮助下，我返回魂牵梦萦的天津大学，再连接起我未尽的建筑童年，这年我四十岁。

2014 年 1 月 15 日于天津大学"有无书斋"

邹德侬

1938 年生，天津大学建筑学院教授，著有《中国现代建筑史》等。

童年，与民族命运共悲欢

罗健敏

　　我的老家在山东掖县。祖父小时，山东人大都很穷，男孩长到十岁以后，每到过年得往家里交一升小米才能在家里过年。十二岁那年，年底他交不出一升米，过年回不去了。只身跑到烟台，一位好心人把他带上船到了旅顺，跑关东了。从此做各种小工。后来给一个俄国军官家里做小杂役。日俄战争期间他挑担子送饭时，一颗子弹穿过他腋下的衣服把他前面的行人打死了，他拣了一条命。他每月挣的一块大洋，都压在褥子底下。几年下来，攒了几十块钱。长大了一点，要出去学手艺，辞行时翻开褥子找出那几十大洋，俄国人一看这孩子几年来竟然一分钱都不花，觉得他有出息，就热心赠了他几十块，使他有了第一笔钱。他学了糊棚扎纸人的手艺后，开了一间棚铺。

　　我的父亲罗仙樵，从小也做工，推车送过酱油。祖父一生辛劳，觉得孩子应该上学，父亲上了免费的公学堂（小学程度）。之后考进大连海关，在收发室做杂工。他通过补习学会了打字，又补习日文英文，由于工作努力，打字速度很快，被破格升为文员，后来一步步晋升，离开时已升为大连海关主任。他十五岁开始踢足球，为了钻研足球技术，他邮购了英文日文书籍约二尺厚一摞。为了冬季保有体力就练习滑冰，又买了一尺多厚的速滑外文书。父亲创办过"隆华足球队"，1927 年任中华足球队长，与大英帝国海军舰队的比赛，1：1，那是英国海军队历来在亚洲唯一的失球。新中国成立后他培养出 1960 年代获得历史上中国第一个女子 500 米速滑世界冠军的选手王淑媛（2014 索契冬奥会的报道中正式提到这是我国最早的世界冠军）。1985 年他获得国家授予的"新中国体育开拓者"称号和奖章。此奖我国只授一次，获奖者只 100 人。

1936 年，我在大连出生。祖父和父亲不甘忍屈、自我奋斗的精神，一直是激励童年的我上进的榜样，然而身处波澜壮阔的近现代历史漩涡中，个体的命运却不总是由自身的奋斗决定的。1949 年以后的革命集体主义教育中甚至经常把"自我奋斗"当做资产阶级倾向来批判，这曾让我迷茫。不但四十不惑，甚至直到如今快八十了，我依然对这世界惶惑不解。生命之车已在驶近终点站，可以回忆一下孩童时光了。我的童年就好比一面镜子，民族的喜怒哀愁在上面不停地变幻，将近耄耋之年回忆起六七十年前的童年往事，仿佛就发生在昨天。

婴儿时期

亡国奴的屈辱滋味

我出生时，大连已在日寇的

童年留影

母亲抱着我

统治下多年，我在那里长到四岁。四岁以前的事，我只记得一件，就是与隔壁男孩玩的时候，我拿一个鱼钩子碰破了人家的头，流了好多血。妈妈给他包扎，哄他不哭，而隔壁阿姨很友善，对妈妈说不要打我。之后我们搬家到长春，两年后又搬到四平。

　　六岁我去考了一次小学，说考也就是个简单测验，老师问的小问题我都能答上来，应该没问题。之后老师忽然问我："你是哪国人？"我说"中国人"。老师立刻用手把我的嘴捂住，向四面看，因为大屋子里有好多桌子，好多老师正在同时测试多个孩子。这位女老师神情紧张地小声对我说："孩子，咱们是中国人，但是不能说。明白吗？得说是'满洲国人'。你要是说了'中国人'，爸爸妈妈老师学校都得跟着遭殃。明白吗？"

戴帽子的肖像　　　　与小伙伴们在松花江边砸榛子

我明白了。我们中国在日本人的占领下，不能说自己是中国人。这一份屈辱，六岁起已经刺入心中，跟了我一辈子。

　　我们在四平的新家是一个更大的院子，后门外有条便道，冬天结了冰之后，是我们玩爬犁、抽陀螺的地方。有一天，我与弟弟正在玩陀螺，过来五六个日本孩子。我当时七八岁，那几个小鬼子应该十一二岁的样子，比我高一头。这几个小子一来，中国孩子们立刻撤退了。可我的陀螺转得正好，不舍得停。这时为首的一个日本小子一脚就把我的陀螺踢翻了。我赶紧拾起陀螺，一看，这边只剩我和弟弟两个了。弟弟才三四岁，小鬼子人又多又高，我们当然不是对手，我是应当赶紧领上弟弟回家的。但是这时为首的那个小鬼子的动作激怒了我。他脸上表情不屑而残忍，一面冷笑着，一面摘下他的白手套，慢慢地一个一个指头地摘，和常见的鬼子军官的动作一模一样。我不

376

想惹事，但这时候，我连躲都躲不了了，我叫弟弟先跑回去，趁他摘手套时两手都无防备，我抡起竹鞭杆照他头上拼命一砸，撒腿就跑回院子关上大门。他们被我打蒙了，甚至都没来追。我跟鬼子就打过这么小小的一架，不过这也让我知道，危急时刻，就算敌强我弱，该拼还是得拼。

侵华战争后期，日本国力已经完全不行了，连硬币都从金属的换成了电木的。一天深夜，一个鬼子兵拍门，从小窗口递进一块钱，要买一个"病，病！"原来他要买饼。可隔壁才是烧饼铺。可见，鬼子兵已经饭都吃不饱了。人们看见从深山调出的鬼子兵一看见铁路，趴下抱着钢轨就哭，他们奉命窝守要塞已多年没看见现代世界的东西了。从物资到精神，鬼子已经都坚持不下去了。1944 年我们搬家到了哈尔滨。1945 年 8 月，战争形势急转直下，8 月 8 日苏联红军对日宣战。美国在日本投了两颗原子弹。8 月 14 日深夜，父亲听着听着广播突然大喊一声："日本投降了！"于是他开了灯把收音机音量捻大，日本天皇正式宣布无条件投降。8 月 15 日天一亮，哈尔滨沸腾了，满院满街都是人，认识的不认识的见面都拱手说"恭喜恭喜"，锣鼓、鞭炮闹成一片。亡国奴的日子结束了。

严肃而快乐的小学时光

1946 年 4 月 28 日，八路军进城，当时叫"东北人民自卫军"。书店和纸店里同时挂出毛泽东和蒋介石两个人的照片在卖。1946 年我们搬到道里，我和二姐进入了哈尔滨最好的兆麟小学，从前它叫花园小学，因为紧挨着公园。兆麟校是为了纪念李兆麟将军改名的。李兆麟将军是我抗日联军第三军军长，他是抗日将领中的一位传奇人物。将军血战八年，他的棉军大衣上有81处弹孔，可他却一次都没受伤，人们都说他有神助。但是胜利后他却被国民党特务余秀豪暗杀在水道街九号的宅中。将军死后，哈尔滨举行了一次揭露国民党特务罪行的展览，就在我校礼堂展出。讲解员都是我校同学，我也在内。我负责讲解的展台就是将军身中七刀的照片和有81处弹洞的军大衣。这项活动给我留下极深印象。

之后东北烈士纪念馆开馆，我又去当解说员，在杨靖宇将军遗体头颅的展室做讲解。将军被叛徒出卖遭围困七天七夜战死后，日寇不明白是什么支撑着他在雪地里死守了七天，就将他的遗体运到长春（当时叫新京），一名日本军医解剖了将军。当他剖开胃，看见里面没有任何食物，只有草根树皮，日本军医落了泪，放下手术刀敬了军礼。之后将军被割下头颅运去了日本，法西斯头子们让日本人学习杨靖宇的军人气概。抗战胜利后将军才返回故乡，保存在烈士纪念馆。守在将军遗体边，一遍遍地讲述，我受到的教育和激励远远超过听我解说的参观者们。

除了接受爱国主义的教育，兆麟小学的岁月也充满了小学生应该有的活泼和朝气。小学六年级时，我们的班主任是李燕青老师。不过他签字时总是只写两个字，像是李青，要么就是李燕，反正不写李燕青。李老师个子很高，方脸宽眉毛，是位很威武的男老师。好像有点近视，但不戴眼镜。老师有个习惯，讲课时不在讲台上待着，而是下来边讲边走。该写板书的时候，他才回到黑板前面写几个字，然后又下来溜达着讲课。他还有个习惯，就是一边走一边把同学课桌上的小东西手拿起来摆弄，像橡皮、转笔刀什么的，都摆弄。可他摆弄的时候，并不看手里拿的是什么，有什么算什么，只是捏来捏去而已。

有一次，大家给李老师布了一个陷阱。我不知是谁挑头干的，但肯定不止一个人。这个阴谋的关键是一块油炸糕。那时人们都很穷，我们吃不上油炸糕，黏面子包着小豆馅，炸熟了外焦里嫩，又甜又香，都知道吃不起，所以想都不想。可是那天不知是哪几个同学凑钱买了一块这种昂贵豪华的油炸糕，最可歌可泣的是那么难得的油炸糕，居然一口没吃，放在了头排同学的书桌上。上课前，好

李老师的油炸糕

几个同学在头排忙活，动员每个头排兵把桌上的各种文具尽可能地收进书桌里面，一面把一个什么东西移来移去，后来我才知道那是在选择李老师最常光临的地点。直到上课铃响，我看清了，原来那是一块油炸糕！

同学当中，大概有一半左右事先不知道，他们还能好好听课。可是了解阴谋的这一批同学可就没心听课了，大家幸灾乐

祸地等待着李老师把那块油炸糕拿起来。偏偏这堂课李老师长时间地站在讲台上不下来。他在黑板上写了擦，擦了又写，就是不下来溜达。有几个人一次又一次地举手提问，想引诱李老师离开讲台。但他就是不下来。那几个主谋急得像热锅上的蚂蚁，坐立不安。

终于，李老师走下了讲台，开始踱步了。他一会儿左，一会儿右，一会走近油炸糕，一会儿又离远了。我们大伙儿的心，就随着老师的脚步，一会儿升到嗓子眼，一会儿又沉下去。盼望已久的时刻，终于到了。李老师走到那张桌前，看都没看，伸手就把油炸糕拿起来了。这时全班屏气凝神，静得出奇，大家真想看看，一块油炸糕在李老师手上会是什么样？

只见李老师一边讲课，一边把油炸糕从右手换到左手，左手换右手，一会儿攥紧，一会放松。很快那家伙就已经面目全非了，油叽叽的外壳，黄黄的黏米面和黑乎乎的豆馅，难分难解地沾满了老师的双手。可怜我们的李老师还全然不知。到最后李老师发觉全班学生笑得可疑，有的学生趴在书桌上笑得肩膀乱抖。

当他终于发现自己已经捏烂了一块油炸糕时，教室里爆发了一场惊天动地的哄堂大笑。要不是兆麟校的大楼结实，这"轰"的一声大爆炸非把房顶掀了不可。有的同学连笑带拍桌子，有的同学"哎哟哎哟"地叫妈，李老师自己也笑出了眼泪。他不但没生气，还和我们一起笑，还举起两只大手给我们看，使我们大家觉得他从来没有这么可爱。从那以后，我们全班特听李老师的话，我们跟他可好了。

四年级起我参加了兆麟小学的标语组。我们经常抬上一大桶白灰浆，带几个半尺宽的大板刷，去显眼的地方找合适的墙面刷最配合形势的标语口号，末尾署上"北麟小学校室"。三下江南，四保临江，四战四平等前线大事一发生，我们就立刻走上街头，"庆祝某某大捷！""打倒反动派，解放全中国！""打到南京去，活捉蒋介石！"等等，都是我们写过的口号。

小学四年级上街刷大标语

沈阳解放的消息传来那天，我正遇上散发号外的卡车。车头挂着"沈阳解放东北解放"的大红横幅。我抢到一张后一直跟着卡车跑。我想上车，解放军很高兴，一把就把我拎上去了。

1948年与解放军一起发号外

我跟他们一块儿转遍了全市，发完了一车号外。那天过得真高兴，可是不记得怎么回的家。

抗美援朝战火

1949 年秋季，我进入哈尔滨一中学习，哈一中是全市最好的中学，校长由哈尔滨市教育局长马荣选先生兼任，各科的老师也都是最优秀的。学校注重全面教育，不但学生成绩好，而且全市中学运动会，哈一中永远是总分第一。1949 年 10 月 1 日新中国成立，全市举行了提灯游行。新中国成立留给我的印象，却远远不如抗美援朝战争深。因为哈尔滨早已解放，成立新中国是大家认为一定会到来的事。而朝鲜战争却是意外，刚刚成立的新中国面临着生死存亡，美帝打朝鲜是冲着新中国来的。战争的阴影笼罩着每一个人。志愿军过江不久，哈尔滨上空就出现了美国 B-29 轰炸机。只一架，飞得很慢，大家都喊："美国 B-29！"它既没投弹也没抛下什么东西。我们的高射炮在空中爆炸的一小团烟还不到它飞行高度的 1/3，太高了。有了美帝空袭的危险以后，全市动手挖防空壕。那一年冬天不知为什么那么冷，土地冻了近两米厚的冻土层。一镐下去只能砸一个白点，虎口都震裂了。我们在冻土上堆上木柴，烧一层刨一层，全市到处烟雾腾腾，烧着柴火挖战壕。这时期我们音乐课的白老师教我们唱了《假如明天战争来临》、《人不犯我，我不犯人》等苏联歌曲。白老师个子高高的，很清瘦，皮肤特别白。她的嗓音好听极了，但歌词却是严酷的。教室里有一种悲壮凝重、英勇又带有凄凉的气氛。

在那广大的田野，在那路上，没有风却扬起灰尘，
这是我们勇敢的战马，勇敢的骑兵向前挺进。
人不犯我，我不犯人，人要犯我，一定消灭他们。
我们在火里不怕燃烧，在水里也不会下沉。
假如有敌人敢来侵犯，我们强大的祖国，
我就告别自己的母亲，第二天就踏上征程。
……

歌曲的旋律总会让我想起白老师苍白俊美的面孔和她严肃悲壮的神情，想起那个冬天战争乌云下刺骨的寒风。

学校组织我们到秋林的食品厂车间去为志愿军腌咸菜。志愿军入朝鲜以后，咱们的后勤与美国完全不能比。现在我从文

初中为志愿军腌咸菜

献中知道，当时美军前线每一名作战士兵有 9 个人作为后勤来支持，而志愿军是一个后勤供应 10 个战士，相差 90 倍。所以志愿军只能就着雪吃炒面。我们去为志愿军做咸菜，就是把青的生西红柿装进 2 尺高的大木桶里，再加进去少量花椒、大料、尖辣椒和大粒粗盐。圆桶顶上有一小圆洞，几个人一组，一边塞西红柿，一边前后左右地摇晃木桶，以便尽量塞实。空隙越小，装入量越多越好。大家展开了竞赛。一般可以装到每桶 130 多斤，好的能达 140 多斤。但是要填得实摇动时间就要长，这样每班装的桶数就少了。竞赛的成绩应当是桶数多，每桶装得也多。为了保证咸西红柿运到朝鲜不会腐烂，必须只填纯绿的青柿子，红的绝不能装。所以就让我们把红的吃掉。一开始大家非常高兴，到西红柿堆上挑红的吃。但是几天下来，就都不想吃了。到了第四五天，地沟里淘汰的红柿子腐烂了，发出一种只有烂西红柿才有的恶烂菜味，那个味道让人如此难忍，我们上班到了厂子门外都不想往里走。这次腌西红柿后，我连着两年坚决不吃一口与西红柿有关的任何菜，看见菜摊儿有西红柿的我都绕着走。可是我们做的咸菜，已经是志鲜军难得分配到的美味了。我们中国就是在这种艰难条件下打败"美国野心狼"的。

接着我们一中接到了动员参军的任务，在我校招募一批中学生参加军干校。学生都未成年，所以并不直接派往朝鲜战场，但是在战争期间参加军干校，绝对是准备着明天投入战争的。国难当头，我们都不畏惧把青春献给保卫国家的战争。报名很踊跃。我的年龄差一岁，不够报名资格，继续上中学。而我们初二年级12个班走了8个班的人，余下的同学重新编班，只剩下4个班。欢送他们参军时难分难舍，我想他（她）们的父母更加难分难舍吧。那些同学参军后做了什么，后来哪些人上了前线等等，一点消息都没有。也许有的现在已是退休的将军，有的已经流尽了血，长眠在某个沙场的地下……

天真"初恋"的惨烈结局

在哈一中，我参加了两个社团：一个是文学社，一个是话剧团。在文学社主要学写诗，在话剧团大家排戏，我画布景。话剧团演出过话剧《卓娅》，苏联伟大卫国战争女英雄的故事，另一个戏是歌剧《刘胡兰》。 这些戏在一中演出成功后，许多单位都邀请我们演出，我记得的就有哈尔滨水泥厂、哈尔滨军用飞机场的空军部队等。这些话剧的布景都是我画的，现在想想，画得真不怎么样。文学社的活动经常是集体学习著名文学家、诗人的作品，然后作习作，同学们讨论改进。

我在文学社认识了同年级二班的一位女生，是当时全校两个"假小子"之一。她的名字我记得很清楚，不过这里我只写一个字吧，叫明。明虽然剪了个男生分头，但她一点也不像假小子，头发很软，性格也特别温柔，身材高高的，十足的女孩味儿，尤其她一笑时那两个酒窝，非常可爱。就这样，我这个初一的小男孩懵懵懂懂地，就喜欢上了同在文学社的这个美丽温柔的初一女生，这么一来参加文学社的活动对我就有了新的意义。为了能看到她，文学社的活动我从不缺席。到后来，期盼见到她的愿望已经胜过了文学社的活动本身，可是到底还是小孩，都腼腆，我们在文学社以外居然没有过一次单独的谈话。

通常在放学回家路上，不难找个机会假装"偶然"遇上一下，可是明的妹妹瑞，也在二班同班，所以总是上学一起来，放学一起回家，所以放学时我也没机会，因此我想制造一个"巧遇"，并且挺下功夫的。一中大门朝西，是铁艺透空的。放学后同学们走得差不多了，大铁校门就关了，开北边小门，我好多次放学抢先冲出校门，先不回家，站在马路对面观察。一看见她们走出来了，我就假装要回教室取东西，迎着她们往里走，这样我就可以在窄窄的小铁门那里与她迎面相遇了。可惜每次都有包括瑞在内的四五个女生一起走，不能说话。我会趁她们不注意间，冲她笑一下。我必须笑得浅浅地，装得毫无针对性。而她们并排走，别人看不见明的表情，她就对我笑得大胆而明确。这真不是我的想象或自作多情，她的笑容绝对是明确肯定的。

有一次学校组织看一个展览。同学们排成一行，呈蛇形在一个个展柜前走过。正巧我和她的位置每转一排就会面对面一次。于是我俩心照不宣地把握着参观的速度，以便每一排展柜都能有一次隔柜的对视。展柜矮小，面对面就很近了。那时真没人注意到我和她。于是我每一排走过都能看到她甜美的微笑，还有迷人的酒窝。我真希望这个展览的柜台能无穷无尽地延长。

她的姓字面里有个"田"，名字中有个"雨"字头。在一次文学社小会上，她小声告诉我，她的笔名是"田雨"，说愿做天上的雨水，落下来给农夫滋润田地。她说的是"农夫"，而不是"农民"，这我记得很清楚。这个笔名让我感到她不但长得好看，而且心灵也很美丽善良。于是我就到我家楼下的新华印刷厂要了一把废铅字，铸了一块橡皮大小的铅块。刮平磨光刻了一个双面印章。一面刻上她的笔名"田雨"，另外一面刻了我的笔名"罗思"。我想送给她，我相信，她会喜欢的。但是一来我没勇气，二来我找不到二人单独在一起的机会，这个小印章就一直揣在我衣兜的小盒子里。为避免磨坏，还用几层棉纸包着，里面还蘸朱红印泥印了章纹，但是始终没有给成。

直到 1952 年 1 月，初三上学期快放假了，父母突然安排我到北京上学。离校那天正在上语文课，讲课的是俞治老师，这是我一中最尊敬的老师。他身高 1 米 90 多，身姿笔直颀长，说一口没有京腔的标准北京话，嗓音又好，听俞老师朗诵简直是享受。我想今后我再也听不到老师的课了，我深深鞠了一个大躬，告别了俞治老师，又向全班同学仔细看了一圈，在同学的静默中走出教室，告别了一中。而我去得太匆忙，没来得及告诉她我要转学去北京了。从此永远离开了明。

　　谁也没想到，我的"初恋"会有这样的结局。离开一中以后的 14 年发生了"文化大革命"，又过了 10 年"四人帮"倒台，我也 40 岁了，家有恩爱的妻和两个孩子，这时我得到了明的消息。"大革文化命"开始后，明的父亲被作为历史"反革命"批斗了，抄了家。明的两个姐姐和妹妹瑞也都遭斗，明被剃了头游街，这个家已是走投无路了。就在这最黑暗绝望的时刻，她们的弟弟、明家唯一的男孩，因为心中愤懑，与车间书记打了一架，被作为"现行反革命"抓进了监狱。这一下，给了明一家致命的一击，天彻底塌了。处在那个年代，谁能指望黑暗还有过去的一天呢。小儿子被捕，让全家绝了熬下去的最后一丝生命希望。于是全家决定，煮了一锅肉干饭，倒进一整瓶敌敌畏，集体自杀，全家都吃了，全家都死了，一个都没活下来。

　　但一个月后，弟弟无罪释放！因为即使在"四人帮"的统治下，那次也只是两人打架，实在定不成"现行反革命"，所以放了。可他回来，已是一个亲人都没有了！

向清华建筑系进发

　　1952 年 1 月我来到北京，转学很不顺利，市教育局中教科的科员不接受我转学。他说初三、高三最后一学期历来不收转学插班生。我出示哈一中十三门功课平均 98.5 的成绩单也没用，最后总算允许到北京三中当旁听生，这样我进了北京三中。这一学期我尽可能不参加任何课外集体活动，一心只读圣贤书，只等考高中。初三毕业考在三中礼堂举行，座位是专门编排的，同一班的同学都不挨着，每个桌上有个名签，我从头找到尾，没有我的名字。监考老师问我怎么不坐下，原来我是旁听生，学籍上没有我，所以没有我位子。老师到最近的教室扛起一张书桌，叫我拿把椅子摆到礼堂最后的角上参加考试，这时同学都已答半天了。

高一新生录取的名单是通过《光明日报》发榜的，这很新鲜。发榜那天早上父亲给我几分钱去西直门大街的邮局买《光明日报》，我走到门口一看，排队很长，但门前已有四五个同学趴在地上看已经买回来的报纸，我考的是三中，所以在报上很好找。我探过身去一看，三中的第一个名字就是我！有这事儿？仔细再看，没错儿，考上三中了，于是就直接回家了。回到家之后，父亲问我"报卖没了"，我说："没买。我已经看见了，北京三中考上了。"父亲母亲都很高兴，但是觉得我不该省那几分钱，还是应该买一份报纸留做纪念。我现在也很后悔，真该买一份留下。

到了高中，不再是旁听生，我恢复了本来性格，与初三时判若两人。我参加各种活动都十分积极。哈尔滨一中的体育教育比北京好，于是我跟体育爱好者都成了好友，参加了田径、排球两个运动队；还跟语文老师殷先生学练昆吾剑；与班上音乐爱好者一起欣赏音乐；爱唱俄文歌的、喜欢物理天文的、喜欢古文古诗词的、喜欢美术的、喜欢机械制图的……反正全是我的好朋友。

　　我记不起在一个什么情况下，我被选成了三中学生会主席。这个社会工作锻炼了我，对我后来的大学生活，甚至对此后一生的工作都是极好的工作能力的锻炼。我们学生会的干部团结合作，把三中同学的课外生活搞得生动活泼。我经常主动发起一些集体活动，经常组织同学们看电影，搞联欢会，与女十中建立了固定的联欢合作，我们还到天坛国防俱乐部去学射击，学跳伞。北京的学生没有多少人知道有国防俱乐部，只有主动者才会有这机会。

高中在天坛国防俱乐部学射击

　　每当"十一""五一"游行，三中队伍为国旗校旗引导，军乐队在大街上摆开五六米宽的队形，鼓乐齐鸣，连车辆行人都给三中队伍让路，全校师生都很振奋。我又主动去请了人民英雄吴运铎来校作报告，我去请他，他很高兴地答应了，这位人民军队制造枪炮武器的元老双手手指都不全，脸上被炸，落下数不清的伤痕，握着他的手，心里的感动激励着我要像他一样去战斗。

高一我们班上就组织了一次座谈，大家谈自己高三毕业后的志愿。我那时已想好要学建筑，考清华。因为清华建筑系有梁思成，世界闻名，那

青年时代

时新中国第一个五年计划开始实行，全国人民正处在历史上最高涨的建设热情中。

之后我就写信给清华大学建筑系学生会，我说三年后我要报考建筑系，希望介绍一位高班同学在课外给我一些辅导。系学生会非常热情，很快让我到清华见了一位 1959 年将毕业的学长，他叫毛德亮，毛德亮学长教我画素描，给我讲原理，讲技法，最让我感动的是他居然从建筑系美术教研组为我借出了石膏头像，让我拿回家练素描。现在想想，那个年代的人是多么相互信任。一个没来由的小小中学生，清华大学就可以把教

我与妻子郑学茜

学用的石膏像借给他拿去练画。石膏像是很容易碰碎的，清华离我家好远。越是这样，我越好好保护了它，让它完璧归赵。

高考我报了清华建筑，仅此一个志愿，三个专业十五所学校，别的格子全空着。最后一栏是"如果你报的志愿未被录取，是否服从组织分配？"我填了一个字"否"。我下了决心非清华建筑不念。今年考不上明年再考。现在想想也够冒失的。放假分手前有同学开玩笑，说要是考不上，他就"自挂东南枝"了，另外一位同学说他要考不上，请到昆明湖底找他去，"举身赴清池"也。最终当然没人上吊也没人跳河，仅有的四位没升大学的同学都留了校，后来四位都是中学校长。

最终我接到了清华的录取通知书，之后的六年，我在清华开始了新的生活，我的童年正式结束了。

罗健敏

1936年出生 清华大学建筑系毕业，师从梁思成先生，现为宝佳集团顾问总建筑师。

童年的建筑憧憬

这篇文章讲的是童年我的建筑憧憬和在那些诗意栖居的童年建筑环境中长大，我成为建筑师的故事。

近照

青岛——开心的建筑大花园

1939 年我生在日本东京，两岁多回到青岛时，由于听不懂汉语，从小就显得呆傻、愚笨，不大讨人喜欢，然而却养成了我好静、喜欢独处的性格和爱读书的习惯。

在青岛的四年是我最开心的四年，青岛对于我就是一个开心的大花园。从家里窗户便可以看到青岛市内的制高点——信号山，它是我上下学的必经之地。

20 世纪 40 年代初的青岛马路，随着地势高低起伏，十分干净。车不多，转角处还装置了大镜子，行人可以在这条路上看到另一条路上的风景。上下学时我常常一个人走，一路上都在"游山玩水"，运气好，能捉到蜻蜓、蚂蚱还有小螃蟹，路旁有鲜红的野山栗子解馋，身上常常有山边的香花和绿草的味道。

青岛的青山、碧海、蓝天，还有那温暖的金沙滩、五光十色的贝壳、迷人的海水浴场、海浪和深褐色的礁石，绿丛中星星点点的红房子，使我似乎置身在俄国诗人普希金《渔夫和金鱼的故事》的美好童话世界中。在那里我成为青岛山水自然的一分子。

北京小学——我建筑事业的摇篮

真正意识到的建筑情结却是从北京小学的校园生活中开始的。北京小学的老师引导我走近了建筑艺术。

建筑事业是艺术的事业，又是科学的事业，它要求建筑师设计人们的生活舞台，塑造人们的生活环境。因此，从事建筑事业的人需要有广泛的知识基础和对环境的热爱。

北京小学培养我对美术、读书、音乐和丰富多彩的校园活动的爱好。我是北京小学体操队的成员，后来又参加了北京少年之家的美术组，学习绘画和雕塑。

我曾趴在小学小木楼的地板上，前前后后临摹了上百张描述两万五千里长征的连环画，对于后来的我作为建筑师需要向业主和社会说明设计的原因和意图，是一个良好的试验开端。

北京小学重视培养学生的读书习惯。在读书中，当我读到苏联小说《远离莫斯科的地方》，知道了建筑事业是很辛苦的职业，从事建筑事业的人特别需要对明天有充分的信心，有为实现美好明天勇敢追求的艰苦努力精神，就决心报考大学建筑系。

重回小学 一

重回小学 二

我向往那首《建筑工人之歌》："从那海洋走到边疆，我们一生走遍四方，昨夜还是漆黑的山谷，今夜是一片灯光……"

北京八中——引导我走上了建筑之路

1951 年我有幸成为第一批享用八中新校园的学子。

中学教育是人生的关键时期，八中校园美丽，名师荟萃。有机会和这么些名师在美丽的校园中相聚，我是十分幸运的。

北京八中校园大门

八中的六年教育为我奠定了走向社会、面对未来的坚实思想基础。在这里，我惜时如金，继续大量阅读文学名著和练习写作，提高文字和语言表达能力，使我进一步走近建筑，思考和理解建筑，尝试像建筑师那样思考和处理环境问题。

1951年入学校友重逢 一

那会儿，我参加美术组和"朝花夕拾"文学社，又是北海少年宫的学员，还组织剧团，自任导演，请著名演员周森冠、作家玛拉沁夫、袁静等到学校座谈，忙得不可开交。上面这些似乎互不沾边的事，成为我后来职业潜在的基因和业务基础。1957年，我如愿考入了天津大学建筑系。

1951年入学校友重逢 二

1951年入学校友重逢 三

建筑、文学、戏剧——我终生的兴趣和爱好

回忆童年有趣的建筑蒙太奇，我方才意识到，我终生的兴趣和爱好有三个，即：建筑、文学和戏剧。

先说文学和戏剧。建筑是文化，文学也是文化。建筑和文学是一脉相通的。杰出文学家的作品常常会赋予建筑家灵感。我曾受益于多位文学家的作品，其中苏联小说《远离莫斯科的地方》对我选择建筑专业起了最直接的作用。小说中的主角，老工程师托波列夫和青年建筑师阿里克塞，在建设苏联远东输油管工程中的忘我形象，让我感动不已。而戏剧呢？中学时代，正值俄国戏剧大师斯坦尼斯拉夫斯基的导演体系理论在中国风行，我们受其影响，在拍剧、设计舞台的过程中，发挥我绘画的特长，力求把真实的建筑简练地反映到舞台上，由此更激发了我学习建筑的热情。最后谈谈建筑大师和建筑杰作。作为建筑师，我的职业特点是塑造那些能够让人们诗意栖居的建筑环境，杰出的建筑大师和建筑杰作对人有绝对的影响——如在华裔法国华揽洪建筑大师指导下工作过的程建筑师，曾到八中作有关八中校园设计的专题报告。他说：八中校门转了约 60° 角，正对着按院胡同东口，斜着的门墙如同主人请您入内的手势，与今天门前常常用英文写上"Welcome"（欢迎您的到来）是一个意思。他的话使少年的我恍然大悟，原来建筑是有感情的，是可以与人对话的。

童年我记忆深的建筑杰作，除了北京八中的校园，还有北京儿童医院和三里河四部一会的大屋顶建筑，我当时在作文中称它们"实用而且壮观"，后来才知道原来是张开济大师和张镈大师的作品。

冰心老人曾说："童年，是梦中的真，是真中的梦。"

对我来说，童年的建筑憧憬就是这样啊！

顾孟潮

1939 年生，中国建筑学会教授级高级建筑师。

月亮在白莲花般的云朵里穿行

刘 谞

有了童年的回忆，便有了快乐和自己已年迈的感觉。记忆是个锻炼心智的事儿，一个人对自己曾经的活动、感受、经验的印象堆积，特别是封尘许久未加梳理归纳，免不了断断续续，想起来还真的有点乱。我以为，童年大概指的是上小学前两年到小学六年级这段时间，也是一生中最为无忧无虑、快乐的时光。

每逢八月十五，当然是农历，远方的老爸必定会赶回家来，必定是手拎月饼糕点之类和他最爱喝的龙井和茉莉花茶，老妈也必定会做一顿丰富的饭菜，在屋外丝瓜棚下，摆在方桌上，全家聚在一起望着那圆圆的蛋黄一般的月亮，从桂树与月兔的故事拉起家话。黑夜是湛蓝湛蓝的，树挂的霜洁白而甜冰冰的，几只秋雁飞来飞去，远处不时传来我熟悉的汽笛声……小时候，最快乐的时光是和母亲住在阳平关半山腰的房东家。屋子大，使用竹子分开，房东点灯，我"家"也亮。房东的孩子叫"洋娃子"，每天我们在漫山的豌豆苗中穿梭、游戏，将竹子截成小管子，含上满嘴豌豆，鼓足气力，豆子就从管子里加速喷出来，攻击"敌人"。白天捉青蛙、螃蟹，看红白喜事，每天乐啊乐；虽然打小没看过几本"小人书"，但晚上会在煤油灯下，看《童年》

全家合影

《艺术哲学》《海燕》《焦尔金·瓦西里》《静静的顿河》《绞刑架下的报告》……那真叫不懂装懂啊，倒也是津津有味的！小时候，最浪漫的事是和姐姐在安徽褚庄集铁路上抓蝴蝶。蒲扇一挥，蝴蝶失去平衡，捉之，蓝黑、棕红、荧绿，飞灵飘动！

到了秋天，厚厚的、毛毛的霜覆满了丝瓜，像是大毛小子的胡须，柔柔地刺脸。丝瓜的枝叶把阳光撕洒成不同的形象，院子像是铺了煞是好看的地毯；月儿映得藤条窈窕迷人，恰似母亲刘海的摩挲，依偎着，看着瓜儿蒂落被风轻轻吹起远去……小时候，幸福很简单；长大了，简单很幸福。小时候，浪漫很奢侈；长大了，奢侈不浪漫。小时候，梦幻很美好；长大了，美好很梦幻。小时候，理想很坚定；长大了，坚定很理想。小时候，迷惘很遥远；长大了，遥远很迷惘。最光滑、最温柔、最亲切的是从小到大天天抚摸门口的墙角，那是娘亲手砌筑、没有抹子生生地用手顺光滑的，每天我都会摸着它作为上学的起点和回家的终点。因为亲手所以温馨，因为劳作所以珍惜，因为尽心所以无憾，因为付出所以幸福。

刚开始绘画的时候，用碎砖块在洋灰地上画葵花、军官、轮船，有时画太阳、月亮、孩子。地当画纸分两种，一是光面的，一是麻面的，大孩子挑完，剩下的都是麻面的，画起来费劲效果也不好。还好在上课时可以用时髦的圆珠笔，对画刀枪、军人、山海很有兴趣。被老师罚站、找家长基本是这些事由引起的，书像是狗啃般零散。用上海产的长城牌炭笔画的熊猫吃竹子，临摹的是信纸上的图案。那时的信纸大多都有徐悲鸿的马、齐白石的丝瓜和虾，有的还有一些山石竹影。先用细线勾出轮廓，最后画熊猫的眼睛，一定要把高光的部分留下，再将身上的毛发顺着长势有重点地刻画，然后，用小拇指揉揉，熊猫就会变得毛茸茸的，十分可爱。我第一次的涂画还被贴在了文化宫的墙上。中国水墨画在五十年前得到"翻天覆地"的大发展，全民磨墨挥舞笔杆，有文化的书"大字报"，文盲用绘画法"三家村"，十几年下来许多人成了书法家，不少人还练就了画花鸟虫荷的功夫，那时的年轻人现都在教孙子们书画呢。

20世纪70年代，嘉陵江的水是湛蓝的。有人站在清澈的水中捉鱼，时久，麻木的大腿会不由自主地抬起来，一刀下去，鲜血直流，不久便破伤风走了。我估计现在的嘉陵江既看不到鱼，也看不到水了。如今大早漫步在雾霾的城市中深觉六十年代烟囱代表城市的时代是那么的愚蠢。童年，有没有绝对的时间界定？三四岁时还在娘怀里撒娇不该算，十几岁大了点也过了吧，应该还有生理上大小的划别，细分就远了去了，不过大概也就是上下中间这七八年的光景。小时候有雾无霾，遇到大雾很不容易，主要在秋末冬初的时候出现。大雾天时伙伴们在球场上打闹、捉迷藏，大口呼吸着湿润的空气，汗水和脸上"冷桥"形成的露珠浸湿了衣裳。归家前，先把衣服拧干、光着膀子，到家了再赶快"若无其事"地穿上，跟父母说，没疯玩，全是雾打湿的，属不可抗力。小时候的空间是巨大的，但预备铃响起，即使在千米之外，也拔腿就跑，保证上课不迟到，巴掌大的铃两边双击挂在进厅主席像下，穿透两道门，穿过大操场和一条鹅卵石铺成的马路，经过两个单元后还有三个拐弯，即使在厕所里都能听得到。

　　相信惊奇地发现"蚂蚁王国"是每个儿童都有过的经历。小心翼翼地挖掘，经过分析、判断、猜测出哪里是蚁后的住处，哪里是皇帝及臣民、子孙的房子。"蚂蚁王国"形态各异的立体空间，合理有致的平面布局，让人类看到了工蚁的伟大，可它的才华绝不是我们杜撰的。我们总是将自身之外的世界看作是人类的陪葬品，傲慢地俯视着，好像这世界仅有我们自己，仿佛人类已主宰整个世界！殊不知，蚂蚁是和我们并肩一道走来，可以说，风雨同舟。扪心自问：蚂蚁侵占了地球多少资源？"城里的月光把梦照亮，请守护她身旁"，与当年不同的是，城里的月光被雾霾所遮蔽，小鸟也越飞越远了。

老家青石砌筑的房、上学路上的半坡遗址、前三街的瓦屋顶、阳平关半山腰老乡的竹屋、乌斯塘布衣的民居……这些究竟是老了的回忆还是历史的记忆都还说不上，只是一种铭记。二宫铁路局的房子是三个单元两层楼，大人上班多是不锁门的，有时用铁丝或布条缠一下，以示家中无人。中午放学不见家长，邻家阿姨会喊你抓紧吃饭，别耽误了下午课。傍晚，院子丝瓜棚下，老人们一声"老王"，友情"齐活"了。阁楼带木地板、门斗有老虎窗、前后院。冬天晶莹的冰柱可以解渴，烤得香黄的馒头拿到教室了还是热的；夏天傍晚凉棚下的方桌几乎是我吃过环境最棒的"酒席"。房子呀，我说还是老的好！"小小少年，很少烦恼"，许岁月是烦恼，过多了日子烦恼叠积也就成堆了，这不是自找的吗？原本每天都是"小小少年"，为什么不"很少烦恼"呢？于是，我把"每天都是新的"记住，天天年少、月月阳光、年年无悔。无怨无悔就是幸福，无忧无虑就是阳光，无影无踪就是境界。

蓝天白云，周围的绿树成荫，中午时分悠远的蝉鸣宁静致远，蚂蚁不光在地下搬家，也上树摘果，课间铃声响过，孩子们麻雀般地欢快跳跃，撒尿、爬树、墙上，铃响再响起一切归于平静，传来读书朗朗，似如远方麦浪滚滚，一代代质朴无华的生活在力求相配的建筑空间里相互回荡彼此的心声。而过去的就这么真的走了，戛然而止。留下的空哦！远去了，那一生一次的属于自己的童年。

《玉点》座谈会时与马国馨（右）、崔愷（左）合影

讲述童年是一件十分有趣且值得认真回味思考的事，更重要的是"三岁看老"的已过去和正在过的儿童们，历史给他们带来了什么样的人生和一个怎样的未来在等待着他们。

刘谞

1958 年生，新疆城乡规划设计研究院有限公司董事长，新疆玉点建筑设计有限公司总经理、总建筑师。

后记：为什么编这本特殊的"建筑书"

金磊

从特殊视角为中国有建树的一代代建筑学人编书撰文是我一直的求索，这也是杨永生编审生前的一再叮嘱。恰如这几年在编《中国建筑文化遗产》时增设栏目"设计遗产"一样，我希望通过找寻每位成功建筑学人最富想象力的儿时，去发现他们是如何瞭望外部世界的，是如何在文明与天性间徘徊的。于是我猛然明白，无论世间如何变化，最可贵的是童心的澄澈。明代思想家李贽在《童心说》中写道："夫童心者，绝假纯真，最初一念之本心也。"因此，我在 2013 年 11 月末撰写了特别邀请函，并心怀崇拜地一位位地邀请《建筑师的童年》的作者。尽管有些建筑大家因为各种原因未曾入编，但他们的挚真投入同样令我感动。

对于编辑这本特殊的书，我曾向前辈马国馨、张锦秋、张钦楠等请教过，并一定要请他们撰文。我说，这本书绝不仅仅是写建筑师儿时的建筑理想，而是希望通过童年记忆的表达，反映出鲜为人知的故事，反映出没被异化的最本真的东西。尽管有很多应邀撰文者说"我没有童年记忆"，但他们最终写出的感受、观察与思考，视角再小也令人瞩目，片段再微也读来精妙和绚烂，有如此多的撰文者"加盟"是对我们策划该书的尊重，更是对筑建通往本真心灵之路的赞许。《建筑师的童年》并不是一本写给儿童的书，但它的绝大多数文字记录的却是儿时的回忆，有很多场景、很多人物、很多甜蜜的或苦涩的往事，相信大家读来会感怀、心颤，甚至落泪；所以我绝不认为《建筑师的童年》不适合中小学生阅读，因为作者有"20后""30后""40后""50后""60后""70后"，写出的故事是融入那个时代的，我们无法用今日的观念去审视当年的事，但它们所展现的几乎半个世纪的"故事"充满新奇感，是非常适合社会公众及中小学生阅读的。自然，它也会是一本令职业建筑师喜爱的读物。《建筑师的童年》一书的策划，有两个目标定位：

其一是为了 2014 年联合国的"世界读书日"。当下尽管书刊甚为丰富，但读书之人却是有限的。很少有人再为一本书而废寝忘食，更鲜有人会下决心去读什么长篇巨著。朋友相聚，议生意的多，而很少有人会问"你近来读了什么有趣的书"。仔细思量一下更会感触，我们有时间去应酬，但坐下来细读书的时间太少了。《建筑师的童年》对我们的启示之一是，至少让我们在阅读中回想到儿时，在追忆年少"狂言"时，感受当下的惭愧。现在看来，彼时日日埋首书堆的时兴颇值得回味，"读尽天下书必成器"也并非狂言，正是这些留存在孩提时代的交锋与思辨，才使这么多建筑师用其独特的文风，将留存心间的"童年"故事讲出来。

其二是为了 2014 年新中国成立 65 周年。在我们梳理建筑作品、事件与观念、历程与变迁时，不能不注重建筑文化的传承，不能不关注作品背后的人和事。而聆听遥远的童年之声，再以开放的心态读书问学，用怀旧的童心书写"少年行"就更加感到，是在不由自主地做新中国成立 65 周年的溯源，新中国建筑的 65 周年在唤起一个个建筑师集体回忆的同时，似乎在追问，一个人应如何保有盎然童心并做出"舍""守"抉择。《建筑师的童年》就如同一所拥有历史与轶事、并令人矢志追求与求索的"学校"，因为在这里，读者可以学会如何感恩、如何用"心"与"心"去交流、如何用童心去滋养创新之路、如何当有了声望与地位后仍保有难能可贵的童心。由此，我想到由全国政协委员、著名作家梁晓声编剧、李文歧执导的于2014年全国"两会"

期间热播的 30 集知青题材电视剧《返城年代》。该剧无意评价知青"上山下乡"的功与过，而是要告知今天的"80 后""90 后"新中国有过一个特殊年代，在唤起观者的复杂心态和带有忧伤的情感时，更可体味到他们难得的坚韧。据不完全统计，梁晓声已创作了超过千万字的作品，是在中国当代

1968年兄弟三人（居中为作者）在天津检阅台广场

全家合影，1969年

文化史上留下最深痕迹的人，从他插队至今，不断有作品问世，他自己对这些作品的评价是"有影响力而不畅销"，尽管如此他还是要秉承自己的创作原则。写知青"上山下乡"是他执着的主题，他表示如果将人性的温暖与真诚在"上山下乡"那个特定的年代展示出来，可能更具震撼人心的效果，给读者以善的导向。

据查在国外，历史学的"童年发现"、社会学与文化学的"童年反思"等，都给童年研究带来不少新的思路。近几十年人们对成功者的童年研究寄予前所未有的关注，它旨在考察个人以及群体童年文化的时代流变和当代面貌，去发现卓越人才的背景与魅力所在。《建筑师的童年》一书用意十分质朴，它虽并非要开展建筑大家们的"童年学"研究，但此书仍可能会创造一种如口述

家庭音乐会，1975年

历史般的行业学术发展契机，让更多的建筑师与设计者、高校学生乃至中小学生感兴趣，它重在回答何以能成为一个有建筑追求，更有明亮精神之人。记得小时候常吟诵的毛主席语录是，要做早晨八九点钟的太阳。现在想来那是何等优美的光影呀：黎明，拥有一天中最纯澈、最鲜泽、最让人激动的光线，那是生命最有热望、最易产生联想的时刻，更是让青春荡漾、理念与思绪不断勃发的时刻。爱默生在其《论自然》中说："实际上，很少有成年人能够真正看到自然，他们只是一掠而过……一个真正热爱自然

天津市建筑设计院汽车维修队"工友"们合影，1978年

的人，是那种内外感觉都协调一致的人，是那种直至成年仍然童心未泯的人。"童年，乃人生的第一缕曙光，无论一个人成为何等鼎鼎大家，都应怀揣孩提般的好奇与天真才好。我一直认为：背叛童真的成年人会混沌、暗淡、萎靡，以至于毫无真正的创意，反之令人尊敬的成年人，则一定是那些"直至成年仍然童心未泯的人"。于是，我不能不对当下建筑学人需要的"少年行"表达一点认知："少年行"要带自信，不可畏畏缩缩、支支吾吾、心有怯怯；"少年行"的方向感很重要，胸中要辨清上北下南、左西右东；"少年行"该不耻下问，要勤于开口问清方向；"少年行"更要像骆驼一般，忍住饥渴，创新不止，勇探前路。怀念"少年行"，并非仅仅针对少年，它是指引人生前行的哲理，会使人发现游离于时光之外的另一种舒缓，恰如顾城所言："黑色给了我黑色的眼睛，我却用它寻找到光明。"因此，作为《建筑师的童年》一书的策划及主编，我和我的创作团队冯娴、李沉、苗淼等坚信该书一定能成为一本激人振奋、触动心灵、有别于其他建筑思想集、记述建筑师成长经历的励志书。若有作者在忆童年时产生某种苦难感，那我以为更要用当代之思去直面苦难，因为每个人都需对苦难心怀敬意。当然，我并非同

意吴冠中所言"有了痛苦才有好艺术"，而是要说唯有历经苦难者方能成就伟大。粗砺的生活，需要迎风飞扬。凡对苦难怀有深深敬意者，实质上探寻到了生命的本质。岁月宛如一架旋转木马，带人们漫看人世斑斓——晃荡的秋千，傍晚的炊烟，妈妈的故事，漫天的繁星，所有意念与记忆都是我们一生的乡愁。站在时间的这头回望童年，真似撩拨心间那最柔弱的琴弦，因为我们真无法找回旧时光，因我们最渴望那难再复制的、纯粹的快乐与美好。

《建筑师的童年》一书是建筑师的童真书写，它虽是迟来的书稿，但仍可弥补当下人心的荒凉，每一篇作品都体现了作者未泯的童心，都可从中读到建筑大师们不朽的纯心，展现了一幅幅真、善、美、趣的"图画"。孩提时代不论身处什么阶级与环境，他们的故事乃至情谊是未经任何污染的，真诚与纯洁是毫无功利的。每个人，不论有何

与母亲在颐和园，1983年

父亲书桌一角

等"沉重"的儿时，都拥有从容而不乏唯美的诗意。借此，我也晒晒自己曾经的童年时光：我生于20世纪50年代中后期的"反右年代"，上幼儿园正赶上三年自然灾害，作为知识分子家庭，家境虽尚算殷实，可毕竟有六个兄弟姐妹，自然要求我从小懂得谦让。记忆最深刻是每每从幼儿园回家，见到全家人围坐饭桌的场景，总是自觉躲到一边说我已吃饱了，我的定量在幼儿园；

1966年"文革"，因逝于1964年的爷爷是资本家，我家竟在九天内遭三次"洗劫"，我心中永远难忘家中的德国挂钟从墙上落地的场景，戴红袖箍的人是如何用重锤砸碎父亲书房茶几的玻璃板；为落实所谓"战备疏散"政策，1970年哥哥和弟弟随母亲来到天津南王平公村大昌庄，我每周末骑车60华里从津要去乡下看望母亲和哥弟，每每离别时都是撕心裂肺般的痛楚。我最难忘的是在一个暴雨如注之夜，13岁的我和比我大四岁的姐姐在泥泞的乡间路上，全身湿透，扛着比自己还重、沾满泥巴的自行车走了数小时，在深夜赶到那记忆中难忘的乡村小屋；初高中时虽家境已显"贫困"，但还好有音乐做伴，也曾全神贯注地倾心学习，使我收获很大。如高一学习三角函数，我竟"大胆"读了马克思的数学手稿，撰写的"论文"受到天津市和平区的表彰，一个因家庭出身不好、小学未曾加入红小兵的孩子，竟在初中成为红卫兵中队长；1976年让我最为难忘，为新中国"筑史"的一代伟人相继去世，我代表天津21中学全体师生写下了悼念周恩来总理的文章，同年7月28日唐山大地震，天津也遭重创，谁曾料想，这次灾难让时年高中毕业的我走进了天津市建筑设计院，成为勘察队的一名汽车修理工。作为团支部书记的我在天津院两载时光，不仅学到了修车的常识与技术，还让我与防灾减灾结缘，大学毕

在印尼参加亚太安全科学大会（1993年）

在柏林与思想巨匠合影，2013年

业后服务于与共和国同龄的北京市建筑设计研究院，先后从事设计科研与管理工作。虽然近二十年来我倾注于建筑创作与建筑遗产文化的研究、传播与评论，但城市防灾减灾已成为我无法割舍的主题。

在儿时的记忆中，迄今已有无法逾越太厚的守心之墙，我以

已难找回"乡愁"的北京老门牌展览

为这份心灵之约也许代表的不仅仅是建筑师们，更代表了几亿华夏儿女的时代心境：2013年1月29日是难以超越的文化传奇人物、歌声中永远没有金钱味的邓丽君（1953年1月29日~1995年5月8日）诞辰60周年纪念日。尽管海峡两岸有太多的纪念演唱会，但我仍感到永远只有一个邓丽君，她是终结一个时代的人。作为一个文化现象与记忆，她的歌声永远不会模糊。如同德国作曲家瓦格纳（1813~1883年）代表着古典音乐的一个终结阶段一样，即使再多的人模仿邓丽君，也真的没有人可以接近或超越她。我记忆中听邓丽君的歌，是在20世纪70年代末，在北京东四十三条39号小院内，那纯朴、亲切、有活力且不失高贵和婉约温和的歌声，能给人心灵疗伤，后来邓丽君的音乐渐渐在校园、在街巷、在公园乃至轿车中不断地传出来。我不相信，有哪位那个时代的人不被她的歌声所深深打动。

《建筑师的童年》一书，从2013年11月启动，如今进入2014甲午马年的春天时，我们已经完成了编辑加工。执行主编冯娴，执行编辑李沉、苗淼及朱有恒，他们不仅为约稿、采访及撰文付出了心血，更表现出一种特有的责任感，美术编辑安毅更是牺牲了假日休息时间，几易版式设计，力求奉献精品。记得我在品读踊跃的来稿时很感慨，人这一生要想做成点事，守心归位极其重要，静心、激志、聚神、集力是做好事业之根本，真要感激这么多建筑大家的理解、支持与信任，敬意大家贡献真挚的文稿及"家照"。如今当敬老慢慢成为一种自觉，我们再年轻也要明晰，"老"是自然规律，生命地位再尊贵也难永远繁花似锦。善待老人，就要营造并传承家风与家道，就该铭记童年。面对"时间都去哪儿了"的热切追问，我想绝不仅仅是我本人，大家都愈发感觉时间的易逝和珍贵，必须学会将时间用在有价值的事情上。珍惜时日，才可从容地在创作与设计、在研读与著述中不断反思自我，采撷到前人智慧的繁华与硕果，唤出那些曾伴我们童年时代的自然世界的亲切回声。

　　要记住，凡是寂静的童年，一定更有高天碧蓝的往事与记忆。

2014年4月14日

金磊
《中国建筑文化遗产》、《建筑评论》"两刊"总编辑。

图书在版编目（CIP）数据

建筑师的童年 / 金磊主编. — 北京：中国建筑工业
出版社，2014.5
ISBN 978-7-112-16831-6

Ⅰ.①建… Ⅱ.①金… Ⅲ.①建筑师－童年社会学－
研究 Ⅳ.①TU②C913.5

中国版本图书馆CIP数据核字（2014）第092872号

责任编辑：郑淮兵　王晓迪
书籍设计：安　毅
责任校对：党　蕾　刘梦然

建筑师的童年

金磊　主编

*
中国建筑工业出版社出版、发行（北京西郊百万庄）
各地新华书店、建筑书店经销
北京君升印刷有限公司印刷
*
开本：965×1270毫米　1 / 32　印张：13　字数：280千字
2014年5月第一版　2014年5月第一次印刷
定价：36.00 元
ISBN 978-7-112-16831-6
(25551)